高等教育教材

绿色化学通用教程

第2版

汪朝阳 / 主　编
罗时荷 / 副主编

U0280111

LÜSE HUAXUE TONGYONG JIAOCHENG

中国纺织出版社有限公司

内 容 提 要

绿色化学是一场新的技术革命。本书介绍了绿色化学的基本内涵，深入剖析其在各方面、各行业的实践与延伸，总结了绿色化学的哲学精髓——绿色科技观。全书注重人文性、社会性、知识性、基础性、科普性、趣味性、可读性，是一部良好的通用型教材，具有内涵新颖、内容丰富、知识面广、综合性强等特点，适用于化学、化工、纺织、食品、能源、材料、生物等专业的教学，也可作为中学生的课外读本。

图书在版编目（CIP）数据

绿色化学通用教程 / 汪朝阳主编. --2版. --北京：中国纺织出版社有限公司，2020.3（2024.1重印）

高等教育教材

ISBN 978-7-5180-7137-1

Ⅰ．①绿… Ⅱ．①汪… Ⅲ．①化学工业—无污染技术—高等学校—教材 Ⅳ．①X78

中国版本图书馆CIP数据核字（2019）第 281112 号

责任编辑：朱利锋 责任校对：寇晨晨 责任印制：何 建

中国纺织出版社有限公司出版发行
地址：北京市朝阳区百子湾东里A407号楼 邮政编码：100124
销售电话：010—67004422 传真：010—87155801
http://www.c-textilep.com
中国纺织出版社天猫旗舰店
官方微博http://weibo.com/2119887771
北京虎彩文化传播有限公司印刷 各地新华书店经销
2024年1月第3次印刷
开本：787×1092 1/16 印张：18.25
字数：344千字 定价：68.00元

第2版 前言

《绿色化学通用教程》自2007年出版以来，因便于阅读和教学，得到不少高校和广大读者的认可。特别是在绿色化学的科普方面，得到文科类读者的认同和推荐。不知不觉，《绿色化学通用教程》出版和相关的"绿色化学"（选修课、通识课）教学实践都已经过去十多年了。当时书中提到的一些理念如今已经成为人们的共识，而且新兴的绿色产业也在不断地发展。但是，第1版教材中的许多数据资料，还停留在当初的阶段，已不能反映我国乃至全球绿色化学的研究进展和工业化生产规模都在成几何倍数增长的现状。鉴于此，急需更新相关的资料，对《绿色化学通用教程》进行再版。

同时，在教学中编著者也不断发现教材中存在的一些问题和需要修改的地方。例如，随着绿色化学理念的深入，绿色计算机、绿色旅游、绿色奥运等涉及"绿色娱乐"的绿色活动也日趋引人注目（其实，读者也可通过学习获得的"绿色思维"，自行脑补"绿色手机"等内容）。因此，利用再版的更新、纠错之机，我们也对部分内容进行增补（见教材第十五章"绿色娱乐"，并与第十六章"总结与反思"整合为新增加的第五部分"绿色娱乐与绿色反思——绿色化学的外延拓展与应用之三"）。

另外，"互联网+"的时代呼唤新型教材的问世，特别是具有二维码形式的教材，能包含更多内容，便于学生利用手机进行智能化学习，故再版之际我们在该领域进行一定的努力和尝试。因此，新版教材既做到保留其原有的知识性、基础性、科普性和趣味性，又兼顾教材发展信息化的时代性要求。

《绿色化学通用教程》（第2版）由汪朝阳担任主编，负责整体策划、协调和组织，并新增第十五章。罗时荷担任副主编，负责对其他章节的内容进行修订和整理。具体参加编写的人员还有杨凯和林建云。另外，邹昕妍、罗晓燕、李晓燕、程洁銮、张钧如等参与制作了课程中的微课视频。

在本书修订过程中，除继续融合我们多年来在绿色化学方面的科研与教学成果外，同时参阅了大量涉及绿色化学新进展的有关文献资料，谨向原文作者表示感谢。

本教材修订的完成，也是华南师范大学的教学项目，特别是通识教育课程培育对象项目"绿色化学"的延续以及华南师范大学教学项目"'绿色化学通用教程'新形态教材"的建设内容。其中，"绿色化学教育的创新与实践研究"曾荣获华南师范大学教学成果一等奖。在此，特向相关资金的资助方和对本书再版给予关心的学校领导表示感谢！

生物降解高分子的合成与利用，是绿色化学的重要组成部分（第十一章）。药物合成也离不开绿色化学。因此，本书的不断完善，也离不开广东省高等学校人才引进专项资金项目（第三批）"生物降解材料与杂环药物合成中的绿色化学"的鼓励和资助，特此致谢！

本书的编写得到了华南师范大学化学与环境学院（现分别发展为化学学院、环境学院）领导和同事的大力支持，在此一并表示感谢！

由于绿色化学发展迅速，科研成果层出不穷，各行各业更加交叉渗透，我们在编写过程中难免出现疏漏，不足之处恳请广大读者继续批评指正。

汪朝阳

2019 年 10 月于广州

第1版 前言

绿色化学是当今国际化学科学研究的前沿,作为一场新的科技革命,它的诞生有三个标志性事件:一是各国环境标志制度和环境管理标准在 20 世纪 80 年代以后相继问世;二是 1996 年 6 月美国首届"总统绿色化学挑战奖"的颁发;三是 1999 年世界第一本《绿色化学》杂志的诞生。

绿色化学的新观念,不仅迎接了人类面临的可持续发展要求的巨大挑战,更重要的是,它给化学、化工科技工作者观念带来重大的革新,提高了全体民众的科技素质。绿色化学观念与实践的推广,可以使广大科技工作者、普通民众认识绿色化学中的绿色科技观——化学(科技)是中性的,它是一把双刃剑,于人类有利还是有害全在人类自己,人类应该利用化学(科技)与自然和平相处,和谐发展。

本书针对绿色化学理论与实践的特点,即内涵新颖、化学内容丰富、涉及其他学科、知识面广、综合性强、重在观念、富寓哲理,集百家"绿色化学"书籍之长,充分消化、吸收国外新动向,针对我国的实际情况,面向一般化学化工工作者、广大科技工作者和普通民众,大力弘扬绿色化学的新理念、新探索、新思考,以求在各个领域推进绿色化学理论的新实践。

本书先从化学、化工的地位谈起(第一部分),再介绍绿色化学的基本内涵与具体实例分析(第二部分),并深入剖析绿色化学的实践与延伸——绿色技术与绿色社会(第三部分、第四部分),最后再总结绿色化学的哲学精髓——绿色科技观(第五部分)的基础上,提出绿色化学理论与实践对我们的行动要求与思索(第六部分)。

由于绿色化学重在观念,在各行各业中都得到了渗透和体现,故本书力图在"第二部分:方兴未艾的绿色化学——绿色化学的基本内涵与实例"中注重其本身的学科特点,偏理论基础,而在第三部分、第四部分中注重其在不同领域的应用,偏行业特点。因此,尽管某些内容在本书中可能多次出现,但呈现的层次有所不同。

全书力求深入浅出、博采众长、集思广益,避免过分学术化而与其他化学专著雷同,注重针对中国国情的独立思考与思维启发。特别重要的是,将绿色化学的理念深入人心,在各行各业广为传播,这需要一部良好的通用型教材。

——这就是本书的编写目的。

本书适合以下各方面的人员使用:

1. 对化学专业人士,可以增强其人文性、社会性,增强其社会责任感,提高其辩证思维能力。

2. 对于非化学专业的读者群体,重在知识性、基础性、科普性,因为贴近生活而具有强大的可读性,是良好的选修课教材,适用于纺织、食品、能源、材料、生物等专业。

3. 由于该教材具有很强的知识性、基础性、科普性、趣味性(例如本教材谈到了性——

NO，还有宠物——PET），因此对广大文科学生也很适用，并加深其对辩证法等哲学精髓的理解。

4. 该教材在知识性、基础性、科普性的基础上，适当兼顾其师范院校和高职高专学校等层次，因此对广大师范生、进修教师也很适用。

在教学上，各使用单位可以根据自己的实际情况进行选用。例如，对于化学基础较好的专业，可以少讲第一章中"化学基础知识"等部分的内容；对于化学知识要求较少的专业，可以适当减弱第四章"绿色化学的主要内容"的教学深度，但对书中体现的化学基础知识可以广泛涉猎（在适当的地方基本的化学用语被加黑）；对于师范专业的学生，建议加深对第十八章的学习。

对于每章的课后思考题，化学知识相对比较简单，题型也较为灵活，也是兼顾了上述的教学实际情况，各使用单位也宜灵活把握。其中，某些知识性的客观题目是专门针对化学基础较薄弱的文科学生设置的，某些问答性的主观题目则体现了本书的主旨——鼓励学生运用绿色化学思想思考问题，"贵在创新、言之成理"。

本书由汪朝阳任主编，李景宁、赵耀明任副主编，负责整体策划、协调和组织。具体参加编写的人员有：汪朝阳负责第一章~第四章、第七章、第十章、第十一章、第十五章~第十七章等章节，李景宁负责第五章、第十四章，赵耀明、严玉蓉负责第八章、第十一章，王辉负责第六章、第九章，卢平负责第十二章，刘佩红负责第十三章，李佳负责第十八章，肖信负责第十九章。同时，侯晓娜、赵海军、李雄武、吴涛、周建华、丰亚辉等人也参与了部分工作。

在本书编写过程中，不仅融合了我们多年来在绿色化学方面的科研与教学成果，同时也参阅了大量有关文献资料，谨向原文作者表示谢忱！

本书的完成是华南师范大学教学项目"全校首开公共选修课'绿色化学'的建设"、"绿色化学网络课程建设"的延续，其中"高等院校绿色化学教学的创新研究"曾荣获华南师范大学教学成果二等奖。在此，特向相关资金的资助和学校领导的关怀表示感谢！

生物降解高分子的合成与利用，也是绿色化学的重要组成部分（第十一章）。因此，本书的促成也离不开广东省自然科学基金博士科研启动项目"聚磷酸酯类生物医用材料直接法合成及其药物缓释应用"（No. 5300082）的鼓励和资助，特此致谢！

本书的编写得到了华南师范大学化学与环境学院、华南理工大学材料科学与工程学院等领导和同事的大力支持，在此一并表示感谢！

由于绿色化学发展迅速，科研成果层出不穷，各行各业交叉渗透复杂，我们在编写过程中错误难免，不足之处请广大读者批评指正。

汪朝阳

2007 年 1 月于广州

目　录

本书微课视频目录

【微课持续更新中，有兴趣的读者请与编者联系（wangzy@scnu.edu.cn），或访问相关教学网站（https://moodle.scnu.edu.cn/course/view.php?id=4685）】

第一部分

化学——受到挑战的中心科学

第一章　一门中心的、实用的和创造性的科学——化学

第一节　化学是一门中心科学

一、化学与天然存在

1997 年，美国化学会会长、哥伦比亚大学教授 R. 布里斯罗出版了《化学的今天和明天——一门中心的、实用的和创造性的科学》（Chemistry Today and Tomorrow：The Central，Useful，and Creative Science）一书。在这本著作中，化学被定义为：化学是一门试图了解物质的性质和物质发生反应的科学。

化学涉及存在于自然界的物质——地球上的矿物、空气中的气体、海洋里的水和盐、在动物身上找到的化学物质，以及由人类创造的新物质。它涉及自然界的变化（如因闪电而着火的树木）、与生命有关的化学变化，还有那些由化学家发明和创造的新变化。化学的历史很长。事实上，人类的化学活动可追溯到有历史记载以前的时期。

化学包含着两种不同类型的工作：有些化学家在研究自然界，并试图了解它；同时，另一些化学家则在创造自然界不存在的新物质和完成化学变化的新途径。自人类出现在地球上那一刻起，这两方面的工作就都有了，但是自 19 世纪以来，它们的步伐大大地加快了。

文明的进步涉及人类创造新物质以满足需要，而这些新物质则是由天然物质转变而成的。例如，把皮革染成褐色，已改变了它的化学性质。即使是烹调食物，也会改变它们的化学结构。因此，它们都涉及化学与化学物质。

总之，这个世界上的万物都是由"化学物质"构成的，或者以化合物的形式存在，其中的原子以化学键连接在一起；或者在少数情况下以未与其他原子连接的形式存在，如氦气（He）。没有可以称为"与化学物质无关"的物质。

实际上，"天然"化学物质并不总是对人有益的，如由微生物和其他生物产生的某些天然化合物就属于最危险的毒物之列。不仅如此，绝大多数与食品有关的疾病，都并非源自于组成食品的化学物质，而是源自于像细菌和真菌这样的微生物。

——因此，是否天然、是否化学，往往与你的健康并无特别的联系。

二、化学与其他学科的关系

化学是很多学科的基础，与其他的许多科学领域都有关。对农业、电子学、生物学、

药学、环境科学、计算机科学、工程学、地质学、物理学、冶金学等，以及很多其他的领域，化学都有重大的贡献。

化学也是一门实用科学，其直接对应的工业为化学工业（这是其他的许多学科所没有的）。但是，工业化学家也在为化学工业之外的许多领域进行工作（表 1-1）。因此，化学作为一门中心的、实用的科学，是许多学科与专业的重要基础课程之一。当然，表 1-1 也提醒化学专业的学生，化学工业之外的天地也很宽广。

表 1-1　工业化学家的工作领域

类别	比例
基础类、专用类和农用化学物质	21%
医药、保健和生化制品	26%
非制造工业	14%
其他制造业	13%
橡胶	2%
电子	2%
食品	3%
石油和天然气	3%
仪器和医用器件	6%
肥皂和洗涤剂	2%
涂料	4%
塑料	4%

化学也是一门创造性的科学，其相应的化学研究组织很庞大，从世界上最有名的美国化学会 [美国化学会的专业期刊《美国化学会会志》（*Journal of the American Chemical Society*）是世界上顶尖的化学专业期刊之一] 的分会可见一斑（表 1-2）。

表 1-2　美国化学会的分会

小型化学企业	专业联谊会	氟化学
工业与工程化学	生物化学	药物化学
化学史	生物化学技术	高分子化学
化学教育	石油化学	高分子材料：科学与工程
化学文献	地质化学	胶体与表面化学
化学技术员	有机化学	核工业化学与技术
化学和法律	农业与食品化学	商业开发与管理
化学保健与安全	农药	碳水化合物化学

化学毒物学	纤维素、造纸与纺织品	燃料化学
分析化学	环境化学	橡胶
计算化学	肥料与土壤化学	
无机化学	物理化学	

第二节　化学基础知识

一、化学式

化学物质由分子、原子、离子等组成，它们通常都可以由相应的化学式表示。例如，前面提及的氦气（一种填充高空气球和飞艇的安全气体），就是单原子形成的单质，其化学式为 He。

（一）分子组成的化学物质的化学式

水是一种氧化物，化学式为 H_2O，系统名称应该是"一氧化二氢"，但几乎没有人这么称呼它。商品社会里，有人将富含氧气（O_2）的水写成 H_2O_3，这是不科学的。事实上，经常有人为了利益而"别有用心"地利用善良的科学。

二氧化碳（CO_2）也是一种氧化物。众所周知，植物就是通过光合作用将二氧化碳和水转变成为氧气和糖类，因此农作物有时可以施用"二氧化碳"肥料而增产。

类似地，清洁能源——甲烷的化学式是 CH_4。水、氧气、二氧化碳、甲烷等都是两个或两个以上原子组成的分子形成的化学物质。其中，水、二氧化碳、甲烷是化合物；氧气是单质（只有一种原子组成）。

（二）原子组成的化学物质的化学式

除氦气外，金刚石也是原子组成的化学物质，其化学式为 C。这个也是木炭的化学式，因为晶莹剔透、光华照人的金刚石与黑不溜秋、默默燃烧的木炭是属于同素异形体的"兄弟"。

历史上，一个大富豪不相信这一点，与法国化学家拉瓦锡打赌，当眼睁睁地看着拉瓦锡用聚光镜把他心爱的金刚石钻戒烧成二氧化碳时，痛心不已，后悔已迟！——有些时候，多懂一点科学可以少一点损失。

（三）离子组成的化学物质的化学式

氯化钠（NaCl），我们常说的食盐，就是离子组成的化学物质，它一旦溶于水，就电离出钠离子（Na^+）和氯离子（Cl^-）。

二、共价键与离子键

离子组成的化学物质中存在离子键，如氯化钠晶体中钠离子（Na^+）与氯离子（Cl^-）间的静电引力。与离子键相对应的化学用语是共价键。

苯是一种常见的有机溶剂，也是最简单的芳香烃，原子间以共价键的形式结合，其化学式为 C_6H_6，其完美对称的六边形结构式如下：

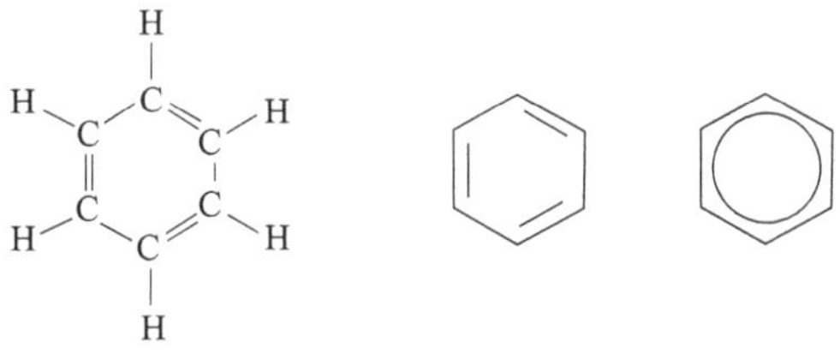

乙醇（俗名酒精，化学式 CH_3CH_2OH）与金属钠（一种易着火的金属，化学式 Na）反应，生成氢气（H_2）和乙醇钠（CH_3CH_2ONa）：

$$CH_3CH_2OH + Na \longrightarrow CH_3CH_2ONa + H_2 \uparrow$$

乙醇钠中，除 Na^+ 与氧之间是离子键外，其他原子之间的连接形式都是共价键，其结构式如下：

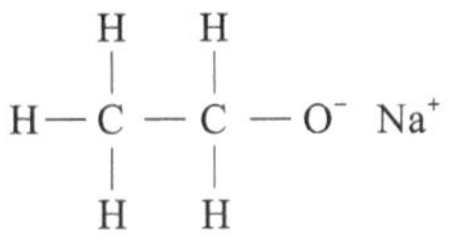

乙醇纳

三、同分异构、手性与药物

（一）手性异构

在化学中，具有相同分子式而结构不同的现象，称为同分异构。这种现象在有机物中很常见，如乙醇与二甲醚，其结构式如下：

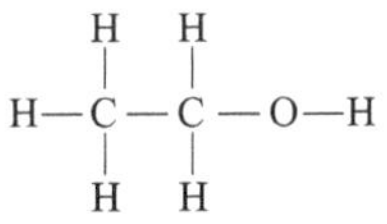

乙醇 C_2H_6O 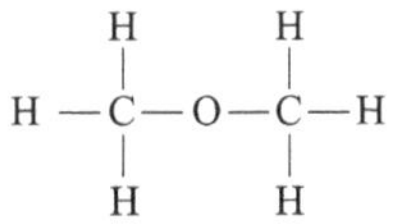　　　　二甲醚 C_2H_6O

同分异构的种类很多。其中，由一个碳原子连接四个不同基团而引起的异构现象，可称为手性异构（该碳原子称为手性碳原子，一般用 "*" 进行标记）。例如，丙氨酸存在手性异构，其结构式分别如下（人类只能利用其中的 L- 丙氨酸）：【微课视频】

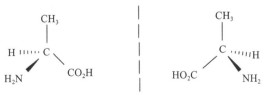

L- 丙氨酸　　　　D- 丙氨酸

同分异构与手性
药物（反应停）

（二）手性与药物

手性异构的存在与认识，对于药物的开发具有重要意义，这是人类历史上药物"反应停"（Thalidomide）带来的惨痛教训的启示。【微课视频】"反应停"的结构式如下：

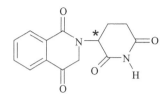

反应停的悲剧
说明了什么

1961 年，一种被用来减轻孕妇在妊娠期间的恶心和呕吐等症状的药品"反应停"，给欧洲带来了惊恐——由于服用该药，这些孕妇所生的婴儿会发生严重畸形，如肢体残缺或严重变形。

在此期间，世界各地大约有 17000 多名这样的婴儿出生，仅在德国就有 5000 名（因最初美国对此药的安全问题有疑义而使得该药没有进入美国市场）——这是 20 世纪最大的药害事件。这个悲剧促使政府制定严格的官方法律以测定各种新药造成新生儿畸形的可能性。

同时，"反应停婴儿"的出现，使人们对合成化学物品的影响及其对人类意想不到的危害，产生了强烈的恐惧感。后来经研究才发现，只有它的 R- 异构体有镇静作用，而其 S-异构体则是致畸的。

除"反应停"外，其他一些医药也有类似的情况。例如，治疗帕金森症的药物多巴，只有 S 型（左旋）对映体有效，而 R 型有严重副作用；治疗结核病的药物乙胺丁醇片（Ethambutol），只有 SS 型有效，而 RR 型对映体却会致盲。

另外，有些药物不同对映体的药理作用大相径庭，如 Propranolol（心安得，萘异丙仲胺）的 S 型对映体是一类重要的 β - 受体阻断剂，而 R 型对映体则有避孕作用。因此，美国的食品与医药管理局在 1992 年提出的法规强调，申报手性药物时，必须对不同对映体的作用叙述清楚。

同样，农药方面，有些化合物一种对映体是高效的杀虫剂、杀螨剂、杀菌剂和除草剂，而另一种却是低效的，甚至无效或相反。例如，芳氧基丙酸类除草剂 Fluazifop-butyl（稳杀得，氟草灵，氟草除），只有 R 型是有效的；杀虫剂 Asana 的 4 个对映体中，只有一个是强力杀虫剂，另三个则对植物有毒；杀菌剂 Paclobutrazol（多效唑，氯丁唑），RR 型有高杀菌作用，低植物生长控制作用，而 SS 型具有低杀菌作用和高植物生长控制作用。

惨痛的教训使人们对药物的手性有了深刻的认识——药物必须注意它们不同的构型。因此，2001 年，诺贝尔化学奖授予研究手性药物合成的 3 位化学家。"反应停"事例也说明，缺乏对化学知识的深入了解，可能会导致严重灾难！

四、化学反应式与反应方向

（一）反应物、试剂、产物、条件

前面介绍乙醇钠生成的式子就是常说的化学反应式。对一个化学反应式的理解，需要注意区分反应物、试剂、产物、条件等（尤其是有机化学的反应）。

[例1]

$$2H_2+O_2 \rlap{=\!=} 2H_2O$$

反应物：氢气（H_2）、氧气（O_2）；

产物：水；

条件：点燃（或金属铂催化、室温）。

计量反应式：配平的反应式，无机反应式居多，中间用等号连接。

[例2]

反应物：环己烯；

产物：己二酸（主产物）；

试剂：高锰酸钾（突出另一个反应物）。

非计量反应式：未配平的反应式（但不绝对！有时只配平了主反应物、主产物，也可以应用于计算），有机反应式居多（副产物多），中间用箭头连接。

（二）化学反应的方向

决定分子转变为其他分子的化学反应的原理有几条。一条原理是，如果反应的产物比起始物质更不稳定（具有更高的能量），这样的反应将不会发生。就像岩石会滚下山，而不会滚上山，到达低能量的状态，除非外部提供能量。

但是，能量低不是唯一的考虑因素，因为化学反应也会向着使混乱度变得最大的方向进行。——化学家称混乱度为熵。一个简单的比喻是，洗一副新牌使其变得次序混乱，继续洗牌也不能使它重新变成有序。

另一条原理是，即使反应是有利的，产物的能量比起始物质低，混乱度比起始物质大，反应也不一定进行得很快。利用催化剂通常可以加快反应。因此，化学和化学工业中常常会使用催化剂。

思考题

一、判断题

1.化学是一门试图了解物质的性质和物质发生反应的科学。

2.化学的历史可追溯到有历史记载以前的时期。

3. 世界上的万物都是由"化学物质"构成的。

4. 氦（He）是单原子分子。

5. 地球上没有可以称为"与化学物质无关"的物质。

6. 天然物质对人类总是有益的。

7. 天然物中没有任何化学物质。

8. 工业化学家在为化学工业之外的许多领域进行工作。

9. 相同分子式的化合物具有相同的结构。

10. "反应停"的教训告诉公众：缺乏对化学的深入了解，会导致严重灾难！

11. 利用催化剂可以加快反应。

12. 用箭头表示的化学方程式一定不可以用于计算。

二、选择题

1. 化学物质由（　　　　）等组成。

A. 分子　　　　　　　　B. 原子　　　　　　　　C. 离子　　　　　　　　D. 光子

2. 化学与（　　　　）等很多的其他科学领域有关，对它们都有重大的贡献。

A. 农业　　　　　　　　B. 生物学　　　　　　　C. 药学　　　　　　　　D. 环境科学

E. 计算机科学　　　　　F. 地质学　　　　　　　G. 冶金学　　　　　　　H. 物理学

3. 化学反应可能向（　　　　）的方向进行。

A. 能量降低　　　　　　B. 熵增大　　　　　　　C. 能量增大　　　　　　D. 混乱度减小

三、写出下列化学物质的名字，并写出与其性质、用途等相关的一句话

1.O_2　　　　2.CO_2　　　　3.He　　　　4.CH_4　　　　5.H_2O

6.NaCl　　　　7.C_6H_6　　　　8.C_2H_5OH　　　　9.C_2H_5ONa　　　　10.CH_3OCH_3

四、问答题（贵在创新、言之成理）

"反应停"的悲剧说明了什么问题？为什么？

第二章　人类十大环境危机中的化学困惑
——绿色化学的兴起

　　20世纪的高度工业化，为人类带来丰富的物质生活。当人们陶醉在现代文明的舒适生活中时，人类对大自然的破坏已经引起大自然的报复。蓦然回首，人类发现自己已深陷十大环境危机中。

　　这十大环境危机是：全球变暖（温室效应）、臭氧层破坏、生物多样性减少（物种濒危）、森林锐减、土地荒漠化、大气污染（酸雨蔓延）、水体污染（水资源不足）、海洋污染（海洋生态危机）、固体废物（垃圾越来越多）、人口猛增。

　　其中，问题的"主角"典型地涉及化学的有温室效应、臭氧层破坏、酸雨蔓延、人口猛增等几大危机。但这些问题的"主角"真的都是如此"坏"吗？

第一节　"可燃冰"——未来重要而清洁的潜在能源

一、温室气体

　　H_2O（水蒸气）、CO_2、NO_x（氮氧化物）、CH_4（甲烷）等都是温室气体，但其中最重要的是 CO_2 和 CH_4。工业的发展使 CO_2 的排放量增加很多。有学者预测，若大气中 CO_2 浓度翻一番，全球将变暖5℃。全球变暖将会导致海平面上升、高山雪线上移、厄尔尼诺现象等严重后果。【微课视频】

　　虽然大气中 CH_4 的浓度很低，但它在大气中聚热的效果是 CO_2 的25倍。最近200年，大气中 CH_4 浓度增加了一倍以上。在全球变暖的作用中，CH_4 占5%以上。由于 CH_4 在空气中的寿命比 CO_2 短得多，控制其排放对减缓全球增温容易收到明显效果，因此，近年来 CH_4 的排放问题受到特别的重视。

温室气体——
全球变暖

二、甲烷及其水合物

　　水分子与甲烷和低分子量的烷烃，如乙烷、丙烷、丁烷，在低温、高压环境下形成的类似冰状的固态结晶物质——天然气水合物，其大量存在于海底和北极永久冻土层内，中国南海、东海也有发现。

　　常温、常压下，天然气水合物分解为水与甲烷等烷烃，$1\,cm^3$ 的水合物可释放出 $164\,cm^3$ 的天然气，极易燃烧，故俗称为"可燃冰"。因为燃烧时几乎不产生任何残渣或废弃物，被认为是未来重要而清洁的潜在能源。

但是，天然气水合物的开发在技术上遇到很多困难。目前国际上仅俄罗斯进行了工业开发，日本、印度也很重视。2017年，中国成功地在珠江口开采出天然的"可燃冰"样品。

同时，开采过程中甲烷泄露等造成的温室效应也难以预料，甚至有学者认为，海底"可燃冰"的开采会引发海啸等地质灾害。

第二节　NO——昔日"罪魁祸首"，今朝"明星分子"

一、NO 的生理功能

氮氧化物（NO_x）之一的一氧化氮（NO）是大家早已熟悉的一个小分子，一直以来被公认为著名的大气污染物之一 [二氧化硫（SO_2）和 NO_x 是形成酸雨的重要污染源之一，直接后果是造成大气污染，损害人体的呼吸系统]。

化学家长期为 NO 的消除而发愁，最终找到了一种消除 NO 并生成苯酚的新方法，反应如下：

$$\text{（苯）} + NO \xrightarrow{\text{催化剂}} \text{（苯酚 OH）} + N_2$$

然而，自 20 世纪 80 年代末，科学家发现，由一个氮原子和一个氧原子结合而成的简单分子 NO，居然是一种重要的信使分子。NO 可激发人体产生许多生物响应，在各种生化过程中起着关键的作用，具有神奇的生理调节功能，如有助于控制血压、免疫调节、神经传递和血小板凝聚抑制等。

NO——昔日的"罪魁祸首"，今朝的"明星分子"

因此，一氧化氮迅速发展成为生命科学前沿领域中最活跃的研究对象之一。1998 年，NO 被美国著名的《时代》杂志评为"明星分子"。【微课视频】

二、NO 的自然辩证法

NO 之所以成为一把"双刃剑"，关键取决于它的量——高浓度（包括直接存在的 NO 气体）会是一种污染气体，低浓度却具有生理功能。但是，在许多组织中，其真正的释放量目前尚难以检测，只是已确知会释放出不同浓度的 NO，且浓度的变化与机体的生理机能紧密相关。——这就是自然界的辩证法！

事实上，NO 在人体中的特殊作用往往是通过药物释放 NO 而产生的。例如，"伟哥"的作用原理，就是含 N、O 元素的一种药物在人体内产生 NO 而使海绵体血管扩张，引起阴茎膨大。因此，在一本科普名著《分子探秘——影响日常生活的奇妙物质》中，NO被一语双关地称为"与性有关的物质"。

更令人叫绝的是，1998年诺贝尔生理医学奖获得者们刚好揭开了诺贝尔当年的谜团：诺贝尔本人患有心绞痛的疾病，医生给他开出的药方为硝化甘油。炸药大王生气地说：我玩了一辈子硝化甘油，你想炸死我吗？医生则只是通过在军工厂里往弹壳中填放硝化甘油炸药的工人往往血压低的事实而知道硝化甘油是一种可扩张血管的药，故对此哭笑不得。

第三节　氟利昂——从"制冷明星"到"臭氧杀手"

一、臭氧层破坏的后果

大气中的臭氧层在距地球表面 15~48km 的大气平流层中。高空臭氧层的存在，使人类免受紫外线（波长 240~329nm）的侵害，为人类的正常生存提供了必不可少的保障。因此，臭氧层被称为地球的"保护伞"。但是卫星预测资料显示，高空臭氧（O_3）生成和消亡的自平衡关系，已被人类活动所破坏，其浓度正在降低。

氟利昂的大规模使用，是导致臭氧层被破坏的重要原因之一。另外，核爆炸和喷气式飞机在高空中的飞行都会使臭氧减少。平流层中的臭氧减少 1%，到达地面的紫外线强度便增加 2%。据估计，由于人类活动的影响，臭氧含量已减少了 3%；到 2025 年，可能减少 10%。

臭氧层的破坏将使紫外线等短波辐射增强，导致皮肤癌患者增加，同时对自然生态系统带来严重影响。维护臭氧层的平衡，已成为一个全球性的环境问题。

二、氟利昂——制冷界的"昔日明星"

氟利昂是用于制冷剂等的饱和碳氢化合物的卤（氟、氯、溴）代物的总称（商业名），尤其是氯氟烃类（Chloro-fluoron-carbon，缩写 CFC），共有数十种。其中，F12 和 F22 为中压中温制冷剂，具有无色、无味、基本无毒、不燃烧、不爆炸、不腐蚀金属等特点，是极其安全的制冷剂。

氟利昂作为制冷剂、抛射剂等在工业生产中具有重要地位，它的发现曾一度被认为是元素周期表应用的重要成果。它还可作为发泡剂、清洁剂、喷射剂和灭火剂。自 20 世纪 30 年代以来，由于氟利昂的大量使用，使臭氧层（ozonosphere）的平衡受到了干扰。【微课视频】

臭氧杀手——氟利昂的发现与分类

因此，随着岁月的变迁，昔日的"英雄"成为绿色化学时代的"千

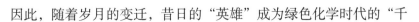

夫所指"，因为其破坏大气臭氧层而成为被拒用的危害品，人们正用较为绿色的化合物为研究目标如二甲醚、氟代烷烃等代替它。【微课视频】

三、氟利昂成为"臭氧杀手"的秘密

氟利昂到达大气上层后，在紫外线照射下分解出自由氯原子，氯原子与臭氧发生反应，使臭氧分解。以 F11（三氯氟甲烷，CFC_{11}，分子式 $CFCl_3$）为例，其机理用化学方程式可表示为：

$$CFCl_3 + 紫外线 \longrightarrow Cl·（自由氯原子）+ ·CFCl_2$$

$$Cl· + O_3 \longrightarrow ClO· + O_2$$

$$O_3 \longleftrightarrow O· + O_2$$

$$ClO· + O· \longrightarrow Cl· + O_2$$

其中，只有第三个反应是光照下的可逆反应。因此，净反应为：

$$2O_3 \longrightarrow 3O_2$$

在化学上，上述类型的反应称自由基历程反应，是一个连锁反应。只要有引发反应发生的自由基（如 $Cl·$）生成，反应就能一直进行下去，而且反应发生得很快。但要让这种反应自动终止，必须没有引发的自由基，其所需要的时间很长。

由于氯原子在发生上述反应后能重新分解出来，所以高空中即使有少量氯原子，也会使臭氧层受到严重破坏（每个氯原子能催化数千个到 10 万个臭氧分子被分解破坏）。这一荣获 1995 年诺贝尔化学奖的重大发现，使氟利昂开始迅速退出历史舞台。

第四节　化肥、农药、医药——人口猛增的"功臣"

一、固氮功臣是非多——哈伯

（一）固氮的意义

植物的生长需要氮（N）、磷（P）、钾（K）等元素。将空气中的氮气（N_2）高效转化为植物生长所需的氮元素这一过程，称为"固氮"。

一般固氮多为天然的生物固氮，它是指固氮微生物将大气中的氮还原成氨的过程，但远远不能满足人类的需要。因此，化学固氮（人工固氮）的研究对于解决粮食问题具有十分重要的意义。

（二）哈伯——贡献与遗憾

德国化学家哈伯一生致力于化学平衡及气体反应等方面的研究。1918 年提出借热化学循环来求晶体点阵能的方法，称为哈伯循环。

哈伯最大的贡献,是 1909 年在卡尔斯鲁厄任教期间所完成的氨(NH_3)合成法。他采用了过渡金属锇为催化剂,并使未反应的气体原料循环使用,从而首次取得具有工业化价值的合成氨方法。这项新技术立即为德国巴登苯胺纯碱公司所采用。因此,哈伯获得了 1918 年诺贝尔化学奖。【微课视频】

哈伯的贡献与遗憾

但是,1918 年的化学奖颁给哈伯,事件的前前后后都引起了人们的无数争议:因为他在第一次世界大战期间发明了最早的化学武器——氯气(Cl_2),作为毒气使用,使战争中死于该毒气的人不计其数。因此,许多科学家不屑与之为伍。

不仅如此,哈伯在战后也感到自己罪孽深重,以致于怕被人认出来而蓄起了胡子,并到外国去避了一段时间的风头。更可悲的是,因哈伯为犹太人,"二战"中被祖国德国"抛弃",被迫流亡瑞士,最终客死他乡。

(三)化肥——农业与环境

肥料有助于改善土壤,有助于产生营养物(诸如氮等),对农作物的生长是必不可少的。化肥为世界上增长的人口,特别是像印度这样人口剧增的国家,在提供食物方面发挥了很大的作用。

但是,环境专家抨击化肥,因为供水可能因此受到污染;再者,大量的能源消耗于氨的生产。——因此,农业、经济、人口与环境之间的矛盾,使化学固氮的过去与未来都充满困惑。

二、虫口夺粮靠什么——农药

农药的使用是农业增产的重要因素,是解决世界上 70 多亿人口温饱问题的有力措施。据统计,世界谷物生产每年因虫害损失 14%,病害损失 10%,草害损失 11%。我国的农作物从种植到储藏,因病、虫、草、鼠的危害,粮食最少损失 10%~15%,棉花损失约 15%,水果、蔬菜损失 20%~30%。农药的使用可以挽回大部分损失,在农业抵抗病虫害方面起着积极的作用。

历史上曾经发生过很多次大灾害,如 1845 年由于马铃薯晚疫病大流行所造成的震惊世界的爱尔兰大饥荒、1870~1880 年由于葡萄霜霉病大流行所导致的法国葡萄种植业的崩溃、葡萄酒酿造业的倒闭、我国历史上十多次由于"南螟北蝗"造成的全国大饥荒等,都是由于缺乏有效的防治手段造成的。

由于世界人口激增,粮食生产仍低于需求,在一些贫困国家,仍有很多人在忍饥挨饿,平均每 3.6 秒就有一个人饿死。所以,农药作为保护植物的重要手段,今后还是必要的。

此外,杀虫剂在疾病载体控制以及健康和生命保护的卫生项目中,也起着决定性的作用。例如,疟疾问题中的疟蚊的防治,农药挽救了世界各地数以百万计人的生命,而且今后还将如此。

总之,农药也是最重要的对付饥饿和保护人类生命的武器之一。然而,由于农药的毒性，其引起的负面影响也非常严重。

三、人间七十已不稀——医药

1900 年在美国出生的一名男子的期望寿命只有 47 岁（中国 33 岁左右），但 2000 年出生在这个国家的一名男子的期望寿命大约是 75 岁（中国 72 岁左右）。到 2018 年，人均预期寿命排名第一的日本，预期寿命为 84.3 岁，美国以 78.5 岁位居全球排名第 34 位，而中国则以 76.4 岁位居全球排名第 52 位。这些难以置信的进步，可以主要归功于药物化学家的贡献，其中最重要的当数抗菌素的开发。

（一）磺胺药物的偶然发现

19 世纪 20 年代，细菌感染常导致病人大量死亡。此时，随着染料工业的发展，化学家开始合成许多用于布料的染料，包括某些带有称作氨磺酰基官能团的化合物。德国科学家 Gerhard Domagk 发现一家染料厂的工人较少因细菌感染患病，因此他决定对多种人工合成的染料化合物进行试验，观察其中是否有可以杀死细菌的化合物。

1932 年，他找到了一种叫作 Prontosil（百浪多息）的带有氨磺酰基官能团的红棕色的染料，有效地治愈了受细菌致命感染的老鼠。于是，他用此药对一位因患细菌性血中毒、已处于无望状态的孩子进行了试验，使她得以康复。

在此启发下（Domagk 因此获得了 1939 年诺贝尔生理医学奖），化学家制备了许多含有氨磺酰基的新型药物，即磺胺药物。磺胺曾经广为使用，现在仍用于临床。某些药物可以杀死细菌而不伤害人畜的发现，开辟了一个主要的新研究领域，于是许许多多性能更好的抗菌化合物就此不断地被创造或发现。【微课视频】

磺胺类药物的发现、作用机理及发展

（二）磺胺药物的神奇机理

生物化学方面的研究已经弄清楚了磺胺能够杀菌的同时对人无毒的原因：人和细菌的生物化学是不同的。细菌要制造叶酸这种基础维生素，没有叶酸细菌则不能存活，而磺胺能够阻碍细菌制造叶酸。其相关机理如下。

人体内没有合成叶酸的酶，但我们可从食物中获取叶酸。从某种意义上来看，因为人在生物化学方面的缺陷，反而使人得到安全。——人类利用自己的聪明，使细菌"上当受骗"而死亡。

（三）更多的药物离不开化学

磺胺药物的发现，开创了今天的抗生素领域，但是这还不是化学对健康的第一个贡献。例如，用于表皮创伤的消毒剂，如碘（I_2）或苯酚（C_6H_5OH）比磺胺药物还要早些，此外还有麻醉剂。【微课视频】

麻醉剂的发现与历史

酒精（C_2H_5OH）是最早的麻醉剂之一，过去曾经用过让患者在疼痛的手术之前先酒醉的办法。后来发现，乙醚（$C_2H_5OC_2H_5$）更加有效，从而使无痛外科手术和牙科手术成为可能。

自那以后，又发明了许多更好的麻醉剂，包括像普鲁卡因（Novocain）这样的局部麻醉剂在内。如果没有麻醉剂，现代的外科手术是不可能实现的。

目前，用来治疗人类各种疾病的药用化合物种类繁多，但是对于许多重要的疾病还不是完全有效，因此有许多的工作是旨在征服它们。遗憾的是，人人都希望自己病了有药吃、延年益寿，但许多人却不喜欢制药的人——化学工作者，以及他们使用的学科——化学，因为制药工业也带来了一定的环境污染。

这是人类十大环境危机中的化学困惑之一，值得化学工作者思考，也值得全体人类思考。化学家们思考的结果，就是提出了兴利除弊的绿色化学思想，最终导致了绿色化学的兴起。

思考题

一、判断题

1. CH_4 是比 CO_2 更危险的温室气体。

2. 天然气水合物即"可燃冰"，可能是未来的清洁能源。

3. NO 是有害的。

二、选择题

1. （　　　）等都是温室气体。

A. H_2O　　　　　　　B. CO_2　　　　　　　C. NO_x　　　　　　　D. CH_4

2. 全球变暖的结果是导致（　　　）等现象的产生。

A. 海平面上升　　　B. 高山雪线上移　　　C. 厄尔尼诺　　D. 非典型肺炎（SARS）

3. （　　　）是形成酸雨的重要污染源。

A. SO　　　　　　　B. NO_x　　　　　　　C. CH_4　　　　　　　D. CO_2

4. 在臭氧变成氧气的反应过程中，氟利昂中的氯原子是（　　　）。

A. 反应物　　　　　　B. 生成物　　　　　　C. 中间产物　　　　　　D. 催化剂

三、写出下列化学物质的名字，并写出与其性质、用途等相关的一句话

1. O_3 2. N_2 3. NO 4. CH_4 5. CO_2

6. SO_2 7. NO_x 8. C_6H_5OH 9. I_2 10. NH_3

11. C_2H_5OH 12. $C_2H_5OC_2H_5$

四、问答题（贵在创新、言之成理）

1. 请搜集酸雨与二氧化硫的资料，判断二氧化硫这种化学物质的好坏，并说明理由。

2. NO 的"遭遇"说明了什么问题？

3. 请搜集甲烷的资料，你认为开采"可燃冰"有必要吗？为什么？

4. 如何看待氟利昂的功过？氟利昂冤枉吗？

5. 你认为，哈伯应该得诺贝尔奖吗？如何看待科学、爱国与正义的冲突？为什么？

6. 人类真的离不开药物吗？如果没有了农药和医药,可能只是地球上的"高级"动物——人少点，"更新"快点。可见，我们是可以离开化学、离开化学物质的。这种观点对吗？为什么？

第二部分

方兴未艾的绿色化学——
绿色化学的基本内涵与实例

第三章 绿色化学的基本概念

第一节 绿色化学的诞生

1991 年，美国著名有机化学家 Trost 在 *Science* 上提出了"原子经济性（原子利用率）"的概念。1992 年，荷兰有机化学家 Sheldon 提出了"E-因子"的概念。这两个重要的绿色化学的基本概念的提出，引起了化学界的极大关注，同时也标志着绿色化学在 20 世纪 90 年代初开始萌芽。【微课视频】

绿色化学的诞生

1996 年 6 月，美国首届"总统绿色化学挑战奖"由克林顿颁发，以后每年一次（2018 年，更名为"ACS 绿色化学挑战奖"）。1999 年，世界第一本名为"绿色化学（*Green Chemistry*）"的杂志在英国创办 [由于世界科学家对绿色化学的重视，新创办的《绿色化学》杂志的 SCI 影响因子（IF）迅速上升，2019 年已经达到 9.4 以上]。这两个重大事件，正式宣告了绿色化学在 20 世纪末的诞生。【微课视频】

美国总统绿色化学挑战奖简介

由于上述事件的推动，特别是世界科技"火车头"——美国的推动（美国的绿色化学奖除"总统"奖外，还有 Hancock 绿色化学纪念奖学金等 3 个奖项），各国的绿色化学活动也风起云涌，并且英国（2000 年，共 3 个奖项）、澳大利亚（1999 年）、意大利（1999 年）、日本（2000 年）等国都先后设立了自己的"绿色化学奖"。

进入 21 世纪以来，各国越来越重视绿色化学的发展。例如，2001 年，由英国皇家学会牵头设立绿色化学奖，旨在奖励在设计、开发或实施等方面有可能减少或消除有害物质的使用和产生的新型化学产品或工艺。2007 年，美国化学学会在陶氏化学公司赞助下设立 ACS 经济实惠绿色化学奖，并于 2009 年首次开始颁奖，用于奖励以与现有技术相当或更低的成本，或以具有引人注目的成本 / 效益概况提供新应用的发现，或是被认为环境友好型产品或制造工艺奠定基础的杰出科学发现。2009 年，美国密歇根州环境质量部的密歇根绿色计划在密歇根绿色化学圆桌会议的积极支持下，设立密歇根州绿色化学州长奖。2010 年，欧洲化学学会设立欧洲可持续化学奖，每两年颁奖一次，旨在认可通过应用绿色和可持续化学为可持续发展做出杰出贡献的个人或小型研究团体。同年，加拿大化学研究所在 Green Centre Canada 的资助下，开设加拿大绿色化学与工程奖，并在 2013 年开始设立个人奖，颁给在加拿大工作、为推动绿色化学和 / 或工程，包括技术、人类健康和环境效益做出了重大贡献的个人。

在中国，中国科学院上海有机化学研究所陆熙炎院士 1993 年起就开始在中国《有机化学》杂志提倡和践行"原子经济性"等绿色化学观念，中国科技大学朱清时院士 1994

年起就在大学宣传并进行绿色化学方面的研究，清华大学宋心琦教授 1995 年就开始在国内《大学化学》撰文介绍绿色化学工艺……

由于上述许多著名专家、学者的不懈努力，使中国的绿色化学活动在 20 世纪末开始融入世界的潮流，各种刊物介绍绿色化学的文章如雨后春笋。自 2000 年以来，有不少专家、学者呼吁中国也设立类似国外的绿色化学科研奖励。

2019 年，由浙江新和成股份有限公司（Zhejiang NHU Company Ltd.）与国际纯粹与应用化学联合会（IUPAC）合作，面向全球联合设立了一个全新的绿色化学领域国际奖励，国际纯粹与应用化学联合会——浙江新和成国际绿色化学进步奖（IUPAC-Zhejiang NHU International Award for Advancement in Green Chemistry），以推动绿色化学的发展，彰显科学对人类进步的价值。这是国内企业首次与 IUPAC 合作设立的学术奖励，授奖范围涵盖了绿色化学领域所有的相关主题，例如绿色和可再生原料、绿色合成路线、绿色溶剂、绿色催化、绿色产品、绿色能源、可持续发展化学等。该奖励每两年颁发一次，并重点介绍获奖者在绿色化学工作中的贡献，将其传播至全球范围。2019 年 7 月 12 日，世界化学大会迎来闭幕式，浙江新和成国际绿色化学进步奖也迎来首次颁发。意大利 Fabio Aricó、中国科学院孙晓甫、美国 Julian West、加拿大 Mingxin Liu 四位化学专家获奖。

总之，绿色化学像一个刚出生而迅速成长的"婴儿"，正在以自己无穷的生命力，改变着人们的观念，指导着化学界及相关行业"面向绿色"的蓬勃发展。

第二节　绿色化学的含义

为了从根本上预防和治理环境污染，实现人类的可持续发展，科学家们提出了"绿色化学"的新观念、新学科。因此，绿色化学是更高层次的化学，又称"可持续发展化学""环境友好化学""清洁化学"等，在其基础上发展的技术称"绿色技术""环境友好技术""洁净技术（Clean Technology）"等。

绿色化学的含义可以从四个方面理解：

一、倡导绿色化学的目的——预防优于治理

倡导绿色化学的根本目的是，从节约资源和防止污染的观点，来重新审视和改革传统化学，从而使我们对环境的治理从治标转向治本，因此防止废物的产生优于在其生成后再进行处理或清理，即"预防优于治理"。

在生产和使用化学品和化工产品时，人们会预期或预料到，总要加入一些"正常"的支出——当然，你需要为原料和试剂花钱，因为这些是与产品相关而且是不可分割的一部分。但是在过去的 30 年中，一个非常重要的花费是处理和处置化学物质的费用。物质的危害性越大，处理该物质的费用就越高。不论是一个大的化工生产厂或一个小的学术实验室，情况皆如此。

在美国许多的化学公司里，研究和发展的开支，与为环境、健康和安全的开支相等同。这种情况是多么令人吃惊！这表明，在使用和产生有害物质时，真正受到损害的是科学和化学工业的向前发展和创新。面对着为处理化学实验（包括教学和研究性的实验）中产生的废弃化学物品所付费用的挑战，大学和研究院只能减少实验的数目，或者减小所做实验的规模（如开设微型化学实验等）。

处置有害物质（安置、处理或清除）的费用，一直在显著地增加。现在，除了可以免于处置的废物，这些费用必须加在预算中。避免增加这些开支的唯一办法，是利用绿色化学技术设计化学过程，以避免有害物质的使用或者产生。通过这种办法即使不能避免，也可以最大限度地降低所有处置有害物质的费用，包括从工程控制、个人保护到为遵守各种法规所需的开支，而且也可避免其他的相关开支。

其中，一个重要的绿色化学技术设计是避免原料和试剂的浪费。因为，当你浪费原料的时候，你是在为此物质付双份的价钱：一份是支付作为原料的费用，另一份是支付作为废物处理的费用，而你没有从该物质上获得任何有用的东西。当然，绿色化学技术设计中，最重要的是"预防"的观念。

几百年以前就有这样一句谚语，叫作"一两的预防胜于一斤的治疗"，即服用预防性药物等保持健康比等有了病再治疗更强。但是，总有人刻意回避"预防"，理由是：虽然一些物质及废物有害，但化学家们知道怎样对付和处理这些化学品。这样的理由与"因为医生懂得怎样治病，因而不必预防生病"一样地不合逻辑。

不论是阑尾炎还是有毒化学品，带来的破坏及解决问题的代价总是高于预防的代价。生活中总会发生一些不可避免的危害和危险需要我们去应对，但是，如果把时间、金钱和精力浪费到处理那些原本可以避免的问题上，那只能是得不偿失。——总之，对于"预防"不要抱有侥幸心理，否则其经济成本将会更高！

二、绿色化学的特点——从注重产率到注重原子经济性

绿色化学的合成方法，应被设计成能把反应过程中所用的所有材料尽可能多地转化到最终产物中。但是，在整个 20 世纪，有机化学的课本中没有表现配平的方程式。所列的反应式很少，或根本不涉及在一个合成转化过程中所产生的副产物或共生产物。这是因为传统上，描述某一合成方法的有效性和效率的是产率。

$$产率 = \frac{实际产量}{预期产量} \times 100\%$$

因此，所谓"产率"，完完全全地忽略了在合成反应中生成的任何不希望得到的产物，而这些产物却是合成产物中固有的一部分。有可能且常常会是这样一种情况：一个合成步骤，甚至一个合成路线能够达到 100% 的产率，但其产生的废物不论在重量上还是在体积上都远远超过了所希望得到的产品。

这种情况之所以存在，是因为产率的计算是基于分子摩尔的概念，产率的数值是根

据计算原料的物质的量与产物的物质的量之比而得出的。如果 1mol 的原料产生了 1 mol 的所要产物，那么产率是 100%。根据这样的计算，该合成方法在传统观念上被认为是十分有效的。

但是，这个转化过程在生成每 1 mol 产物的同时，也可能会产生 1 mol 或更多摩尔的废物；而且，所得废物的分子量可能会比所要产物的分子量大许多倍。因此，基于产率计算可以认为某个合成方法是"完全有效"的，但是，也许该方法会产生大量的废物，而在只用产率来计算时是体现不出这些废物的产生的。

可以用一个传统的例子，即 Wittig 反应来说明这种计算产率的方法的缺点：

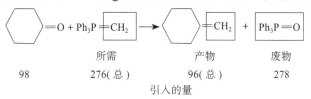

	所需	产物	废物
98	276（总）	96（总）	278

引入的量

在上述 Wittig 反应中，虽然引入基团的摩尔质量（＝CH_2，14），远远低于生成废物的摩尔质量（O＝PPh_3，278），而这个反应的产率仍有可能达到 100%。

正是因为存在着这样一个矛盾，原子经济的概念被应用。评估原子经济性时，人们需考察所有的反应物，并测量每一反应物被融合到最终产物中的程度。因此，如果所有的反应物都完完全全地参与到最终产物中，该合成路线被称为 100% 的原子经济。

事实上，绿色化学的主要特点就是原子经济性，即在获取新物质的化学过程中充分利用每个原料原子，实现"零排放"，使化学从"粗放型"向"集约型"转变，既充分利用资源，又不产生污染。原子经济性在数值上用 E- 因子、原子利用率等衡量。【微课视频】

原子经济性的
衡量标准

（一）E- 因子

相对于每种化工产品而言，期望产品以外的任何东西都是废物。一个产品生产过程中对环境造成的影响可以用 E- 因子来衡量。E- 因子定义为每生产 1kg 期望产品的同时产生的废物的量，即：

$$E- 因子 = 废物重 / 产品重$$

很明显，E- 因子越大，则越糟糕，因为其对环境的污染越大。表 3-1 列出了一些典型化工部门的 E- 因子。可见，产品的生产规模越小，E- 因子越大。

表 3-1　不同化工部门的 E- 因子

工业部门	产品（t）	E- 因子
炼油	$10^6 \sim 10^8$	~0.1
基本化工	$10^4 \sim 10^6$	<1~5
精细化工	$10^2 \sim 10^4$	5~50
制药	$10^1 \sim 10^3$	25~100

对于绿色化学的理论分析而言，衡量一个具体反应的好坏，E-因子是不方便的。因此，科学家们进一步提出了原子利用率的概念。

（二）原子利用率

原子利用率的定义如下：

$$原子利用率 = \frac{期望产品的摩尔质量}{按化学方程式计量所得全部物质的摩尔质量}$$

利用原子利用率，可以从理论上初步判断 E-因子的大小。原子利用率越大，E-因子越小。以重要化工原料环氧乙烷的合成为例，其传统合成方法的原子利用率只有25%；而现代的石油化学工艺中，由于采用催化工艺一步合成，原子利用率达100%。

（a）传统工艺：

$$CH_2=CH_2 + Cl_2 + H_2O \longrightarrow ClCH_2CH_2OH + HCl$$

$$ClCH_2CH_2OH + Ca(OH)_2 + HCl \longrightarrow \underset{\underset{O}{\diagdown\diagup}}{CH_2 \; CH_2} + CaCl_2 + H_2O$$

总反应分子量：

$$\underset{}{C_2H_4} + \underset{}{Cl_2} + \underset{}{Ca(OH)_2} \longrightarrow \underset{44}{C_2H_4O} + \underset{111}{CaCl_2} + \underset{18}{H_2O}$$

$$原子利用率 = \frac{44}{44+111+18} = 25\%$$

（b）现代石油化学工艺：

$$2CH_2=CH_2 + O_2 \xrightarrow{Ag} 2\underset{\underset{O}{\diagdown\diagup}}{CH_2—CH_2}$$

$$原子利用率 = 100\%$$

但是，一个反应总效率的真实评价，必须把化学产率（选择性的一个测定方法）、原子经济性（固有效率的一个测定方法）和实际的反应物用量等结合起来，其具体的评价指标仍在探索中。

三、绿色化学的基础——从化学物质的毒理学性质、化学反应（过程）的安全性思考问题

（一）Q 值与 EQ

绿色化学的基础，是把最大限度地降低或消除危害性的原则，融入化学设计的各个方面。在化学过程中，所用的物质和物质的形态，应尽可能地减少发生化学事故的可能性，包括泄漏、爆炸及火灾。

换句话说，废物排放于环境中，对环境的污染程度与相应的废物的性质及在环境中的毒性行为也有关。对化学物质的毒理学性质用 Q 衡量，Q 值的大小是有机化学衡量环境友好生产过程的重要因素。

Q 为根据废物在环境中的行为给出的对环境不友好度。例如，无害的氯化钠（NaCl）和硫酸铵 [$(NH_4)_2SO_4$] 若 Q 定为1，则重金属 [如铜（Cu）、汞（Hg）等] 离子的盐类

基于其毒性大小，$Q = 100\sim1000$。

因此，更为精确地评价一种合成方法相对于环境的好坏，必须同时考虑废物的排放量和废物的环境行为本质，其综合表现为环境商值（EQ），即：

$$EQ = E \times Q$$

式中：E——E—因子。

（二）LD$_{50}$

在传统上，化学危险物的定量评价是用半致死量（LD$_{50}$）来衡量的，它也可以在新方法未能完善前作为参考，尤其是对化学品急性毒性的评估。LD$_{50}$ 一般以 mg（物质）/kg（体重）为单位，通常用来粗略地衡量某种化学物质急性毒性高低的一个指标，指能使一群试验动物（通常是白鼠）中毒死亡一半所需的剂量。表 3-2 列出了常见物质的 LD$_{50}$ 值。

表 3-2　不同物质的 LD$_{50}$ 值

物质名称	LD$_{50}$（mg/kg）
水（H$_2$O）	180000
蔗糖	35000
氯化钠（NaCl）	3750
咖啡碱	130
氰化钾（KCN）	15
砒霜（As$_2$O$_3$）	15
黄曲霉毒素（存在于发霉的豆类和谷物中）	10
沙林（神经毒气之一）	0.4
破伤风毒素 A	5×10^{-6}
肉毒杆菌毒素	3×10^{-8}

可以看出，天然状态下存在的毒素，通常比简单的无机物（如 KCN、As$_2$O$_3$）或人造毒素（如沙林，结构式如下所示）大得多。例如，1g 肉毒杆菌毒素是 1gKCN 毒性的 5 亿倍，是 1g 沙林（Sarin）神经毒气（与神经毒气 VX 一起被称为"穷国的原子弹"，其结构式如下所示）的 1000 万倍。

Sarin　　　　　　VX

四、绿色化学的理想——零排放

很明显，如果根本没有废物排放，则 E－因子为 0，EQ 必然为 0，这就是零排放，它是绿色化学最根本的特征，这也是绿色化学的最终理想。

因此，绿色化学的含义，在理论上是一个新的观念；在实践上，更多地是一个过程，即"绿色化"。——科学如同人生，就是在追求完美中不断前进。

思考题

一、判断题

1. E－因子越大，原子经济性越好。

2. 原子利用率越大，E－因子越小。

3. 更为精确地评价一种合成方法相对于环境的好坏，应用 EQ 衡量。

4. 绿色化学最根本的特征是零排放。

二、选择题

1. 绿色化学是（　　　　）。

A. 更高层次的化学　　　B. 可持续发展化学　　　C. 环境友好化学　　　D. 清洁化学

2. 绿色化学技术（绿色化学工艺）又称（　　　　）。

A. 绿色技术　　　B. 环境友好技术　　　C. 洁净技术　　　D. 干净技术

3. 原子经济性在数值上用（　　　）等衡量。

A. E－因子　　　B. EQ　　　C. 原子利用率　　　D. 百分产率

三、写出下列化学物质的名字，并写出与其性质、用途等相关的一句话

1. NaCl　　　　　　2.（NH₄）₂SO₄　　　　　　3. Cu　　　　　　4. Hg

四、问答题（贵在创新、言之成理）

1. 什么是E－因子？为什么E－因子越大越糟糕？

2. 什么是 Q 值？有何意义？查找资料，了解 Q 值研究的新进展。

3. 除原子利用率、E－因子、EQ 等化学反应（过程）评价指标外，人们也在不断探索更全面的评估方法。查找资料，了解评价指标研究的新进展，并撰写成小论文介绍你的成果（注意尊重知识产权）。

4. 了解各国绿色化学方面的奖励情况，并就其中一个国家今年最新的获奖情况撰写一篇小论文（注意尊重知识产权）。

第四章　绿色化学的主要内容

如果用下面的式子表达一个化学反应（或涉及化学、化学品的制造过程）：

$$反应原料（M）+ 反应试剂（R）\xrightarrow[\text{实验手段}]{\text{反应溶剂（S）、催化剂（C）}} 目标产物（P）+ 副产物（B_p）$$

$$原子利用率（\%）=\frac{目标产物的摩尔质量}{目标产物的摩尔质量 + 废弃副产物的摩尔质量}\times 100=\frac{P}{P+B_p}\times 100$$

则"绿色化学原则"体现为以下几个方面：

①单一反应的原子利用率（原子经济性）的最大化，理想值为100%，即没有副产物（By-product）；

②目标产物（Product）的绿色化；

③反应原料（Material）、反应试剂（Reagent）的绿色化；

④反应溶剂（Solvent）、催化剂（Catalyst）、实验手段等反应条件的绿色化。

第一节　反应经济化

我们可以对常规反应的类型（尤其是有机化学反应）做一个总的评估，以决定每一类反应的内在的原子经济性。

一、常见有机合成反应类型的分析

（一）重排反应

根据定义，重排反应是构成同一分子的原子的重新组合。因此，它必然是一个100%的原子经济性的反应，其中所有的反应物都被融合到产物之中，如克莱森（Claisen）重排反应的原子利用率为100%，一个具体的反应式如下：

（二）加成反应

因为加成反应是把反应物的各个部分完全加进另一物质中，因此它们是100%原子经济的，如烯烃与溴反应，一个具体的反应式如下：

（三）取代反应

当进行取代反应时，进攻基团取代一个离去基团，该离去基团必然会成为该反应的一个副产品，因为它没有被结合到最终产物中，从而降低了该转化过程的原子经济性。因此，该反应的具体的非原子经济性程度是由所用的特定试剂和反应物而定的。

[例1]苯酚钠与碘代烷的反应

反应式如下：

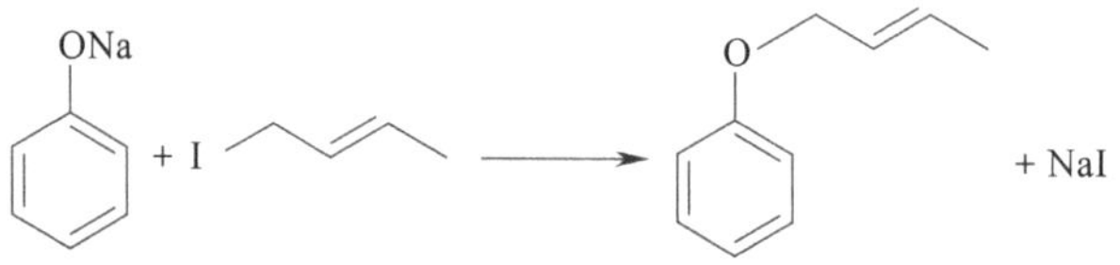

该反应中有副产物碘化钠（NaI）生成，因此其原子利用率被降低了（该反应的主产物是前面 Claisen 重排反应的原料）。

[例2]苯与乙酰氯的反应——付氏酰基化反应

反应式如下：

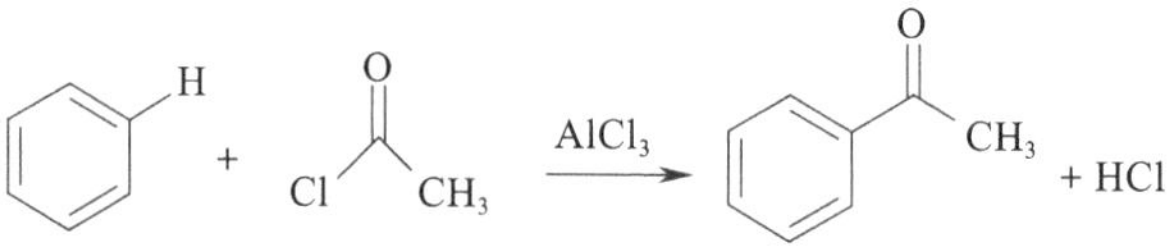

该反应中有副产物氯化氢（HCl）生成，因此其原子利用率被降低了。氯化氢是一种刺激性的气体，溶于水即盐酸。同时，催化剂三氯化铝（$AlCl_3$）反应过程中也易于吸潮、水解产生酸性气体氯化氢，反应后处理时产生大量的酸性废水。因此，该具有重要应用价值的反应，存在着多处的绿色化学意义上的不足。

同样，第三章所提及的 Wittig 反应，其虽然在有机合成中有重要应用，甚至发现者 Wittig 在 1979 年因此而获得了诺贝尔奖，但 Wittig 反应在今天却不符合绿色化学的要求——其为了利用原料 276 份质量中的 14 份质量，产生了 278 份质量的"废物"，总反应的原子利用率仅 26%。可见，过去的诺贝尔化学奖成果，在新时代的要求下，也可能会受到绿色化学家们的批评。

（四）消除反应

消除反应能够减少原子数目而使反应物转化成最终产物。在这种情况下，所用的任何试剂（如果没有成为产物的一部分），以及被消除掉的原子，都成了废物。因此，这类反应是所有的基本合成转化反应中最不原子经济的一类反应，如环己醇转变为环己烯的反应，反应式如下：

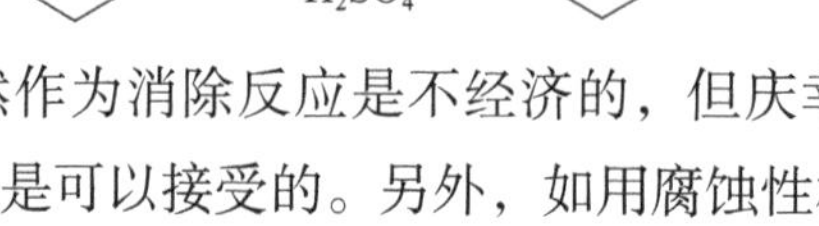

在上述反应中，虽然作为消除反应是不经济的，但庆幸的是，副产物水是无害的，故这种特别的消除反应还是可以接受的。另外，如用腐蚀性相对较小的磷酸（H_3PO_4）代替腐蚀性很强的硫酸（H_2SO_4），反应也可以进行，还可以避免有机物的碳化——这是催化剂的绿色化。

（五）环加成反应

环加成反应中每一个原子都得到充分利用，因此原子利用率为 100%。狄尔斯－阿尔德（Diels-Alder）反应（[4+2] 环加成）是其中的典型，一些反应式如下：

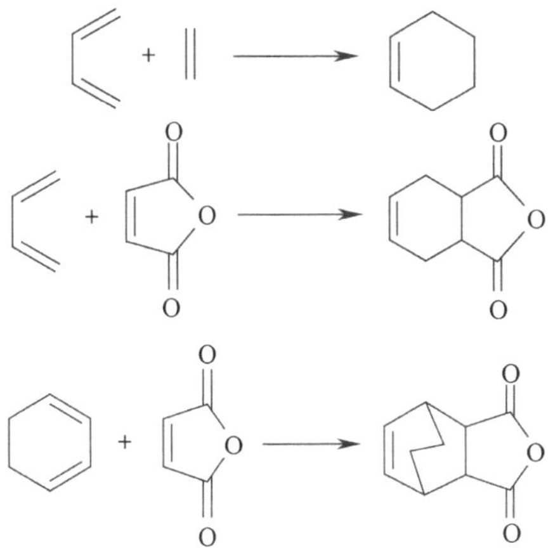

类似地，各种偶极体系的 [3+2] 环加成反应，也是原子利用率为 100% 的反应。一些具体的反应式如下：

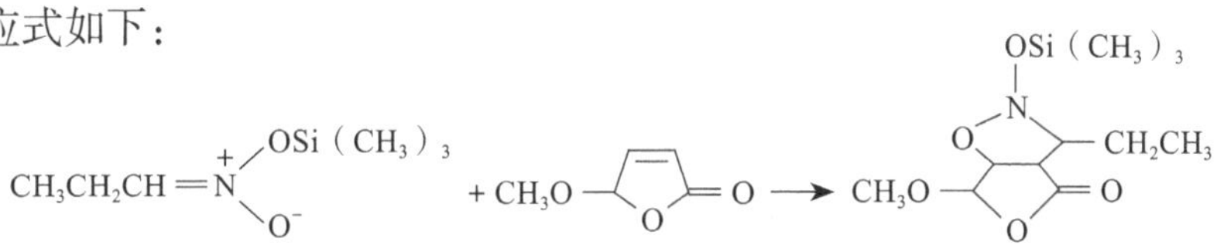

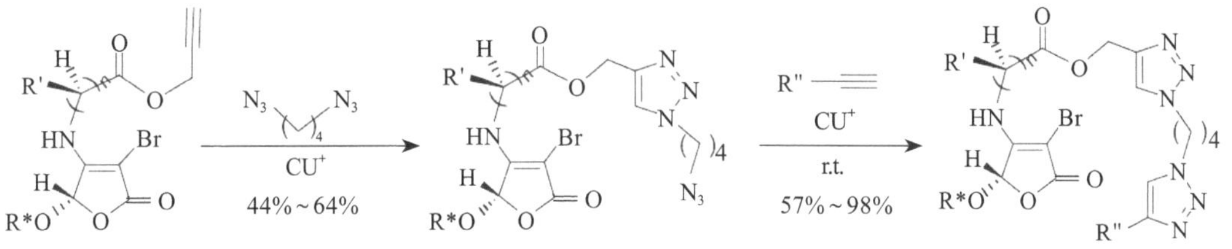

总之，鉴于环加成反应的优越性，它们在提倡绿色化学的今天更加受到重视。

二、不对称合成与手性技术

（一）手性化合物的获得途径

用简单、经济的方法制备高纯度的手性化合物，是当今化学、生物、药学等领域的研究热点之一。手性化合物的获得途径，有天然手性化合物的提取与半合成、外消旋体的拆分和不对称合成等三种。其中，不对称合成因符合绿色化学的潮流而成为最引人注目的手性技术之一。

在早期，手性化合物主要靠从自然界进行提取。这类手性化合物主要是天然存在的氨基酸、糖类、羟基酸、萜类、生物碱等及它们的衍生物。目前，它们中的不少已经投入了工业化生产。提取的优势是方法简单，但是总体而言，它们的种类有限，或者可以提取的原料不足，最终难以满足人类的需求。

获得手性化合物的第二个重要途径是外消旋体的拆分。因为被拆分的外消旋体大多是通过人为的反应得到的，因此该方法使手性化合物的来源扩展到全人工合成的领域，解决了提取原料不足带来的手性化合物来源有限的问题。但外消旋体的拆分一般只能利用合成反应中的一半，即原子利用率最大仅 50%，且大多有工作量大等不足。

因此，人们又在合成外消旋体后拆分的基础上，发展了获得手性化合物的第三个途径——不对称合成。简单地说，不对称合成就是采取某些方法，使反应生成的两个对映体中一个过量，甚至全部为单一的对映体，从而避免和减少拆分过程。某单一对映体的过量情况，可以用光学活性率（e.e.%）来衡量，e.e.% 越高，则不对称合成的效率越高。

（二）手性诱导的光催化加成——不对称合成实例之一

从绿色化学的角度出发，高效的不对称合成有利于节约资源，提高原子利用率，甚至有望达 100%。因此，不对称合成是手性技术发展的主流方向。例如，以手性化合物 5-（R）-（l）-孟氧基 -2（5H）-呋喃酮诱导的不对称光化学加成反应，能以 100% 的原子利用率得到新的手性化合物，反应式如下：

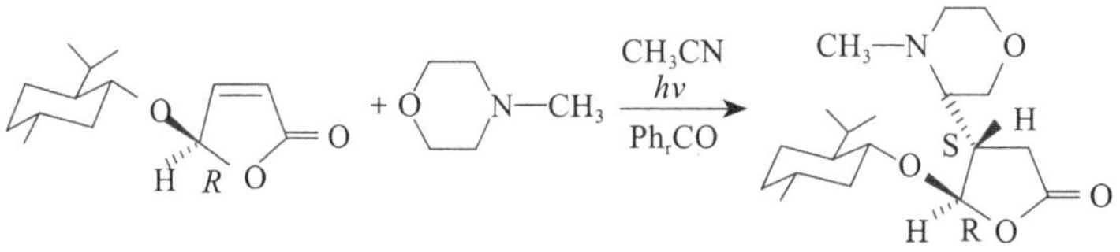

类似地，光催化的 [2+2] 环加成反应，作为原子利用率 100% 的反应类型之一，也可以应用于不对称合成，一个示例的反应式如下：

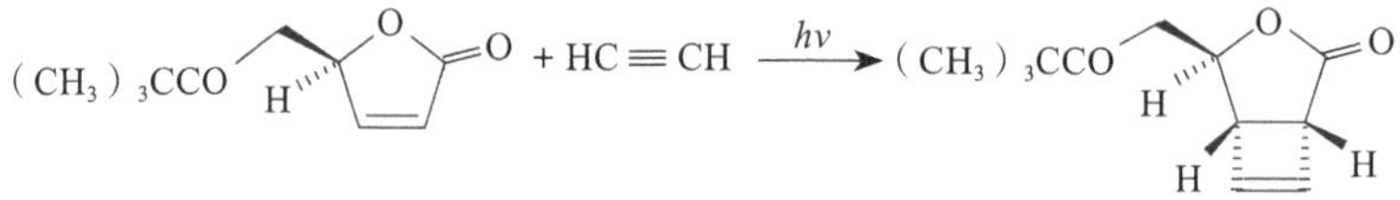

值得注意的是，光化学反应中利用光（hv）作为一种特殊的试剂（催化剂），因其无毒、易于控制，也是一种试剂的绿色化。

（三）手性催化——不对称合成实例之二

不对称合成中最有前途的手性技术是手性催化。广泛应用于食品、医药、化妆品等行业的天然左旋薄荷醇，可以由月桂烯工业化合成，关键步骤是手性催化的烯丙基胺异构化，这是手性催化应用中的显著成果之一。现在，全球每年大部分的左旋薄荷醇产品由该合成方法提供，其中日本 Takasago 公司用该法年产薄荷醇和其他萜类产品达 1500t（整体的反应式如下所示）。

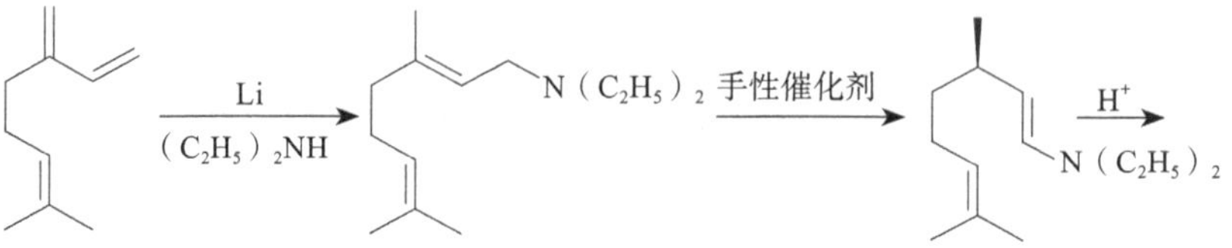

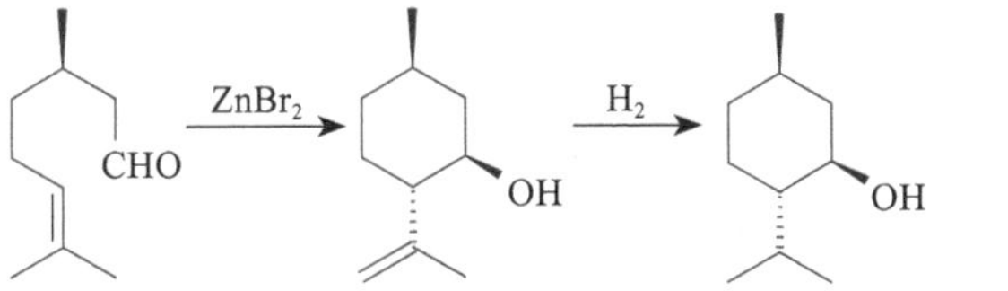

（*l*－薄荷醇）

又如，左旋多巴是目前治疗帕金森症（震颤麻痹症）的主要药物，它能通过血脑屏障进入脑中，经多巴脱羧酶转化成多巴而发挥作用。服药后能明显改善震颤麻痹症的肌肉僵直和运动障碍等症状，使面部表情好转，步态变灵活，发言困难减轻。目前，左旋多巴也已通过手性催化的不对称氢化而工业化合成（反应式如下所示）。其中，就有2001年诺贝尔化学奖得主之一的威廉·诺尔斯不可磨灭的贡献。

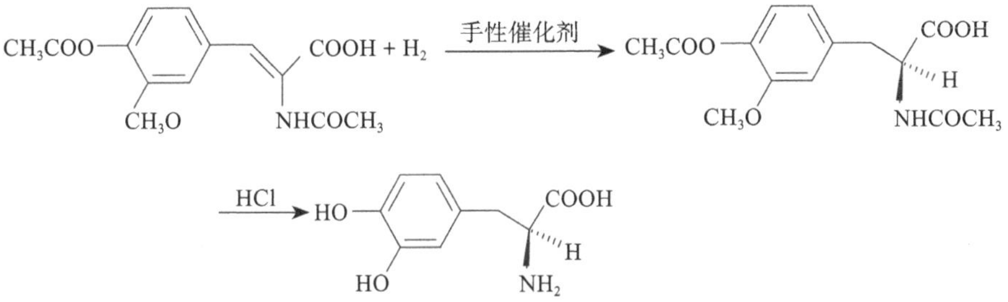

（*l*－多巴）

农药方面，使用手性催化剂的不对称合成，也给人类带来了福音。舞毒蛾引诱剂右旋Disparlure是一种生态农药（生态农药是符合绿色化学潮流的绿色产品），早期已经有多种方法合成，但价格昂贵（1000英镑/克）。1980年，巴里·夏普莱斯（Sharpless）发现了一种通过手性催化使烯丙醇环氧化的方法。新方法的e.e.%（光学活性百分率，衡量不对称合成的重要指标之一）高达90%以上，后来被命名为Sharpless反应。科学家们马上利用Sharpless反应对舞毒蛾引诱剂右旋Disparlure进行工业化生产，使其价格猛降到100英镑/克。2001年，Sharpless因此而成为诺贝尔化学奖得主之一。

第二节　原料绿色化

以相对更加安全、无毒的原料代替传统的有害化学品作为化学反应的原料，或者采用无毒原料的新方法、新工艺，就是原料的绿色化。

一、取代氢氰酸原料的绿色化

（一）甲基丙烯酸甲酯合成工艺的绿色化

氢氰酸（HCN）沸点为25.7 ℃，在室温下是液体或气体，剧毒[氰化物通常都有剧毒，如氰化钠（NaCN）、氰化钾（KCN）]，空气中最高容许浓度为0.3 mg/m³，当浓度达到300 mg/m³时，可使人立即死亡。

但是，氢氰酸是常用的化工原料，有机玻璃的单体——甲基丙烯酸甲酯和腈纶的单体——丙烯腈传统的合成方法都要以氢氰酸为原料，反应式如下：

$$\diagup\!\!\!\!\diagdown O + HCN \longrightarrow \overset{CN}{\underset{OH}{\diagup\!\!\!\!\diagdown}} \xrightarrow[H_2SO_4]{CH_3OH} \overset{O}{\diagup\!\!\!\!\diagdown_{OCH_3}} + (NH_4)_2SO_4$$

通过丙酮腈醇途径，虽然可得到（NH_4）$_2SO_4$ 肥料，但反应中用到剧毒的 HCN 和过量的浓硫酸（H_2SO_4），且原子利用率仅 46%，故是非环境友好的。

壳牌公司发展的丙炔—钯催化剂甲氧羰基化一步到位，其不仅避免了使用剧毒的 HCN，而且区域选择性和反应收率均大于 99%，原子利用率高达 100%，催化剂的活性高达每克催化剂每小时可转化 10^6 摩尔原料，因此是典型的绿色化学工艺，其反应式如下所示。

$$CH_3C \equiv CH + CO + CH_3OH \xrightarrow[600kPa, \ 60℃]{Pd \ 催化剂} \overset{O}{\diagup\!\!\!\!\diagdown_{OMe}}$$

值得注意的是，本例也反映了反应试剂（H_2SO_4）的绿色化（浓硫酸对设备具有很强的腐蚀性，工人在操作时必须注意安全）。因此，它作为一个典型的绿色化学题材，甚至出现于 1997 年的全国高考化学试卷中，考察内容为有机玻璃单休甲基丙烯酸甲酯的新旧合成方法对比。【微课视频】

有机玻璃与甲基丙烯酸甲酯合成的绿色化

（二）亚氨基二乙酸二钠盐合成工艺的绿色化

类似代替原料氢氰酸的例子还有很多。例如，亚氨基二乙酸二钠盐（DSIDA）是美国孟山都（Monsanto）公司生产除草剂 Roundup 工艺中的关键中间体，传统工艺是众所周知的 Strecker 合成路线，需要氨气（NH_3）、甲醛（HCHO）、氢化氰等原料，反应式如下：

$$NH_3 + 2CH_3O + 2HCN \longrightarrow HN\overset{CN}{\underset{CN}{\diagdown\!\!\!\!\diagup}} \xrightarrow{2NaOH} HN\overset{COONa}{\underset{COONa}{\diagdown\!\!\!\!\diagup}} + NH_3$$

DSIDA

因为所需的氢化氰是剧毒品，所以必须采取特殊的处理方法以减少对工人和环境的危害。另外，反应是放热的，可能产生不稳定的中间体。每生产 7kg 产品，整个工艺过程会产生 1kg 废物。这些废物中大多数含有微量的氰化物和甲醛，为了安全起见，在弃置前必须经过处理。

鉴于此，Monsanto 公司开发和实现了另一条合成 DSIDA 的路线，该路线是以铜催化的二乙醇胺的脱氢反应为基础，反应式如下：

$$HN\overset{OH}{\underset{OH}{\diagdown\!\!\!\!\diagup}} \xrightarrow[2NaOH]{Cu \ 催化剂} HN\overset{CO_2Na}{\underset{CO_2Na}{\diagdown\!\!\!\!\diagup}} + 4H_2$$

二乙醇胺　　　　　　　　　　　　DSIDA

这条合成路线具有内在的安全性，因为脱氢反应是吸热的，反应操作没有危险。由此获得了 1996 年美国"总统绿色化学奖"中的"合成路线奖"。这条新路线的优点还在于：避免使用氰化物和甲醛，工艺操作安全，总产率较高，合成步骤较少，可连续生产；在把催化剂过滤后，产物的纯度很高，不必纯化或除去废物就可应用于其他氨基酸（如甘氨酸）的合成。

不仅如此，这也是将伯醇转化成羧酸盐的通用方法，在制备很多农用化学品、日用化学品、专用化学品和医药化学品方面，都有潜在的应用。

二、取代苯原料的绿色化

尼龙 66 是一种重要的合成纤维。合成尼龙的原料——己二酸一直是用有致癌作用的苯为起始原料制备的，而且在制备过程中还产生了有毒的中间体苯酚及废气氮氧化物，反应式如下：

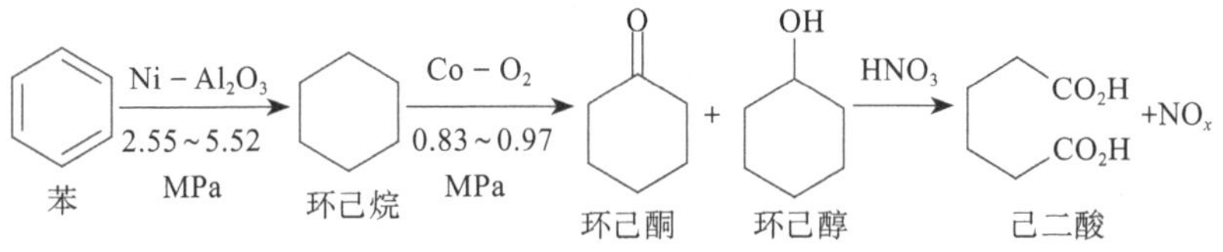

采用生物合成技术，美国密歇根州立大学的 J.W. 霍斯特和 K.M. 查斯以来自于生物资源的葡萄糖为起始原料，用遗传工程获得的微生物为催化剂，也成功地合成了己二酸，反应式如下：

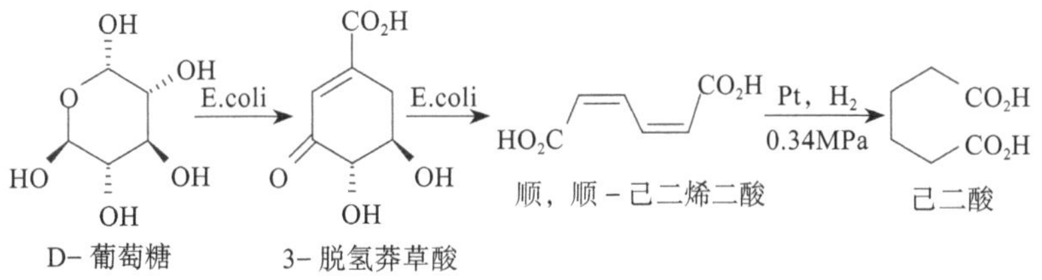

这项新技术革除了大量有毒的苯，且技术上、经济上都完全可行，是绿色化学的一个范例。为此，霍斯特和查斯荣获了 1998 年美国"总统绿色化学挑战奖"中的学术奖。

一般来说，农业性原材料和生物性原材料是很好的非传统原材料。由于这些起始原料的分子中多数都含有大量的氧原子，用它们来取代石油为起始原料可以消除污染严重的氧化步骤。

不仅如此，基于这些起始原料的合成与基于石化原料的合成相比，操作起来危害性也小得多。目前，研究结果表明，许多农产品能够被转化成日用消费品。采用一系列化学过程可使农产品，如玉米、土豆、大豆和糖蜜转化成纺织品、锦纶等日用消费品。

第三节　试剂绿色化

以相对更加安全、无毒的试剂代替传统的有害化学品作为化学反应的试剂，或者采用不用无毒试剂的新方法、新工艺，就是试剂的绿色化。

一、固体溴化试剂

用溴（Br_2）与苯酚、苯胺反应制备对位的一溴代物，不仅反应产物不易控制（反应式如下所示），或条件要求较多，甚至要采用"绕道而行"的间接办法，而且 Br_2 试剂（液溴或溴水）有毒、易挥发、不便准确量取。

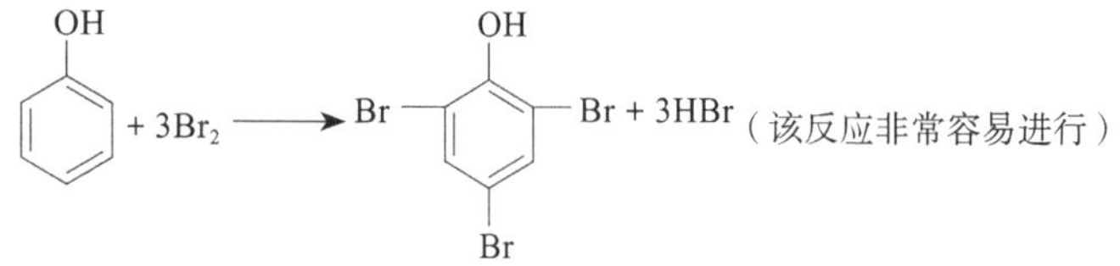

但是，使用新型的固体溴化剂四丁基三溴化铵（$TBABr_3$），则一切问题可迎刃而解，同时其还具有可回收再利用的优点，涉及的反应式如下：

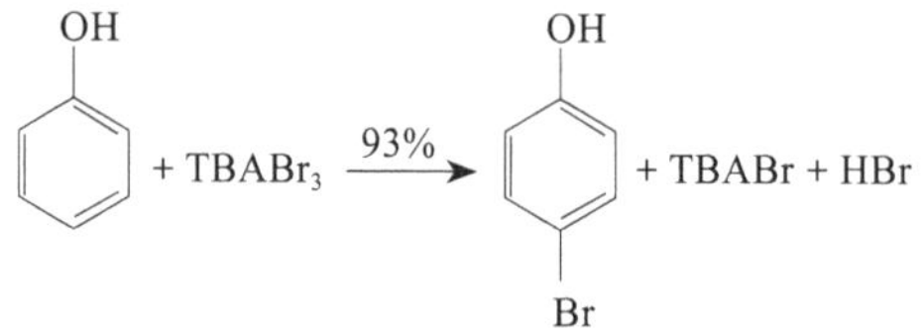

$$TBABr + Br_2 \longrightarrow TBABr_3$$

因此，四丁基三溴化铵作为一种稳定的固体溴化剂，不失为一种绿色化试剂，一个应用示例的反应式如下：

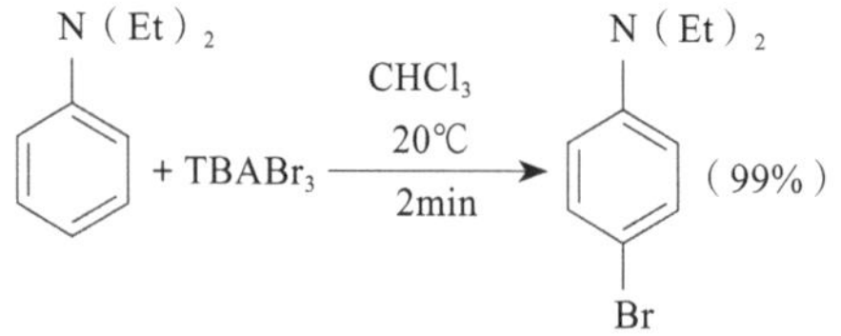

类似地，固体溴化剂吡啶三溴化物也是一种绿色试剂，它可缓慢释放出 Br_2 而被应用于烯烃的加成反应中，一个应用示例的反应式如下：

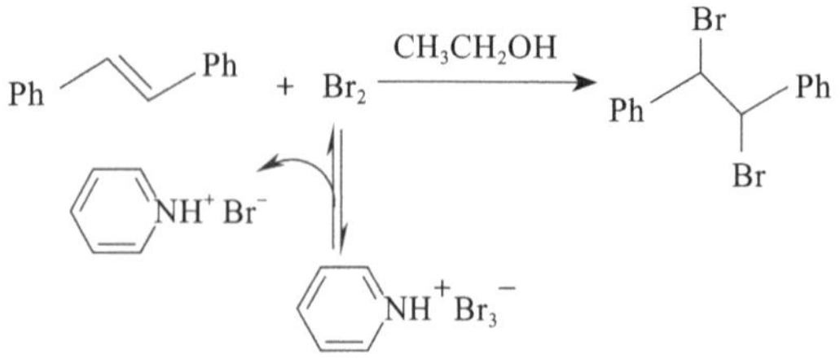

二、安全的酰基化试剂

光气（COCl₂）是氨基甲酸酯类农药合成中的重要试剂（相关反应式如下所示），但其有剧毒（曾被用作气态的化学武器），在贮藏、运输和使用中非常危险。

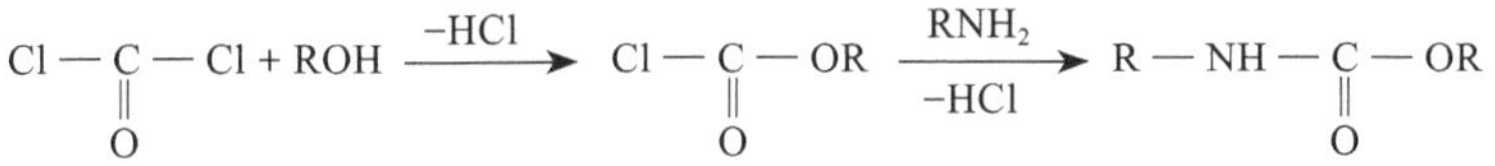

庆幸的是，目前已有了其代用品——液态的氯甲酸三氯甲酯（又名双光气，TCF），或固态的碳酸双（三氯甲酯）（又名三光气，BTC）。双光气和三光气都比较稳定，可室温下保存，使用和操作均比光气安全、简便，可直接称量，能较好地控制合成进程。

因此，它们被认为是绿色化的反应试剂，被广泛应用于农药合成中。例如，具有广谱高效杀菌活性、可用作水果保鲜剂的新型咪酰胺(咪鲜安)类农药 *N*-正丙基-*N*-[2-(2,4-二氯苯氧基)乙基]氨基甲酰咪唑，可用三光气代替光气进行合成，反应式如下：

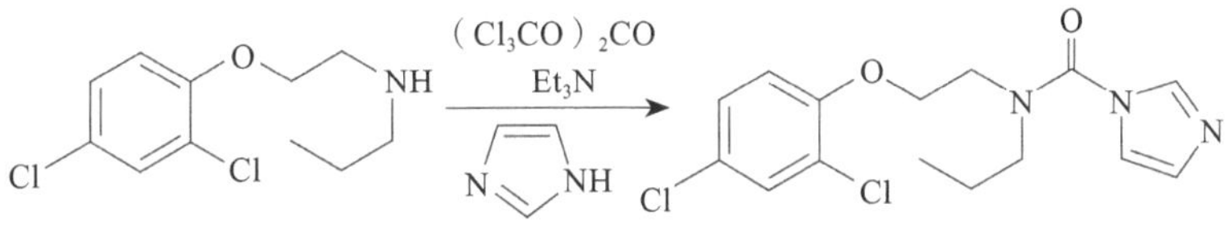

三、绿色的氧化剂

（一）烯烃臭氧化反应的应用

臭氧作为一种氧化剂制醛、酮，从绿色化学的观点出发，其是反应试剂的绿色化，因为其不会像重铬酸钾（K₂Cr₂O₇）一样产生含铬（Cr）废水而带来环境污染，故被用于洋茉莉醛合成工艺的改进，对比的反应式如下：

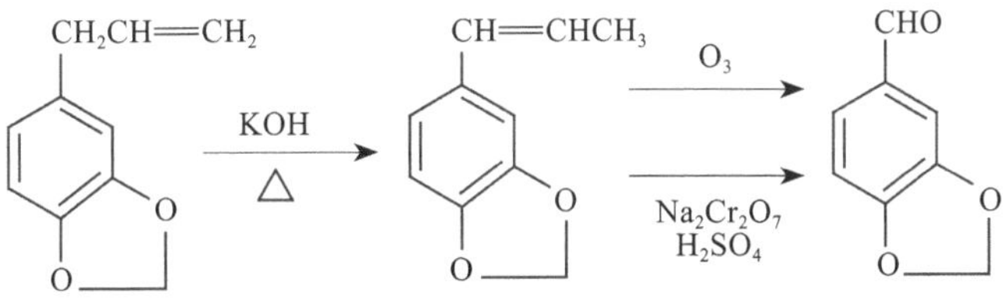

（二）过氧化氢的应用

过氧化氢（H₂O₂）是一种绿色的氧化剂，因为其被还原后生成无害的水，所以，其应用越来越受到重视，如应用于制备有机合成中间体 2（5H）-呋喃酮（反应式如下所示）；也可应用于氧化环己烯，代替硝酸合成己二酸。

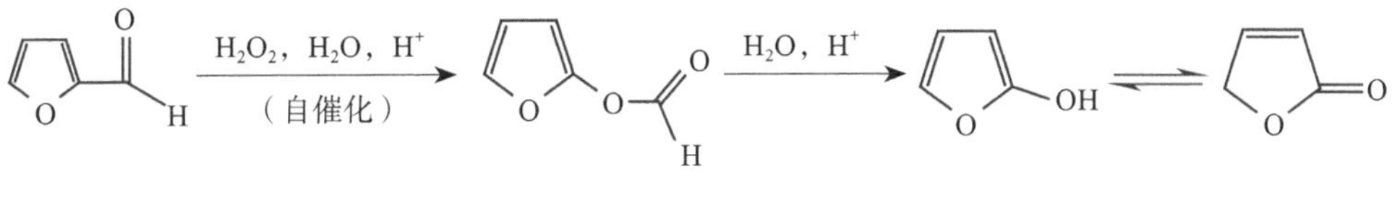

（三）特殊的氧化剂、还原剂——有机电合成

1834 年，法拉第发现稀醋酸在铂电极上电解能产生乙烷。1849 年，柯尔贝将其发展成为合成烷烃的通用方法，即柯尔贝（Kolbe）合成（一个具体的反应式如下所示），标志着有机电合成的开始。20 世纪初，有机电合成被应用于生产蒽醌、联苯胺等染料中间体，但后来由于理论与技术的限制而发展缓慢，未能跟上有机化学前进的步伐。

$$2 \underset{}{\overset{CH_2COO^-}{\bigcirc\!\!\!-\!\!\!\bigcirc}} \xrightarrow[CH_3OH]{Pt} \underset{}{\overset{CH_2 \!-\!\!\!-\! CH_2}{\bigcirc\!\!\!-\!\!\!\bigcirc \quad \bigcirc\!\!\!-\!\!\!\bigcirc}}$$

1964 年，美国 Nalco 公司首先实现四乙基铅 $[(CH_3CH_2)_4Pb]$（曾经广泛应用的汽油添加剂）年产量 13100 吨的电化学合成，其涉及的反应式如下：

$$2CH_3CH_2MgCl + 2CH_3CH_2Cl + Pb \xrightarrow{\text{电极}} (CH_3CH_2)_4Pb + 2MgCl_2$$

1965 年，孟山都公司建立了年产量达 14000 吨的己二腈（合成己二酸和己二胺的原料）电合成工厂，其涉及的反应式如下：

$$2 \diagup\!\!\!\diagdown CN + 2H^+ + 2e \xrightarrow{\text{阴极}} NC \diagup\!\!\!\diagdown\!\!\!\diagup\!\!\!\diagdown CN$$

这两大工业化生产的实现，大大促进了人们对有机电合成的热情。

电化学反应用的氧化剂或还原剂是电子，一般无须使用危险或有毒的试剂；电合成过程易于实现自动、连续，电解槽容易密闭，电解通常在常温、常压下进行。因此，电合成基本上可以说是无公害的工艺，在洁净合成中具有独特的魅力，使其成为绿色化学中有机合成洁净技术的重要组成部分。

当然，有机电合成也有耗电量大的不足，但随着环境标准要求的提高，尤其在用其他方法难以实现的高张力小环的合成方面，应用无污染的柯尔贝法和其他有机电合成方法合成有机物，仍然具有强大的生命力。一些示例的反应式如下：

$$\underset{COOH}{\overset{COOH}{\square\!\!<}} \xrightarrow[-CO_2]{2e} \square\!\!\!\!\triangleright$$

$$\underset{Br}{\overset{}{\bowtie}}\!\!\!_{Br} \xrightarrow[-Br^-]{2e} \diamondsuit\!\!-$$

第四节　产品绿色化

一、染料的绿色化

合成染料始于 1856 年，英国化学家 Pekin 合成出马尾紫染料。不久，Martius 成功地

实现了偶氮染料 Bismark Brown 的商品化。到了 1895 年，Rehu 则在那些长期从事品红生产的工人身上发现了膀胱癌。

然而，人类经不起"美丽"的诱惑，染料工业的发展依然蓬蓬勃勃。今天，全世界投放市场的染料高达 3 万多种，每年投放到环境中的染料高达 60 多万吨，其中偶氮染料占 80% 以上。合成染料由于结构复杂、品种繁多、化学稳定性高、生物可降解性低，故成为重要的环境污染物。

染料或印染工业除粉尘对从业工人的毒性外，对环境产生污染的主要是废水。据统计，我国每生产 1t 染料大约排放废水 744t，在印染过程中，染料的损失量为 10%~ 20%，其中约有一半流入环境中。

由于合成染料多为大分子化合物，多数毒性较大，对微生物有抑制作用，因此废水难以治理。目前，国内染料废水治理率不足 30%，合格率不足 60%。每生产 1t 溴氨酸活性染料产生 15t 以上的工艺废水，色度达 3000~7000 倍，COD 30000~40000 mg/L，重金属铜 3~50 mg/L，对环境和江河造成严重污染。

联苯胺是很好的染料中间体，但具有极强的致癌作用，已被很多国家禁用。但对其分子结构加以改造，变为二乙基联苯胺后（相关反应式如下所示），既保持了染料的功能，又消除了致癌性。因此，这是染料绿色化的努力方向之一。

$$H_2N-\text{〇}-\text{〇}-NH_2 \xrightarrow[\text{催化剂}]{CH_3CH_2Cl} H_2N-\text{〇}-\text{〇}-NH_2$$

二、生物降解高分子的合成与利用

许多人工合成的高分子材料——塑料由于分子量很大、水溶性差，多数难以降解，废弃后造成了众所周知的"白色污染"。目前，白色污染已成为当前危害社会环境的世界性公害，严重阻碍了社会经济和环境的可持续性发展。

通常对塑料废弃物的处理主要有填埋、焚烧和回收再利用三种方法，但均有其无法克服的缺点。因此，从绿色化学的产品绿色化出发，研究和开发降解塑料，尤其是生物降解高分子，势在必行。

生物降解塑料是指可在细菌、霉菌、藻类等自然界的微生物作用下完全分解为 CO_2 和 H_2O 的塑料。因此，对完全可生物降解材料的合成与研制，成为当今化学、材料等领域的研究热点，如人工合成的生物降解高分子聚乳酸（PLA）。PLA 的合成与降解循环示意图如图 4-1 所示。【微课视频】

生物降解高分子
的合成与利用

可见，不仅产品 PLA 是一种绿色高分子，而且其原料——乳酸是一种可再生的生物资源，即体现了原料的绿色化。PLA 的合成方法有两种，即经过丙交酯

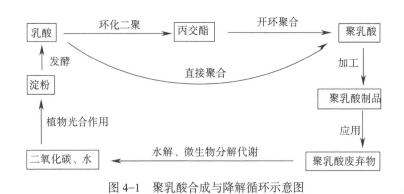

图 4-1　聚乳酸合成与降解循环示意图

的间接法和乳酸直接聚合法，后者的反应式如下：

PLA 高分子材料可以作为通用塑料使用，如制造瓶子、包装材料、薄板、农用薄膜、渔具、圆珠笔杆等。使用废弃后，既可以焚烧回收能量，燃烧产生的气体中无 NO_x 等有毒气体，也可以堆肥而自然降解（图 4-2），故对环境保护和可持续发展意义重大。

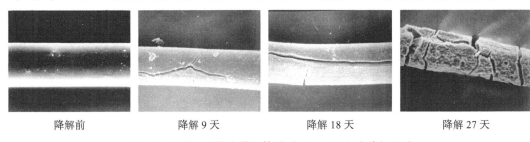

| 降解前 | 降解 9 天 | 降解 18 天 | 降解 27 天 |

图 4-2　聚乳酸纤维在模拟体液（pH = 7.4）中降解照片

不仅如此，纯净的 PLA 几乎没有毒性，它在人体内慢慢分解成乳酸，而乳酸可被人体分解吸收，作为碳素源被充分利用（人体内原本就有乳酸）。因此，聚乳酸在生物医学领域具有重要意义，如用作骨钉、组织工程材料、药物缓释材料等。

另外，生物降解高分子 PLA 还可以加工成为纤维，用于做手术缝合线、纱布、纱布、脱脂棉、妇女卫生巾、婴儿尿布等医疗卫生用品，以及服装行业。PLA 纤维织物有丝绸般的光泽和手感，不刺激皮肤，对人体健康，有优异的悬垂性和很好的滑爽性，穿着舒适，尤其适合于内衣和运动衣。

除此之外，利用绿色环境友好型可降解聚乳酸材料，充填以就地取材的流沙成为聚乳酸沙袋，进一步设置而成的聚乳酸沙障，可实现以沙治沙的原始创新，其具有质量轻、可完全降解、使用寿命长、生态效益好等优点。经过十余年在中国多个气候类型区的实地推广应用，有效解决了传统沙障设置中铺设效率低、材料匮乏等难题，具有良好的平铺式固沙沙障的防风固沙效果。

这个最初由中国学者虞毅等发明研究、具有我国自主知识产权的特色和优势治沙技术，已进入国家"一带一路"技术储备库，并在 2017 年联合国防治荒漠化公约第十三次缔约方大会做循环展播及现场示范。目前，正在制定聚乳酸纤维沙障作业设计规程，现已在我国内蒙古、青海等干旱、半干旱地区推广应用，取得了显著社会生态效益。

值得注意的是，随着应用于航天、国防、医疗设备、精密制造业等领域的 3D 打印技术的兴起，基于聚乳酸树脂的生物降解材料也得到了重视和开发，并且近年来已经在国内商业开发成功。

三、其他产品绿色化的实例

其他产品绿色化的实例还很多，如后面章节提及的其他生物降解高分子（第十一章）、无铅汽油（第五章）、绿色涂料（第五章）、无氟冰箱（第九章）和绿色农药（第七章）等。此处，再简单地看两个农药（杀虫剂）分子的绿色化。

以氟铃脲（结构式如下）的 Sentricon™ 系统来控制地下白蚁，可以代替无选择性的溴甲烷熏蒸剂，从而避免使用时"殃及"人类——氟铃脲是一种选择性毒剂，能抑制壳聚糖生长，使白蚁生长成成虫时必经的蜕皮过程终止。氟铃脲作为设计更安全的化学品，荣获了 2000 年美国总统绿色化学挑战奖。

同样，利用新开发的 CONFIRM™ 系列杀虫剂，如双苯酰肼（结构式如下），能够有选择性地终止有害毛虫的蜕皮过程，同时不伤害其他昆虫。双苯酰肼作为设计更安全的化学品，荣获了 1998 年美国总统绿色化学挑战奖。

氟铃脲　　　　　　　　双苯酰肼

第五节　反应条件温和化

化学反应经常在一定温度、压力（能量）下进行，且需要辅剂，如溶剂、催化剂等。因此，一般的化工生产通常都是在高温、高压、溶剂、催化剂等条件下进行。在这些情况下，往往会对环境造成很大的污染，高温、高压甚至带来一定的操作危险性。因此，追求条件温和化，即常温常压下尽可能无溶剂、催化剂的反应，对环境是友好的。

一、化学辅助性物质

事实上，在化学品的生产、加工和使用过程中，每一步都会用到辅助性物质。辅助性物质可以被定义为：使用这些物质有助于一个化学品或一些化学品能顺利地进行转化，但其自身却不是这些化学品分子的组成部分。

从绿色化学的角度分析，这些辅助性物质是不必要的。但是，许多辅助性物质已被广泛地应用，尤其是有机化学反应，溶剂、催化剂等几乎一个都不能少，以致于很少有人评价是否有必要使用这些物质。

目前已经清楚，许多溶剂是有毒的，或影响环境的，如二氯甲烷（CH_2Cl_2）、三氯甲烷（$CHCl_3$）、四氯甲烷（CCl_4，也称四氯化碳），以及挥发性有机物（VOCs）等，很久以前就被定为对人体可能有致癌性。通过不同的机制，苯和其他芳香烃也涉及引起（或促进）人体（或动物体）中的癌症。

所有这些物质因它们对其他物质的良好溶解性而被广泛地使用，当然也是这些好处使其对健康的危害性较大。因此，近来在绿色化学的开发中，出现了无溶剂的固相合成——就危害性本身而言，无溶剂体系具有对人类健康和环境最显著的优点。

二、无溶剂固相合成

长期以来，由于思想的束缚，人们一直认为固体间的化学反应必须在溶剂相中进行，直到环境的恶化给地球带来的灾难到了非常严重的地步，才反过来寻求对环境友好的合成方法。今天，无溶剂固相合成方法便成为有机合成的一个焦点，在组合化学等中为筛选高效的医药、农药、催化剂等做出巨大的贡献。

从理论上讲，无溶剂固相合成是利用了物理中的机械能（或摩擦方法），其具体做法是：将粉末状反应物均匀混合，在玛瑙研钵中研磨处理后放置反应，必要时增加机械振动或研磨反应混合物的次数，也可辅之以微波加热。可见，无溶剂固相合成法不仅节约了溶剂，减少了能耗，而且提高了反应的空间效率，故在工业合成中前景广阔。

例如，β- 萘酚在三氯化铁（$FeCl_3$）的作用下，可以氧化偶联成重要的有机合成配体2,2- 二羟基 -1,1- 联萘，反应式如下：

当反应在液相进行时，不仅收率低，且有副产物醌生成。但采用无溶剂固相合成法，在 50 ℃ 反应 2h，再经稀盐酸（HCl）洗涤，便可得到产物，产率为 95%。

又如，在下面所示的 Baeyer–Villiger 反应中，采用无溶剂固相合成法，所得酯的产率为 97%；而在氯仿中反应，产率仅 46%。

不仅如此，利用无溶剂固相合成法，甚至可以合成生物降解高分子聚乙醇酸，反应式如下：

$$n\ Cl-\overset{\overset{\displaystyle H}{|}}{\underset{\underset{\displaystyle H}{|}}{C}}-\overset{\displaystyle O}{\underset{\displaystyle O^-}{C}}\ Na^+ \xrightarrow[60min]{180℃} \left[\overset{\overset{\displaystyle H}{|}}{\underset{\underset{\displaystyle H}{|}}{C}}-\overset{\displaystyle O}{\underset{}{C}}-O\right]_n + n\ NaCl$$

第六节 溶剂绿色化

对于一些必须使用溶剂等化学辅助性物质的反应，人们也在溶剂绿色化方面进行努力，开发出了水相合成法、氟相合成法，以及使用超临界流体、离子液体等绿色溶剂进行有机合成。

一、水相合成法

水是地球上自然丰度最高的"溶剂"，价廉，无毒，不污染环境，更不用说生命体内的化学反应大多是在水中进行的。因此，水是地球上当之无愧的最无毒害的物质和人们所能获得的最安全的溶剂。

但是，水是质子供体，又是质子受体，又因具有较大的疏脂性质，故在许多有机反应中水不宜作为溶剂使用。在某些反应体系中，微量水的存在就会使产率大为降低，甚至完全不反应。因此，无水要求常见于有机反应的实验过程，而大多数有机溶剂都易燃、易爆、有毒、对环境不友好。

然而，近年来发现某些过去常在无水有机溶剂中进行的有机反应，其实也可以在水溶剂体系中进行，而且也能得到非常好的效果。这种以水相作为溶剂的有机合成方法，就是水相合成法。

水相合成法的出现，不但大大简化了实验条件，安全价廉，某些反应兼有快速、选择性强的优点。更为重要的是，自然界中的生物合成，就是疏水亲脂的相互作用，而某些水相下的反应（如 Diels-Alder 反应）实际上与仿生条件相似，因此对以水为溶剂体系的碳碳成键的有机反应的研究，还有助于我们了解生物合成。

目前，已有很多关于以水代替常规的有机溶剂进行合成的研究工作报道。例如，某些水中的反应 Diels-Alder 反应可以增加反应的速度和选择性：如下面的反应（1），在水中的反应速率是在有机溶剂 2-甲基庚烷中反应速率的 700 倍以上；对下面的反应（2），在水中 0.5 h 的产率是 75%，在有机溶剂二氯甲烷（CH_2Cl_2）中 15 h 的产率是 73%。

（1）

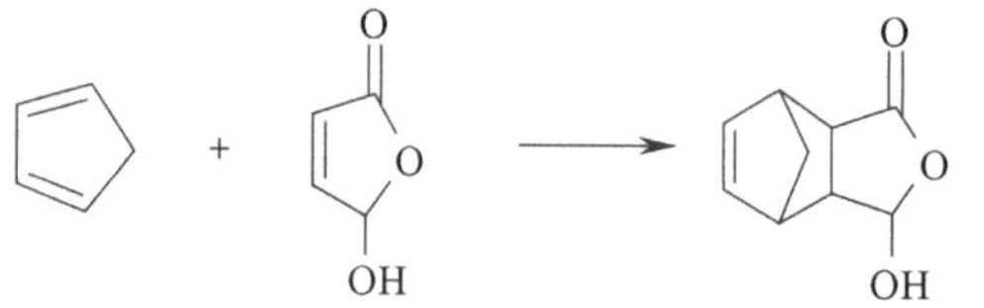

（2）

不仅如此，甚至不少 Diels-Alder 反应，不易在有机溶剂中进行，而在水相下可顺利完成（如下面的反应对比）。由于 Diels-Alder 反应本身的原子利用率为 100%，因此在水相的 Diels-Alder 反应使其更加符合绿色化学的潮流。

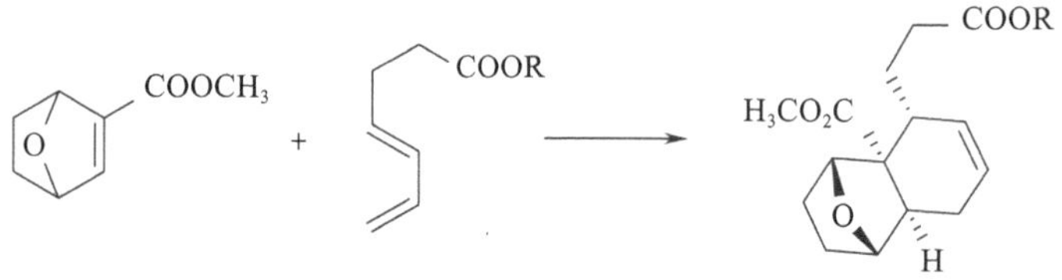

溶剂	R	条件	产率
甲苯	Et	25℃ /7d	0
水	Na	25℃ /24h	94%

利用水溶剂体系形成含氮杂环的 Diels-Alder 反应也可以发生。例如，在合适的二烯存在下，胺盐与甲醛水溶液反应生成亚胺，后者立刻与二烯加成得产物，该反应已应用于某些生物碱及氨基酸等天然产物的全合成，相关反应式如下：

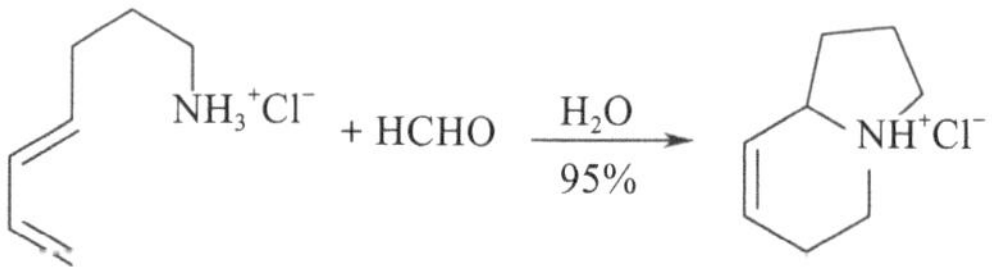

事实上，水相合成法只是以水为溶剂的实验手段绿色化的一种，而溶剂水性化的绿色化学的应用，远不只有 Diels-Alder 反应，还有水相金属有机化学、水相酶促催化反应及水溶性涂料等多个有机合成与行业领域。

例如，金属铟（In）催化的水相反应，可以替代金属镁（Mg）进行类似格氏试剂加成的反应（格氏试剂需要使用无水有机溶剂）。金属铟无毒，非常耐空气氧化，用简单的电化学的方法很容易回收利用，从而确保了它的循环使用，并且不会生成废弃的污染物。相关反应式示例如下：

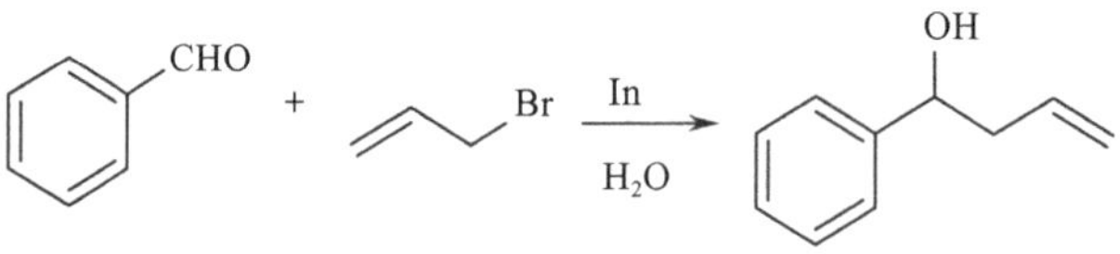

二、氟相合成法

1896 年，人类首次合成氟代乙酸乙酯，标志着有机氟化学的开始。1940 年，全氟碳化合物作为溶剂，第一次被用于铀同位素的分离中。此后，有机氟化学的发展一直比较缓慢。

1993 年，一位华人科学家在 *Synthesis* 杂志上首次系统地把全氟烷烃和全氟三烷基胺作为惰性溶剂应用于有机合成反应中。1994 年，国外学者在 *Science* 杂志上第一次提出了氟两相体系的概念。

于是，以全氟碳化合物为特征的氟化学技术迅速发展。其中，以全氟烷烃等为代表的全氟溶剂，在有机合成中可以形成氟两相体系，便于有机物的分离，由此带来的新技术——氟相合成方法，尤其引人注目。

（一）全氟烷烃、全氟溶剂与氟两相体系

1. 全氟烷烃

直链全氟烷烃的分子骨架是一条锯齿形碳链，四周被氟原子严密包围。这种空间屏障，使全氟烷烃的碳链受到周围氟原子的良好保护，即使最小的原子也难以进入。由于氟原子的特大电负性，使带负电的亲核试剂由于同性相斥而难以接近碳原子，很难使全氟烷烃发生化学反应。

另外，由于氟原子很难被极化，高氟代碳链化合物的范德瓦耳斯作用力，比相应未被氟取代的母体化合物的要弱。更因高氟代碳链化合物几无氢键，所以全氟烷烃与一般烷烃混溶性都很低。

总之，正是全氟烷烃的这一特殊结构，使得全氟烷烃具有如下特点：高密度、无色、无毒、化学惰性、热稳定性、阻燃性、非极性、较低的分子间作用力、低表面能、有较宽的沸点范围，甚至具有生物兼容性、气体的良好溶解性等。

2. 全氟溶剂

全氟溶剂，也称为氟溶剂或全氟碳，是一种新兴的绿色溶剂，它是碳原子上的氢原子全部被氟原子取代的烷烃、醚和胺。常见的主要有：

（1）全氟烷烃，如全氟己烷、全氟环己烷、全氟甲基环己烷、全氟甲苯和全氟庚烷等；

（2）全氟二烷基醚，如全氟 2- 丁基四氢呋喃等；

（3）全氟三烷基胺，如全氟三乙基胺等。

全氟溶剂的结构具有类似性，性质也类似。全氟溶剂的密度大于普通有机溶剂，沸点范围大，是一种高密度、无色无毒、具有高度热稳定性的液体，其特征是低折射率、低表面张力和低介电常数。全氟溶剂是气体的极好溶剂，能溶解大量的氢气、氧气、氮气和二氧化碳等，但对于普通有机溶剂和有机化合物溶解性却很差。

3. 氟两相体系

氟两相体系是一种非水液—液两相反应体系，它由普通有机溶剂和全氟溶剂两部分组成。由于全氟溶剂是非极性介质，其在较低的温度（如室温）下与大多数的普通有机溶剂（如乙醇、甲苯、丙酮、乙醚和四氢呋喃等）混溶性很低，分开成两相，即氟相和有机相（图 4-3）。

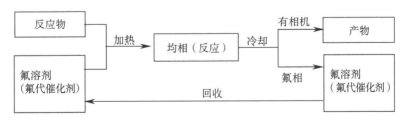

图 4-3　氟两相体系的反应原理

但是，随着温度的升高，普通有机溶剂在全氟溶剂中的溶解度急剧上升。在某一较高的温度下，某些氟溶剂能与有机溶剂很好地互溶成单一相，为有机化学反应提供了良好的均相条件。反应结束后，一旦降低温度，体系又恢复为两相，即含催化剂的氟相和含产物的有机相。

例如，含有正己烷（3 mL）、甲苯（1 mL）和全氟甲基环己烷（3 mL）在室温下呈两相，而在 36.5 ℃ 时转变为均匀相。有机溶剂不同，形成氟两相体系时的起始互溶温度也可能不同，如全氟壬烯与普通有机溶剂形成的氟两相体系（表4-1）。

表4-1　全氟壬烯与有机溶剂的氟两相体系（二者体积比为1）的起始互溶温度

有机溶剂	正己烷	环己烷	正庚烷	乙醚	四氯化碳	乙酸乙酯
起始互溶温度	35.4℃	74.0℃	54.8℃	25.8℃	53.6℃	65.4℃

（二）氟代催化剂与氟相合成法

氟两相体系的最大优势在于均相催化反应，使均相催化剂易于从反应体系中分离。成功进行氟两相体系中催化反应的关键，是氟代催化剂或氟代试剂的开发。把体积合适、数量恰当的全氟基团（一般称为"氟尾"）引入均相催化剂的配体或反应试剂的分子结构中，可以大大增加其在全氟溶剂中的溶解度。

一般含氟尾的均相催化剂易溶于氟溶剂相，有机反应物和产物易溶于有机相而不溶于氟溶剂相。利用氟两相体系在较高的温度下呈均一相，在室温又分成两相的特点，就很方便地把催化剂从反应体系中分离出来，回收套用（图4-3）。

例如，许多过渡金属配合物催化剂，就可通过引入氟尾而溶于氟溶剂，再通过氟两相体系反应，既充分利用了其均相催化剂的高催化活性，又方便地解决了催化剂的分离问题，因而受到人们的重视。目前，在氟溶剂、氟尾催化剂和氟两相体系基础上发展起来的氟相合成法，已经成为绿色有机合成技术的重要方面。

（三）氟相合成法应用实例

1. 酯化反应

酯化反应是一个可逆过程，平衡点转化率在2/3左右。为了使平衡右移，需大大过量一种反应物，或者边反应边移出产物。等摩尔的有机酸和醇反应，如果又不蒸出酯或水时，酯化反应的转化率比较低。

但是，加入全氟壬烯，在反应温度下产物乙酸乙酯能与它形成氟两相体系而脱离反应平衡体系，使反应平衡点右移，转化率得以大大提高。因此，以全氟壬烯作溶剂时，酯化反应能以等摩尔量的乙酸与乙醇进行，转化率100%，反应式如下：

$$CH_3COOH+CH_3CH_2OH \longrightarrow CH_3COOCH_2CH_3+H_2O$$

2. 烯烃的氢甲酰化反应

烯烃氢甲酰化反应是重要的工业过程，它以烯烃、一氧化碳和氢气为原料，在钴或铑均相催化剂的作用下制备醛。高级醛和以三苯基膦修饰的铑催化剂的分离，是必须解决的问题。催化反应在水相中进行，但是碳原子数大于7的高级烯烃在水中的溶解度极低，使其氢甲酰化反应难以进行。

用氟尾修饰的膦—铑催化剂在全氟溶剂中的溶解度高，而产物醛的溶解度很小，催化剂容易与醛分离，所以氟两相体系非常适合于疏水性醛的合成。化学反应可能发生在氟相或者在两相的界面，反应结束后铑催化剂可以方便地从产物醛中分离出来。

3. 氧化反应

由于全氟烃特别不易氧化，而氧气在全氟溶剂中的溶解度很高，所以氟两相体系非常适合于氧化反应。此外，绝大多数氧化反应得到极性产物，它很难溶解于全氟溶剂，因而产品的分离简单方便。

例如，氟溶性的 $Ni(C_7F_{15}COCHCOC_7F_{15})$ 络合物催化剂，能使脂肪族和芳香族醛（R—CHO）被氧气氧化为相应的酸（R—COOH），反应式如下：

$$RCHO \xrightarrow[\text{O}_2,\ 64°C,\ 12h]{\text{Ni 络合物催化剂，甲苯}/C_{10}F_{18}} RCOOH$$

在此反应中，使用了甲苯/全氟萘烷的氟两相体系，反应温度下它为均相。反应结束后料液冷却到室温，把自动分层的氟相和产物有机相作简单的分离操作，该镍（Ni）络合物催化剂可套用六次，催化活性仅下降 17%。

4. 烯烃的硼氢化和烯酮的氢硅烷化反应

烯烃的硼氢化反应可以用过渡金属来催化，催化剂为铑（Rh）、钯（Pd）、钛（Ti）等的金属络合物。但是，反应得到的产物是可燃的，又难以提纯；催化剂也易被通常的氧化气氛所破坏。

如果把常用的催化剂 $RhCl(PPh)_3$（三苯基磷氯化铑）经氟尾修饰，制得氟溶性的催化剂 $RhCl\{P[CH_2CH_2(CF_2)_5CF_3]_3\}_3$，则在全氟甲基环己烷和甲苯形成的氟两相体系中，只用 0.01%~0.25% 催化剂，烯烃和儿茶酚硼烷反应就得到烷基硼烷，反应式如下：

该催化剂的转化数高达 8500，而且产物烷基硼烷极易与带氟尾的 Rh 络合物催化剂分离出来。随后，加入 $H_2O_2/NaOH$，烷基硼烷可再被氧化为醇。

另外，该反应中的氟代 Rh 络合物催化剂，也可以应用于烯酮的氢硅烷化反应，反应式如下：

5. Diels-Alder 反应

以 $Sc[C(SO_2C_8F_{17})_3]_3$ 和 $Sc[N(SO_2C_8F_{17})_3]_3$ 为催化剂（5mmol%），在全氟甲基环己烷（5mL）与 1,2-二氯乙烷（5mL）氟两相体系中，2,3-二甲基 -1,3-丁二烯与甲基乙烯基酮在 35°C 反应 8h，通过简单的相分离可得到乙酰基环己烯（反应式如下所示），催化剂几乎全部回收。催化剂连续套用四次，收率均在 91% 以上。

$$\text{（反应式图）} \quad \xrightarrow[\substack{\text{Sc 催化剂} \\ \text{ClCH}_2\text{CH}_2\text{Cl/CF}_3\text{C}_6\text{F}_{11} \\ 35℃，8\text{h}}]{}$$

含氟醚溶剂 1H,1H,2H,2H- 全氟辛基 -1,3- 二甲基丁基醚（F-626）具有高的沸点（>200℃），则适用于需要较高反应温度的 Diels-Alder 反应。例如，四苯基戊二烯酮与丁炔二酸二甲酯通常在 160℃ 发生反应，所得的二环化合物接着在 180℃ 热分解脱去一氧化碳（CO），生成四苯基邻苯二甲酸二甲酯，反应式如下：

$$\text{（反应式图）} \quad \xrightarrow[160℃]{\text{F-626}} \quad \xrightarrow[-\text{CO}]{180℃}$$

在 F-626 中反应时，只要加热回流 10 min，Diels-Alder 反应和热分解反应即可完成，两步收率达到 76%，溶剂回收率达到 95%。四苯基戊二烯酮也可与顺丁烯二酸酐发生类似的 Diels-Alder 反应和热分解反应，以 93% 收率得到四苯基邻苯二甲酸酐，溶剂回收率达到 93%。

三、超临界流体溶剂

超临界流体是高压、低温下的气体，是通过使一些小分子，如二氧化碳、水、丙酮，在受到一定的温度和压力并达到临界点后形成的。因此，这些分子具有一种介于气态和液态之间的流体特性。【微课视频】

超临界流体

超临界流体具有可调节性的特点，这意味着溶剂的性质可通过调节温度和压力参数而变化。当对环境无害的气体被转化成超临界流体，并用作溶剂时，将获得环境效益。超临界溶剂体系能取代一系列可能会具有危害性或被政府严格控制的溶剂。

一个很好的例子是超临界 CO_2（$ScCO_2$），该介质正被用作各种各样化学反应的溶剂。使用的 CO_2 来源于合成氨厂和天然气井副产物的回收，不会增加温室气体 CO_2 的排放量。因此，这个体系不仅从人类健康及环境的角度看是无毒害的，而且还可被用于简化分离过程和增加选择性。

例如，氯化钯（$PdCl_2$）催化的末端吸电子烯烃（如丙烯酸甲酯）的缩醛化反应，是制备某些缩醛中间体最简洁的方法之一。当反应在有机溶剂中进行时，需要昂贵而有毒的六甲基磷酰胺（HMPA）作为促进剂；如果使用 $ScCO_2$ 作为溶剂，HMPA 等添加剂可以免去，而同样有较好的效果，反应式如下：

$$\diagup\diagdown\text{COOCH}_3 + 2\text{CH}_3\text{OH} + \frac{1}{2}\text{O}_2 \xrightarrow[\substack{\text{共催化剂} \\ \text{ScCO}_2}]{\text{PdCl}_2} \substack{\text{H}_3\text{CO} \\ \diagdown} \diagdown\text{COOCH}_3 + \text{H}_2\text{O}$$

自由基溴代反应也可以在 ScCO$_2$ 中进行，反应的选择性和产率并不会因为改变了传统的反应条件而受到影响（传统溶剂通常为四氯化碳，并使用引发剂偶氮二异丁腈，即 AIBN）。例如，以 N- 溴代丁二酰亚胺（NBS）作为溴代试剂时，甲苯定量地转化成溴苄，反应式如下：

事实上，上述只是碳捕集和储存技术（Carbon Capture and Storage）中针对 CO$_2$ 的减排与利用的措施之一。另一个与化学相关重要研究，是 CO$_2$ 的化学吸附与化学反应转化利用。他们都属于绿色化学的重要研究内容之一，正受到各方面的关注。

四、离子液体溶剂

室温离子液体是指在室温或环境温度下成液态的，通常由体积较大的有机阳离子和无机酸根离子构成的盐，也称低温熔融盐。最早的离子液体，是 1914 年发现的硝酸乙基铵（[EtNH$_3$]NO$_3$），它的熔点为 12℃，但是其在空气中很不稳定而极易爆炸，使其开发和应用受到了限制。

直到 1992 年，Wikes 领导的研究小组合成了低熔点、抗水解、稳定性强的 1- 乙基 -3- 甲基咪唑四氟硼酸盐离子液体（[emim]BF$_4$）后，离子液体的研究才得以迅速发展。随后，人们开发出了一系列的离子液体体系。2003 年，BASF 公司首先实现了离子液体的规模化应用，预示了离子液体作为新型的绿色工业溶剂的大规模工业应用已经启动。

（一）离子液体的优点

离子液体在化学反应中可以作为溶剂，对一些反应又兼具有催化功能。与传统有机溶剂，以及水、超临界流体等化学反应的溶剂相比，离子液体在以下几个方面表现出其突出的优势：

（1）离子液体是许多有机物、无机物、高分子材料及金属配合物的优良溶剂，而且多数可以任意比例均相混合，即溶解度相对于传统溶剂而言大得多。高的溶解性意味着在相同产量下，需要较少的反应器体积。它在溶解性方面的另一个优点是，不溶解聚乙烯、聚四氟乙烯和玻璃等，因而反应容器就有很大的选择范围。

（2）离子液体通常由难与其他化合物配位的离子构成，因此它们可以是高极性而不产生配位作用的溶剂。同时，一些离子液体也不溶于水，也可用作与水难溶的极性相。

（3）离子液体与非极性有机溶剂（如甲苯、乙醚等）不溶，因而可为两相体系提供一种非水的、极性的替代物，可以通过选择能溶解催化剂但不和反应物及产物混溶的离子液体来实现液液两相催化反应，使催化剂与体系分离后能重复使用，与传统的溶剂相比大大降低了反应成本。

（4）离子液体的沸点通常在300℃左右。所以，它不挥发，蒸汽压为零，这种特性使其可用于高真空系统，即在蒸馏、分离等过程中，不会因为蒸发而造成损失，降低了反应成本；当然，也不会因为蒸发而造成环境的污染问题。

（5）离子液体可在较宽的温度范围内以液态存在，具有高的热稳定性。这对一些因温度过高而不能在有机溶剂中进行的反应来说，离子液体可以成为其良好的介质。

（6）离子液体的物理、化学性质可以通过选择适宜的阴、阳离子的组合在很广的范围内改变，因此又称离子液体为"设计者溶剂"。

（7）离子液体能够溶解一些气体（如 H_2、CO 和 O_2 等），这样它作为催化加氢、羰基化、氢甲酰化等反应的溶剂具有很大的潜力，避免使用对环境造成污染的传统溶剂。

（二）离子液体在化学反应中的应用

1. 催化加氢反应

对 $C=C$ 的加氢反应，研究得最多的是用过渡金属配合物作为催化剂的均相反应体系。由于离子液体溶剂能够溶解部分过渡金属，所以起到了溶剂和共催化剂的双重作用。与水和其他普通有机溶剂相比，离子液体在简单的烯烃、二烯烃及芳烃等物质的加氢反应中表现出很大的优势，如产物易分离，溶剂、催化剂可回收利用等。

2. 酯化反应

以乙酸与乙醇等的酯化为例，用氯化丁基嘧啶盐 / $AlCl_3$ 离子液体作为反应介质和催化剂，可实现清洁化酯化反应工艺。与一般浓硫酸催化的酯化反应结果相比，离子液体溶剂具有与产物极易分离、能重复使用、不污染环境等优点；并且作为催化剂，其活性高，酯化反应速率快，反应温度相对较低时即可获得很高的转化率。

第七节　催化剂绿色化

催化是化学反应、化学工业的常用手段，催化剂也是化学辅助性物质之一。据统计，约有85%的化学品是通过催化工艺生产的。由于过去在研制催化剂时只考虑其催化活性、寿命、成本及制造工艺，极少顾及环境因素，因此传统催化剂往往带来了一定的环境问题。

近年来，以清洁生产为目的的绿色催化工艺及催化剂的开发，已成为21世纪的热点。因为只有采用这种工艺及新催化剂，才能实现科技创新与绿色环保相结合，才能带来企业的高效益和社会高效益的同步增长。催化剂的绿色化，一方面表现为使用更友好的化学催化剂；另一方面，体现在与生物技术、纳米技术等方面的结合，特别是生物催化引人注目。

一、更友好的化学催化剂

（一）Friedel-Crafts 反应中三氯化铝的替代

1. 异相催化剂替代

在付氏酰基化反应中，常用的催化剂是易水解产生对环境有害的酸性富铝废物及蒸

绿色化学通用教程（第2版）

汽的无水三氯化铝（AlCl₃）（见本章第一节中的反应式）。为克服其带来的环境污染，化学家们成功地研制出无毒的异相催化剂 Envirocat EPZG，反应式如下：

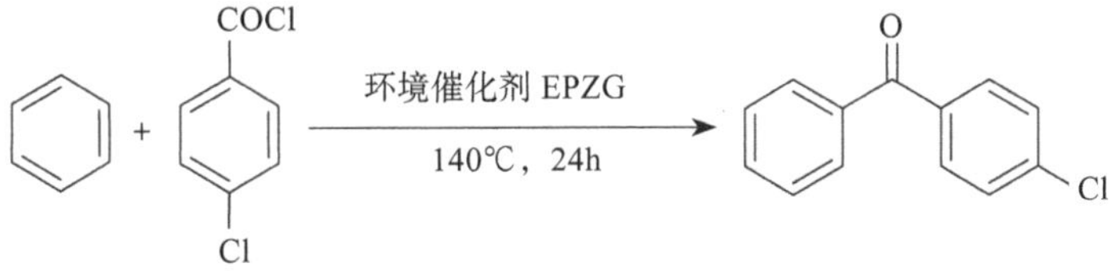

用 Envirocat EPZG 催化剂取代传统的 AlCl₃，催化剂用量减少为原来的 1/10，废弃物 HCl 的排放量减少了 3/4。类似地，对于同样 AlCl₃ 催化的付氏烷基化反应，可改用活性氧化铁作催化剂。

2.光化学反应替代

科学家还发现，可以用醛和醌的光化学反应替代 Friedel-Crafts 反应，如替代付氏酰基化反应合成芳香酮，进而可合成苯氮杂卓和硫丹（benzoepin）等环状化合物，应用于多个药物的合成，相关的反应式如下：

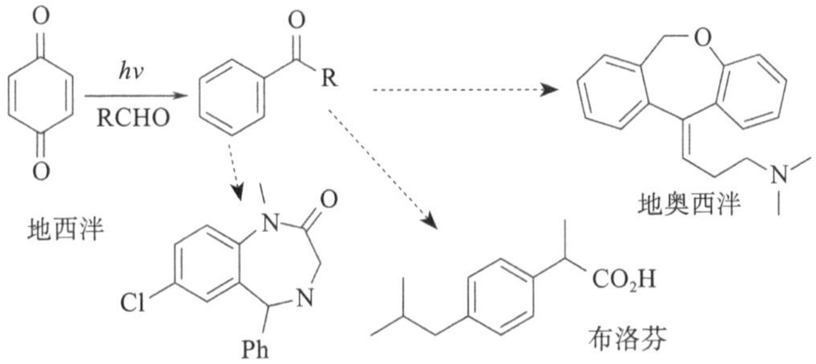

这个方法避免了使用对空气敏感的酰氯、路易斯酸（如三氯化铝、四氯化锡或四氯化钛）和有毒的有机溶剂（如硝基苯、二硫化碳、四氯化碳），因此是一种根本性的替代。这种替代（或者称之为"光催化"），也是一种催化剂的绿色化。

3.氟相催化剂替代

利用氟相合成法进行 Friedel-Crafts 反应，不仅可以实现溶剂的绿色化（避免二氯甲烷、二硫化碳等有机溶剂），也可实现了催化剂的绿色化与循环使用。例如，采用全氟萘烷为氟溶剂，不加普通有机溶剂，以镧的含氟化合物 $Ln(OSO_2C_8F_{17})_3$ 为催化剂，能代替三氯化铝，使乙酸酐与苯甲醚进行酰化反应，反应式如下：

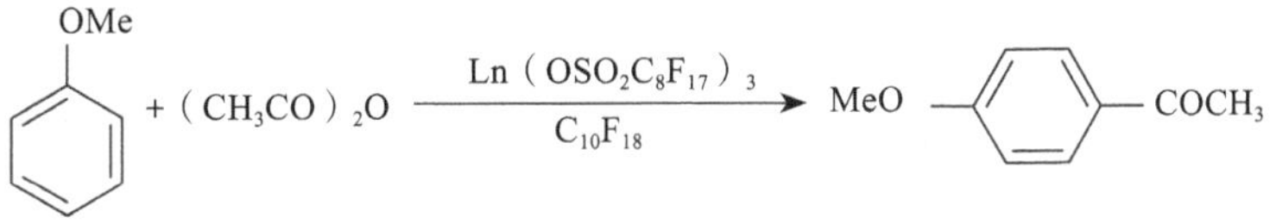

由于氟溶剂与取代芳烃和乙酸酐都不互溶，只能溶解氟代催化剂 $Ln(OSO_2C_8F_{17})_3$。因此，氟相能方便地从反应混合物中分离出来，直接用于下一次反应。反应开始前含催化剂的氟相在下层，有机反应物在上层，加温到 70℃ 后形成均相，反应结束后冷却至室温又分为两相。该催化剂反应中连续套用三次，催化活性未见下降。

4. 离子液体替代

在 Friedel-Crafts 反应中，利用离子液体可以同时起到溶剂和催化剂的双重作用，达到双重绿色化的目的。不仅如此，对离子液体中发生的酰基化反应，其产物的选择性很好，如甲苯、氯苯、苯甲醚的酰基化产物中，对位异构体占 98%，而邻位的异构体还不到 2%。

（二）其他反应中化学催化剂的替代

许多酯类香料一般是通过醇酸酯化反应得到的，催化剂通常用浓硫酸（H_2SO_4）。浓硫酸会带来严重的设备腐蚀和副反应，且中和时会生成许多无机盐"废物"。因此，人们对硫酸催化剂的替代品和醇酸酯化的替代方法的研究从未停止过。

目前，发现的许多催化剂，如离子交换树脂、分子筛、杂多酸、固体超强酸、无机 Lewis 酸以及离子液体等，均有利于酯化催化剂的绿色化。例如，可用于香料香精工业的水杨酸苄基酯，也能在离子液体（作可回收的催化剂和溶剂）中由羧酸钠盐与卤代烃合成，反应式如下：

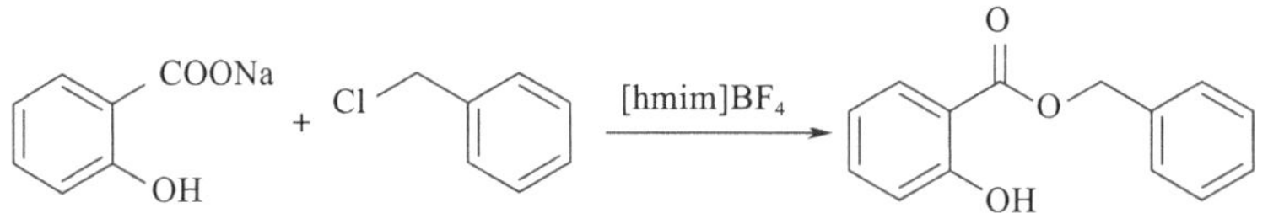

100 多年前，化学史上的"双子星座"——德国著名化学家维勒和李比希发现，苯甲醛（C_6H_5CHO，即 PhCHO）可以自身缩合为安息香（苯偶姻，一种香料），此即安息香缩合反应。虽然其原子利用率为 100%，但传统的催化剂为剧毒的氰化钾（KCN），反应式如下：

$$2PhCHO \xrightarrow{KCN} Ph-\underset{OH}{CH}-\underset{O}{C}-Ph$$

如今，人们发现一种辅酶——维生素 B_1（硫胺素，一种非常安全的化合物，结构式如下）可以代替 KCN。这是在有机合成中将生物派生的试剂用作化学转化的有用工具的最早报道之一。同样，利用维生素 B_1 也可以催化糠醛合成糠偶姻（结构式如下）。

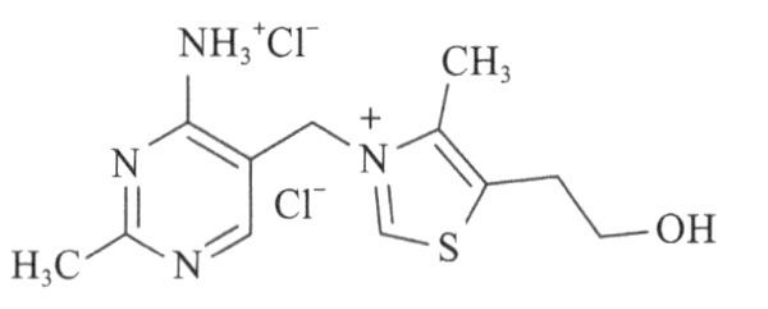

硫胺素盐酸盐 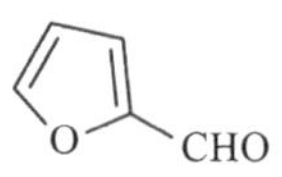　　　　　　　　　糠醛 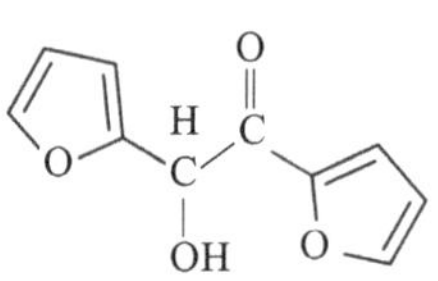　　　　　　　　　糠偶姻

二、生物催化（生物化工）

生物催化即利用酶或微生物等生物材料催化进行某种化学反应，其相应的工业化生产被称为生物化工。人们使用微生物体和酶等生物催化剂已有百余年的历史，早在 1823 年就开始利用固定化醋酸菌发酵来生产醋酸（CH_3COOH），而乳酸（图 4-1）则是第一个工业化规模发酵的光学纯化合物。

生物催化剂是指游离或固定化的活细胞或酶。微生物是最常用的活细胞催化剂，酶催化剂则是从细胞中提取出来的，只在经济合理时才被应用。目前，人们已有能力用重组 DNA 技术及细胞融合技术来改造或组建新的生物催化剂。固定化酶或固定化细胞的出现，使生物催化剂能较长时期地反复使用。

与传统化学催化剂相比，生物催化反应条件温和，设备简单，生产安全；效率高，反应速率快（在相同的条件下，有酶参加的反应速率要比没有酶时快 100 万倍或数百万倍）；反应步骤少，副反应少，收率高；对不对称合成具有进行区域或立体专一选择性催化的特点，产品光学纯度高。因此，更加符合 21 世纪绿色化学的要求。

除前面提及的合成己二酸用葡萄糖为原料的生物方法生产路线外，目前生物催化的工业化应用实例还有很多。

（一）微生物法生产丙烯酰胺

丙烯酰胺是一种重要的有机化工原料，用途广、需求量大，国内外丙烯酰胺产量的 90% 以上用于生产聚丙烯酰胺及其衍生物的均聚物和共聚物。其中，聚丙烯酰胺广泛应用于石油开采、水处理、纺织印染、造纸、选矿、洗煤、医药、制糖、建材、化工等行业，有 "百业助剂""万能产品"之称。

丙烯酰胺的工业生产历经硫酸催化法、铜系催化剂催化法、生物酶催化法三代技术，生物法的核心就是以微生物产生的腈水合酶（Nitrile hydratase）为催化剂。腈水合酶是将腈化合物直接转化为酰胺的一类酶（反应式如下），在植物和微生物中广泛存在。目前，全球利用微生物法生产的丙烯酰胺年产量超过 30 万吨。

$$CH_2=CH-CN + H_2O \xrightarrow{\text{腈水合酶}} CH_2=CH-CONH_2$$

与化学法相比，微生物法省去了丙烯腈回收工段和铜分离工段，反应在常温、常压下进行，降低了能耗，提高了生产安全性，丙烯腈的转化率可达 99.9%，产品纯度高，不造成环境污染，且生产经济性高（新建一个生物法工业装置的设备费用，约为化学法的 1/3）。

（二）微生物法生产烟酰胺

烟酰胺是辅酶 I 和辅酶 II 的组成成分，烟酰胺和烟酸一起被总称为维生素 B_3，烟酸在动物体内可转化为烟酰胺而发挥作用。缺乏烟酸或烟酰胺，动物会产生皮肤、消化道等病变，出现癞皮病、口角炎等疾病。因此，烟酰胺和烟酸在医药、食品、饲料领域有重要应用。

目前，全球烟酰胺每年需求量达 4 万吨，国内现有产量不能满足市场需求，部分依赖进口。烟酰胺的传统生产方法为烟酸氨化法和烟腈碱水解法，国内厂家大多采用第二种方法，生产工艺落后，规模很小，成本高，总产量不足 0.15 万吨/年。与丙烯酰胺的微生物法合成类似，烟酰胺也可以进行生物催化合成，反应式如下：

利用用于丙烯酰胺生产的腈水合酶高产菌种催化烟腈水合生产烟酰胺，其特点是操作简便、反应条件温和、环境污染小、分离提纯简单、产品纯度高。现在，利用生物催化合成烟酰胺，国内外均有工业化生产。

（三）微生物法生产 D- 泛酸

D- 泛酸（D-pantothenic acid）又称维生素 B_5，是辅酶 A 的组成部分，其作用即辅酶 A 的生理功能——参与体内脂肪酸降解、脂肪酸合成、柠檬酸循环、胆碱乙酰化、抗体的合成等。泛酸的存在，有利于各种营养成分的吸收和利用。由于泛酸对热、碱、酸均不稳定，其商品形式主要为 D- 泛酸钙。

D- 泛酸作为重要的药物、食品添加剂和饲料添加剂，用途广、市场大，特别是 D- 泛酸钙的需求量很大。生产 D- 泛酸的关键技术，是中间体 D，L- 泛解酸内酯的手性拆分。以往 D，L- 泛解酸内酯的拆分大多采用化学方法，手性拆分剂价格昂贵、成本高、分离困难，且有环境污染和毒性问题。因此，酶催化拆分方法的开发受到重视。20 世纪90 年代以来，国内外先后开发出 D- 泛解酸内酯水解酶（D-pantolactone hydrolase）选择性水解 D，L- 泛解酸内酯生成 D- 泛解酸的技术，反应式如下：

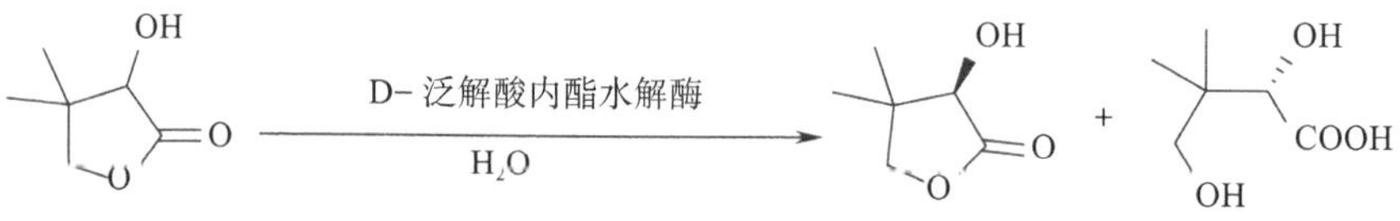

分离后的 D- 泛解酸转化为 D- 泛解酸内酯，D- 泛解酸内酯再与 β- 丙氨酸钙缩合，即得到 D- 泛酸钙。

（四）微生物法生产 L- 苯丙氨酸

L- 苯丙氨酸是人体必需氨基酸，也是氨基酸输液制品和食品添加剂阿斯巴甜的必需成分，在食品、医药、保健等领域有着广泛的应用。L- 苯丙氨酸全球每年需求量达 30 kt，主要由美国孟山都、日本味之素、韩国大象、德国迪高萨等公司生产，我国 1998 年以前所需要的 L- 苯丙氨酸全部依靠进口。

苯丙氨酸解氨酶（Phenylalanine ammonia-lyase）是催化苯丙氨酸脱氨生成肉桂酸和氨及其逆反应的一类酶。苯丙氨酸解氨酶主要存在于植物和微生物中，其主要应用是逆向催化肉桂酸和氨反应合成光学纯 L- 苯丙氨酸，反应式如下：

目前，国内外均已成功实现苯丙氨酸解氨酶催化肉桂酸合成 L- 苯丙氨酸的工业化生产。总之，基于微生物和酶的生物催化技术具有许多吸引人的特征，包括多功能性、底物选择性、立体选择性、化学选择性、对映选择性以及在室温和常压下的催化作用。生物催化进入传统的化工领域，将给原料来源、能源消耗、经济效益、环境保护等方面带来根本性的变化，今后将会有更多精细化学品可以用生物催化方法进行工业生产。

三、纳米材料催化

自从扫描透射电镜发明之后，便有了一门以 0.1~100 nm 尺度为研究对象的学科，即纳米材料技术。由于纳米材料具有独特的小尺寸效应、表面效应、量子尺寸效应和量子隧道效应，使得它具有完全不同常规材料的光学、力学、热学、磁学、化学、催化活性、生物活性等性能。

在催化领域，由于纳米材料具有独特的晶体结构及表面特性，使得其催化活性和选择性都大大优于常规的催化剂，甚至可以使原本不能发生的反应发生。尽管这项技术仍处于实验室阶段，尚未在工业上得到广泛的应用，但它的前景也是一片光明。

第八节 能量绿色化

目前，人类使用的能源（包括化学、化工中使用的能源），主要来自于煤、石油、天然气等矿物能源（化石能源），它们已开采使用近百年。矿物能源属于不可再生能源，据估计再有 30~40 年，人类就会面临能源枯竭的局面（即使前面提及的"可燃冰"，实际上也是不可再生能源，它的开发与利用最多只是延缓了能源危机的到来）。在新技术基础上加以开发利用的可再生能源，包括太阳能、生物质能、水能、风能、地热能、波能热、洋流能、潮汐能以及海洋表面与深层之间的热循环等。此外，还有氢能、沼气、酒精、甲醇等。【微课视频】

洁净能源发展

对人类而言，太阳是恒星，其能量是"取之不尽，用之不竭"的。因此，如何直接、间接地充分利用太阳能，是人类解决能源危机、走可持续发展道路的根本出路。在绿色化学、绿色化工中，这些就属于能量绿色化的研究方向。其中，直接利用阳光应用于化学反应，可以认为是狭义的能量绿色化；而更多的是广义的间接利用。

一、阳光直接应用于化学反应或工业

烯烃上连结吸电子取代基时，烯烃往往不易与卤素发生亲电加成反应。但肉桂酸可作为麦克尔受体，在阳光引发下与溴进行自由基型的加成反应，产物可以应用于消除反应合成苯炔酸类有机合成中间体，反应式如下：

$$PhCH = CHCOOH + Br_2 \xrightarrow[CCl_4]{日光} PhCHCHCH_2OOH \xrightarrow[CH_3OH]{KOH} PhC \equiv CCOOH$$

（式中 $PhCHCHCH_2OOH$ 上方标注 $\overset{Br\ Br}{|\ \ |}$）

又如，反式肉桂酸可以在光照下二聚，发生 [2+2] 环加成，原子利用率 100% 地生成一种单一构型的产物，反应式如下：

不仅产物令人称奇，而且该光化学反应只可以在固态下进行无溶剂反应，二聚作用在溶液中不发生。

这些都是利用太阳光直接作为能源来完成化学反应的并不多见的实例。直接的太阳辐射能的利用，正是绿色化学家们所追求的能源绿色化，它是解决目前化石能源的有限性、污染性和全球变暖等能源问题的根本出路。

目前，许多化学、化工等领域中的节能性研究工作，虽然也是能源绿色化的追求之一，但只能称其为有现实意义的"节流"式的努力。因此，相比之下，着眼于未来的"开源"式的拓荒性研究，更值得人们的深入探索。基于这种推动力，以及 LED 光源的普及，当前光催化的有机合成正蓬勃发展，希望可以推动相关领域的工业化。

二、与化学化工等相关的各种未来能源

人类利用的大多数可再生能源，归根到底都来自太阳，因此建立在可再生资源基础上的能源效益型经济，被概称为"太阳能经济"。目前，除前面提及过的"可燃冰"外，其他可间接地用于化学化工（或与化学化工相关）的各种未来能源还有很多。

（一）太阳能

太阳能直接转换为人们需要的能量，被认为是可持续发展的世界能源系统的基石。这首先是因为可获得的太阳能数量巨大，地球接受的全部太阳能超过目前人类能源总消耗能量的 3 万倍。

其次，所谓"阳光普照大地"，太阳能比其他任何能源分布更加广泛，便于以不同的规模普遍开发利用。目前，太阳能的利用方式，主要可分为热利用、光利用、光化学利用和太阳能发电四类。

1. 太阳能的热利用

在水的沸点（100℃）以下运行，可用于供应热水、采暖、制冷和烹饪。这些方面的能耗虽然看起来量小且分散，但在发达国家中约占能源消耗量的 1/3，在发展中国家中所占比例更高。

所用设备有平板式太阳能集热器、真空管集热器、箱式太阳灶具等，一般固定安装，维护方便，3 年左右即可收回投资。以色列 65% 以上的家庭装有太阳能热水器，首都特拉维夫的普及率几乎达 100%。我国太阳能热水器利用居世界首位，热水器保有量一直以来都占据世界总保有量的一半以上。2007 年，中国太阳能热水器生产能力已超过 2300 万平方米，运行保有量达到 9000 万平方米。全国有 3000 多家太阳能热水器生产企业，年总产值近 200 亿元。

太阳能灶具在许多发展中国家的农村地区得到应用，如印度有 10 万多个太阳灶。

现在世界上，最大的抛物面型反射聚光器有9层楼高，总面积2500 m²，焦点温度高达4000℃，许多金属都可以被融化。此外，改进建筑物的设计或朝向，利用阳光采暖和制冷可使能源需求减少80%以上。建造太阳能暖房可以种植蔬菜和花卉，烘干食品。

用太阳热能来发电是太阳能应用的另一主要课题。目前，主要由塔式太阳能热发电系统、槽式太阳能热发电系统以及盘式太阳能热发电系统。塔式太阳能热发电是主要的太阳能发电系统之一。该系统是将集热器置于塔顶，主要由反射镜阵列组成，由计算机控制反射镜自动跟踪太阳，使太阳光集中于集能器的窗口，集能器将吸收的光能转变成热能后，使加热盘管内流动的介质（水或其他介质）产生蒸汽。一部分热量用于带动汽轮发电机组发电，另一部分热量则被储存在蓄热器中，以备没有太阳时发电用。此外，科学家们还发展了太阳能热离子发电和海水温差发电等技术。

2. 太阳能的光利用

太阳的辐射能光子通过半导体的光电效应或者光化学效应原理直接将光转换成电能。太阳能电池就是利用这个原理制成的。太阳能电池无储存装置，无运动部件，所以结构简单，可靠性高，使用寿命长，维护要求低。

太阳能电池最早用作人造卫星的电源，此后用于向不联网的边远地区提供少量的电力，如灯塔、防火瞭望台、牧场围栏等。20世纪80年代中期，日本率先将太阳能电池应用于计算器、钟表、收音机等小件设备。

3. 太阳能的光化学利用

氢（H_2）是最清洁的燃料，可以长期储存，也可以远距离输送。利用太阳能制备氢这种含能物质，就可以使分散的、低品位的太阳能转变为高品位的氢燃料。氢的制备主要通过水的电解或热解，因此，可利用太阳热电和光电，或太阳聚焦的热力。

此外，目前正在研究利用太阳辐射的光化学能分解水制氢的方法，如水的光催化分解法、太阳能光电化学电池法、太阳光络合催化法等。近年来，这些方法的实验室发展迅速，但仍然无法实现真正的工业化生产。尽管如此，还是为我们展现出了利用太阳能的美好前景。

4. 太阳能发电

所谓太阳能发电，就是利用半导体将光能直接转换成电能的发电方法，利用当前的技术可将10%的光能转换成电能。利用阳光发电的最好方法是不断地用太阳能在宇宙空间发电。

1968年，美国人格雷齐尔提出了建造宇宙太阳能发电卫星的设想。他提出将卫星发射到静止轨道，然后利用微波将太阳电池获得的电力送到地面，这样人类便可获得无限的绿色能源。

（二）水能

在可再生能源中，目前已获得商业应用的是水力发电，发电量约占全球发电量的18%，但这仅仅是开发利用了全世界水能资源的10%；而未开发的资源大部分在发展中国家，其开发利用受到资金和技术等方面的限制。

水能具有成本低、设备简单的特点，并且还可以与灌溉、航运、渔业、防洪等事业相结合而达到综合利用的目的。我国水力资源十分丰富，居世界首位。从中国瞄上水电并有能力自主建设水电站之后，一项项世界纪录便信手拈来。随着长江三峡电站等工程的竣工，时至今日，中国水电装机容量和发电量已稳居世界第一。

（三）风能

在可再生能源中，风能提供的电力仅次于水电。目前，虽然风能发电还不到全世界电力生产量的1%，但它却是全球增长最快的能源之一。鉴于风能利用的良好前景，国际上已在风轮机设计制造技术、功率储存技术方面展开激烈竞争。

早在1991年底，美国风力发电公司和电力研究所合作研制成功多速风力涡流机就在旧金山湾东部运转，平均风速为27.5 km/h，每度电的发电成本仅为5美分。这意味着先进的风力发电已经可以在经济上与传统的矿物燃料发电技术进行竞争。

据报道，2017年全球风电新增装机容量依然保持在50 GW以上，其中，欧洲、印度的海上风电的增速刷新历史纪录。虽然，中国新增风电装机容量有所回落，新增装机仅为19.66 GW，但依然排名全球第一！占全球新增装机容量近一半份额。

目前，我国的风力发电主要应用于风力大而且偏远的山区（如新疆达坂城）、草原、海岛（如广东南澳岛）等地区。但在一些发达国家，风力发电不仅带来经济实惠，风车林立的壮观景象也给旅游业增加了许多人文景观。

（四）地热能

地热资源在地球上的分布相当广泛，但很不均匀。地热资源按利用特点，分为低焓（30~150℃）和高焓（150℃以上）两类；按本身特性，可分为以下四类：地热水（蒸汽）、地压、周围没液体的热干岩、岩浆。目前，人类利用的主要为地热水（蒸汽）。

人们很早就利用地热资源，如利用温泉或地下热水洗浴、取暖、烘干谷物、建造农业温室等。近年来，逐渐大规模地用于发电和供热。利用地热需要解决地下有毒气体释放、结垢、腐蚀以及回灌等可能出现的问题。我国西藏有地热水发电的试验。

（五）生物质能源

生物质（Biomass）是指绿色植物通过光合作用直接产生或间接衍生的所有物质，一般以木柴、柴草、农业废弃物或牲畜粪便等形式燃烧。生物质能源是指生物质转化产生的能量，是清洁而廉价的可再生能源，也是全世界能源开发的重点。

据估计，在全球（包括陆地和海洋）的所有生态系统中，每年干燥有机物净产量为1725亿吨，其热量总值相当于全球人类目前全年总能量消耗的5倍多。因此，生物质能是仅次于煤炭、石油、天然气而居消费总量第4位的能源。

人类传统上对生物质能的利用是直接燃烧作为燃料使用，这样一方面会造成环境污染，另一方面也造成资源的极大浪费。为了合理利用生物质能，提高利用效率，应该采用相应的技术将生物质能进行转换，制成便于利用的液体和气体燃料。

现代生物质能源的利用，包括如下四个方面：

（1）通过转化和加工，提高其能量密度，便于储存和使用。

绿色化学通用教程（第2版）

（2）扩大生物质的生产和利用范围，如大力开展植树造林，营造"能源林"，种植"能源作物"。

（3）焚烧城市垃圾等固体有机物，用于产生热力和电力，也是扩大生物质利用范围的一条途径。此外，还有收集垃圾填埋场产出的沼气，用于家庭炊事、供暖或发电。

（4）生物质转化为液体燃料，可替代石油用于运输行业。例如，由碳水化合物通过发酵制备的乙醇，被称为"绿色石油"，可直接用于汽车或掺加在汽油中。汽油中掺乙醇不但可节省石油资源，还可提高辛烷值，减少污染物的排放。

目前，全世界已有超过 40 个国家和地区推广生物燃料乙醇和车用乙醇汽油，年消费乙醇汽油约 6×10^8 t，占世界汽油总消费的 60% 左右。美国从 20 世纪 80 年代开始涉足燃料乙醇，经过几十年的发展，从 2006 年起已然超过巴西一跃成为世界第一的燃料乙醇的生产国和消费国。不仅如此，美国也是世界上最大的车用乙醇汽油生产和消费国，主要原料为玉米。美国计划 2022 年达到 1.08×10^8 t 纤维素乙醇的生产，占目前美国汽油消耗的 22%。巴西是世界上第一个使用乙醇汽油的国家，也是生物燃料乙醇第二大生产消费国，巴西生物燃料乙醇已替代了国内 50% 的汽油。由于甘蔗的生产和酒糟、甘蔗渣的利用，巴西每年减少 1.27×10^8 t 碳排放，相当于该国所有石油燃料碳排放量的 20%。

欧盟早在 1985 年就开始使用乙醇含量 5% 的车用乙醇汽油。2016 年，欧盟生物燃料乙醇产量为 4.09×10^6 t。根据规划，2020 年生物燃料在欧盟交通运输燃料消费总量所占的比重将至少达到 10%。

2017 年我国已出台了车用乙醇汽油（E10）国家标准。截至目前，我国生物燃料乙醇年消费量近 2.6×10^6 t，产业规模居世界第三位，乙醇汽油消费量已占同期全国汽油消费总量的 20%。

（六）海洋能

海洋是一个巨大的能源宝库，大洋中的波浪、潮汐、海流等动能和海洋温度差能、盐度差能等的存储量高达天文数字。这些海洋能源是取之不尽、用之不竭的可再生能源。同时，海洋能属于清洁能源，一旦开发后，本身对环境影响很小。

沿海各国，特别是美国、俄罗斯、日本、法国等都非常重视海洋能的开发。其中，潮汐能发电技术较为成熟，利用波浪能、盐度差能、温度差能等海洋能进行发电还处于试验研究阶段。世界上最大的潮汐发电站位于法国的郎斯（1961 年建成），装机容量 24 万千瓦，年发电量 5.44 亿千瓦时。

我国的海洋能的开发利用还处于起步阶段。以潮汐能发电为主，至 20 世纪末，仅建成潮汐电站 9 座，年发电量 2.18 亿千瓦时。其中，温州江厦电站装机容量 3000 千瓦，年发电 1700 万千瓦时，在世界上仅次于韩国始华湖潮汐电站、法国朗斯潮汐电站和加拿大安纳波利斯潮汐电站，位列第四。

第九节 过程绿色化

为了向绿色化学努力，除前面的各个细节外，就整个化学、化工过程而言，过程绿色化与在线检测也很重要（关于在线检测的问题下节讨论）。其中，所谓的过程绿色化，主要从两个方面理解。

其一，对于某些化学、化工过程必须用到而且无法回避的化学品，尽可能地循环利用而提高化学物质的利用率，减少污染，乃至实现"零排放"，这就是过程循环化；其二，对某些连续的化学、化工过程，如果可以减少中间体的处理，必然可以减少污染，并提高效率，这在有机合成中典型地体现为一锅合成法、串联反应等。

一、过程循环化

以前，过程循环化相对在无机化工设计与生产中常见。例如，工业上生产硫酸、硝酸（HNO_3）等的工厂中，尾气的吸收与循环利用，就是典型的过程循环化实例。它们一方面减少了二氧化硫、氮氧化物的排放，另一方面也提高了原料的利用率。

今天，我们用绿色化学的观点看，这种朴素的、全局的循环观念，无疑值得继续发扬光大。不仅如此，绿色化学更希望把这种全局思想扩大到其所在的工厂之外，以及不同的行业之间，乃至放到全国、全世界，甚至全地球生态的视野中。

因此，从某种意义上看，前面提及的聚乳酸（PLA）的合成与降解循环，其实也是一种过程循环化，只是以往人们将过程循环化的思想较多地局限于一物的得失，以及偏重于无机化学工业而已。下面的两个实例，有助于我们加深对过程循环化的理解。

（一）过氧化氢的乙基蒽醌法循环生产

前面已经提及，过氧化氢是一种绿色氧化剂。作为一种重要的化学试剂和化工原料，过氧化氢有多种方法得到。例如，实验室中可以用过氧化钡（BaO_2）与稀硫酸的反应来制备，反应后过滤除去硫酸钡（$BaSO_4$）沉淀，即得到6%~8%的过氧化氢的水溶液。很明显，该方法的原子利用率较低，只宜实验室临时使用，反应式如下：

$$BaO_2 + H_2SO_4 \Longrightarrow BaSO_4 \downarrow + H_2O_2$$

工业上，曾经利用过二硫酸钾（$K_2S_2O_8$）在酸性溶液中水解产生过氧化氢，其原子利用率为11%，反应式如下：

$$K_2S_2O_8 + 2 H_2O \Longrightarrow 2 KHSO_4 + H_2O_2$$

当然，生成的副产物硫酸氢钾（$KHSO_4$）可以通过电解，再转变成为原料过二硫酸钾，反应式如下：

$$2 KHSO_4 \Longrightarrow K_2S_2O_8 + H_2 \uparrow （条件：电解）$$

目前，工业上生产过氧化氢的方法是用钯（Pd）作催化剂的乙基蒽醌法，该生产流程可用循环图简单表示（图4-4）。

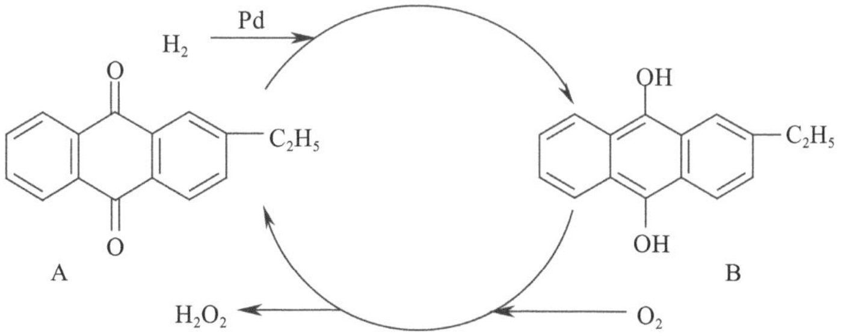

图 4-4 乙基蒽醌法循环生产过氧化氢示意图

其中，乙基蒽醌（化合物 A）先被还原成乙基蒽醇（化合物 B），乙基蒽醇被氧气氧化时生成过氧化氢，并再生出乙基蒽醌。因此，净反应中并无乙基蒽醌，反应式如下：

$$H_2 + O_2 = H_2O_2$$

显而易见，这是一个原子利用率 100% 的反应，故乙基蒽醌法循环生产过氧化氢为典型的"零排放"，是理想的绿色化学工艺。

虽然如此，但是人们也发现，生产过程中的蒽醌工作液有一定的毒性，而且过氧化氢需通过十分耗能的反向汽提塔移出，然后通过真空蒸馏提浓。工作液可以循环使用，但该过程会副产大量无任何利用价值的苯醌及衍生物废液，这些废料需处理合格后才能排放到环境中去。

鉴于此，Headwaters Technology Innovation（HTI）公司开发了一种先进的金属催化剂 NxCat™（纳米型钯—铂催化剂），消除了目前工艺中的所有有害的反应条件和化学品，不产生任何不理想的副产物。该催化剂可以更高效地生产双氧水，大大降低了能耗。该技术使用无毒、可循环使用的原料，不产生任何有毒废料。这种催化剂具有精确可控的表观形貌，可以确保在空气中的氢气体积分数低于 4%（即低于氢气的燃烧极限）时仍具有高的产品收率。因此，2007 年，美国总统绿色化学奖将"更绿色反应条件奖"授予了HTI 公司，以表彰该公司对双氧水生产改进技术的贡献。

（二）21 世纪的绿色纤维——Lyocell 纤维

1. 纤维素——资源丰富的绿色原料

纤维素是地球上最为丰富的天然高分子资源，其化学组成可用化学式 $(C_6H_{10}O_5)_n$ 表示。作为一种多糖，其来源于植物的光合作用；而一旦废弃于自然界后，又可被自然降解成为二氧化碳和水。因此，纤维素是可再生的有机资源，与前面提及的聚乳酸循环（图 4-1）类似，其开发与应用是自然界碳循环中的组成部分之一。

纤维素材料本身无毒，抗水性强，可以粉状、片状、膜以及长短丝等不同形式出现，使得纤维素作为基质材料的潜在使用范围非常广泛。特别是近年来，随着各国对石油资源短缺（据估计到 21 世纪中期将会用尽）、环境污染问题的日益关注和重视，具有生物可降解性、环境协调性的纤维素材料成为世界各国竞相开发的热点。

天然纤维素是构成植物细胞的基本成分，存在于所有植物当中，是自然界中最为丰富的可再生资源。在植物界中，纤维素的总量约达 $26 \times 10^{11} t$。据估计，全世界每年在植物界新生成的纤维素量约为 1000 亿吨，但目前每年仅有 0.002 %（即 200 万吨）的纤维素用于再生纤维素纤维的生产（这是纤维素资源利用的主要方式之一）。

2. 破坏氢键——纤维素资源纤维利用的关键

从化学结构上看，纤维素是由 D- 吡喃式葡萄糖基（即脱水葡萄糖）通过 β-1,4 糖苷键相互连接起来的线型高聚物。纤维素大分子中的每个葡萄糖基环均具有 3 个醇羟基，使纤维素分子间以及分子内具有极强的氢键作用。这使得纤维素具有结晶度高、物化性能稳定、玻璃化转变温度较高的特性。

同时，极强的氢键也使纤维素不溶于通常的溶剂，进而难以被直接利用。因此，必须通过化学改性形成纤维素衍生物，或通过特殊溶剂体系破坏氢键，否则纤维素无法直接加工成纤维素产品。目前，天然纤维素资源在纤维素制备、溶解甚至改性等各个方面技术上都没有困难，问题在于方法的经济性及环境的要求等。

3. 化学改性——传统的纤维素资源纤维利用方法

传统上，对纤维素的利用总是通过化学改性的办法，将其转变为衍生物后，再溶解于溶剂中制成纤维素溶液加以利用，典型的是铜氨纤维和黏胶纤维，它们的开发与应用已有一百多年的历史。

（1）铜氨纤维工艺。铜氨溶液是氢氧化铜 [$Cu(OH)_2$] 溶于氨水（$NH_3 \cdot H_2O$）中所形成的络合物，分子式是 $Cu(NH_3)_4(OH)_2$。这种深蓝色的溶剂对纤维素的溶解能力很强，其溶解机理被认为是形成纤维素与金属的络合物，其溶解度主要取决于纤维素的聚合度、温度以及金属络合物的浓度。

铜氨溶液有一个缺点是对氧和空气非常敏感，如果在溶解和测定过程中稍有微量的氧参与，也会使纤维素发生剧烈的氧化降解。纤维素铜氨化合物可被无机酸分解，产生纤维素沉淀——再生纤维素，其化学组成依旧是（$C_6H_{10}O_5$）$_n$。

就是利用后一个性质，曾经以纤维素原料制造铜氨纤维。铜氨纤维工艺的简单流程为：将纤维素溶解于铜氨溶液中，然后将溶液通过喷丝板进入蒸浴，溶剂在这里被分离，纤维素则再生成长丝（铜氨纤维）。

由于铜和氨消耗量大，很难完全回收，导致生产成本太高；加之纤维质量不如黏胶法、污染严重、设备腐蚀严重、工艺烦琐，现在铜氨纤维工艺已基本被淘汰。因此，铜氨溶剂目前主要用于纤维素聚合度测试。

（2）黏胶纤维工艺。黏胶法曾是最广泛采用的纤维素纤维生产方法，1904 年在英国首先建厂生产。因其成本低廉而且品质提高较快，故黏胶纤维工艺诞生后就以绝对优势胜过当时的硝酸纤维、铜氨纤维和醋酸纤维，发展极为迅速。

黏胶法是先将纤维素（用 Cell — OH 表示）用强碱处理生成碱纤维素（Cell — ONa），再与二硫化碳反应得到纤维素黄原酸酯。将该衍生物溶于强碱中，可制成黏胶（纺丝液）。黏胶液经熟成后，在稀酸溶液中再生，即在凝固浴中纺丝。相关的反应式如下：

$$\text{Cell — OH} \xrightarrow{\text{NaOH}} \text{Cell — ONa} \xrightarrow{\text{CS}_2} \text{Cell — O — C}\overset{\text{S}}{\underset{\text{SNa}}{\|}} \xrightarrow{\text{H}^+} \text{Cell — OH}$$

纺丝溶液挤出的同时，米黄色黏胶的黄原酸酯基团也被除去，中间化合物重新转化为纤维素得到人造纤维，即黏胶纤维 [其化学组成依旧是 $(C_6H_{10}O_5)_n$]。因此，传统的黏胶法生产工艺，是一种包含化学反应的复杂过程，其工艺流程见图 4-5。

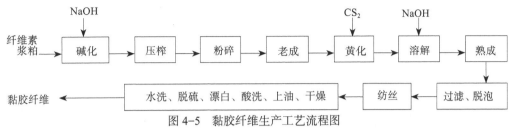

图 4-5　黏胶纤维生产工艺流程图

黏胶纤维具有良好的力学性能和符合卫生要求的透气性，有似棉的吸湿性、易染色性、抗静电性，以及易于进行接枝改性。因此，黏胶法（黄原酸酯法）作为生产黏胶纤维和赛珞玢平板膜的主要方法，目前 90% 以上的纤维素产品使用该工艺生产。

黏胶纤维工艺的最大缺陷就是使用 CS_2。生产过程中放出 CS_2 和 H_2S 等有毒气体，对空气和水造成环境污染；而且包含在黄酸酯分解产物里的硫醇与 H_2S 的处理，需要大数额的经费支出和昂贵的操作费用。因此，黏胶法面临大量减少的趋势不可避免。

4. NMMO 溶剂法——循环过程的绿色工艺

由于黏胶纤维工艺存在工艺冗长、生产复杂、耗能高、投资巨大、污染严重等不足，人们自 1939 年以来积极开发各种非化学反应的纤维素加工方法，尤其是筛选各种溶剂体系溶解、加工纤维素。但是，真正实现工业化生产且前景可观的只有 NMMO 溶剂法。

N- 甲基吗啉 -N- 氧化物（NMMO）是一种脂肪族环状叔胺氧化物，可由二甘醇与氨反应生成吗啉，再经甲基化和氧化而成，反应式如下：

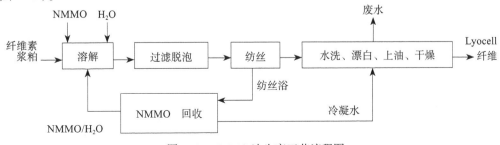

NMMO 的毒性很小，其毒性小于乙醇。NMMO 常温下是固体（熔点为 184℃），但其吸湿性强，可形成多种水合物。NMMO 溶解纤维素时，是通过与其很强的氢键而破坏纤维素自身的氢键的，且含水量 13.3% 的一水化合物（NMMO·H_2O）最适合溶解纤维素。因此，NMMO 法生产工艺是一种不经过化学反应而制得纤维素纤维的过程（图 4-6）。

图 4-6　NMMO 法生产工艺流程图

首先，将纤维素浆粕与含结晶水的 NMMO 充分混合，于 90℃ 充分溶胀。然后，在 120℃ 减压下除去大部分结晶水，使之充分溶解，形成一稳定、透明、黏稠的纺丝原液。经过滤、脱泡后，通过口模或喷头挤出，在低温水浴或 NMMO/H$_2$O 混合浴中凝固成型，经拉伸、水洗、塑化、干燥等工序制成纤维素制品。

其中，所用的关键性溶剂 NMMO 可以回收，先进工艺的回收率达 99.5%~99.7%。因此，这是一个封闭式循环的溶剂法纺丝工艺流程（图 4-6），废水无害，对环境影响小。目前，工业上使用该技术生产 Lyocell 纤维已经获得巨大成功。

与传统黏胶法相比，NMMO 工艺生产过程完全是物理过程，没有化学反应，简化了工艺流程，不需要碱化、老成、黄化、熟成及复杂的后处理工序，纤维素在 NMMO 中溶解比在黏胶过程中简单得多，大大提高了生产效率。

新工艺也降低了化学原料使用量和能量的消耗，省去了黏胶法中因加入 CS$_2$ 等各种化学试剂而产生的大量废物及毒气；能回收使用的溶剂 NMMO 生化毒性是良性的，不会导致变异。因此，既不污染环境，又降低了生产成本，是一种"绿色生产工艺"。

另外，NMMO 法新工艺质量易控制，所生成的纤维素具有天然纤维的所有舒适性能，比普通黏胶纤维具有更大的纤维强度，尤其是湿态强度，部分性能甚至优于棉纤维。因此，Lyocell 纤维被人们誉为"21 世纪的绿色纤维"，目前国际上十分畅销。

需要指出的是，Lyocell 纤维简便、节能生产工艺的成功，也使纤维素纤维取代棉花产品的趋势逐步明朗化，因为 Lyocell 纤维资源消耗相对棉花和黏胶纤维来说是最低的，符合生态学的潮流（表 4-2）。可见，过程循环化不仅仅是在工业上具有重要意义。

表 4-2　棉花、黏胶纤维与 Lyocell 纤维的生态学比较

项　目	土地使用（m^2/t）	耗水量（m^3/t）	能耗（kJ/t）	化肥（kg/t）
棉花	农耕地 20000	29000	40	350
黏胶纤维	森林 8000	300~450	50~60	345
Lyocell 纤维	森林 6700	100	45	345

二、一锅合成法与串联反应

（一）一锅合成法

传统的有机合成是一步一步地进行反应的，难免步骤多、产率低、选择性差、废物多，造成环境污染，且操作十分繁杂。因此，化学家尝试将某些多步反应或多次操作置于一锅（一个反应容器）完成，不再分离许多中间产物，以减少废弃物和能耗，这就是一锅合成法（One-pot synthesis）。

目前，作为一种高效率的合成方法，一锅合成法已经被广泛应用。例如，取代苯氧基苯乙酮（4a~4c）是用途广泛的有机合成中间体，可用于合成苯基苯并呋喃及其衍生物

等。传统的合成方法中，有三步反应，每完成一步反应需分离一次中间体，产率较低（图 4-7 中的路线一）。

如果根据聚合物试剂彼此间因空间效应，处在其表面的活性基团难以相互接触进而发生实质性反应的特征，将三种连有不同反应基团的聚合物试剂（1、2、3）分不同的反应时间段置于单锅中，就可简便地利用一锅合成法合成取代苯氧基苯乙酮（4a~4c）（如图 4-7 中的路线二）。

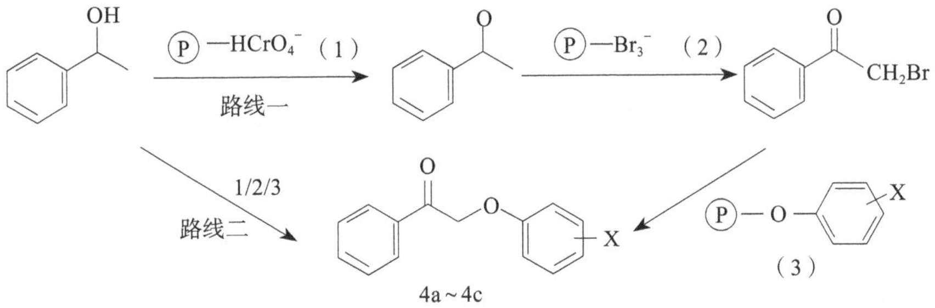

化合物	a	b	c
X	3-NO$_2$	4-NO$_2$	H

图 4-7　取代苯氧基苯乙酮的合成路线

由 11- 氨基十一酸在惰性气体保护下加热熔融失水缩聚而成高分子材料尼龙 -11，是性能优良的尼龙品种，具有强度高、耐温、耐磨、化学稳定性好和电绝缘性能优良等优点，尤其是在低温下有高冲击强度、比重轻、吸水性低、易于加工成型等特点，适于做内衣、袜子、渔网、降落伞、齿轮、机器零件、输血管、手术缝线等。

尼龙 -11 的单体 11- 氨基十一酸一般分两步合成：第一步为 10- 十一烯酸与溴化氢气体进行反马氏加成，生成 11- 溴代十一酸；第二步为 11- 溴代十一酸与氨水反应得到 11- 氨基十一酸。但也可第一步反应完后不分离处理，而直接一锅合成产物，从而避免消耗大量乙醇用于中间体的重结晶提纯，反应式如下：

$$CH_2\!=\!\!=\!CH（CH_2）_8CO_2H \xrightarrow[ROOR]{HBr} BrCH_2CH（CH_2）_8CO_2H \xrightarrow{NH_3} H_2N（CH_2）_{10}CO_2H$$

巧妙地利用绿色化学中的一锅法技巧，可以基于同一个中间体合成许多不同的化合物，这对于药物的开发研究很有价值，下面是一个示例：

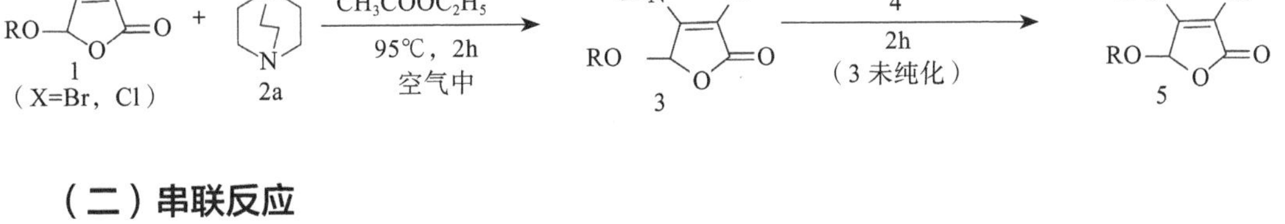

（二）串联反应

串联反应有广义与狭义之说，广义说法中包括上述的一锅合成法，而一锅合成法与狭义串联反应的区别为：一锅合成法通过中间不同时机添加试剂或反应物调控整个反应的次序；狭义的串联反应由反应物内在的反应性决定反应的次序，所有反应物均在反应初加入，中途不再补加任何试剂或反应物。

很明显，它们的共同点是：从总的效果上看，都省略了中间产物的分离、提纯过程，使多步反应依次在同一容器中发生，因此都具有高效、环保的优点。但狭义的串联反应的设计更强调内在性，需要更高的技巧，因为其一般经历一些活性的、难以分离的中间体，如碳正离子、碳负离子或自由基等。

反过来，也可从另一个角度来看，狭义的串联反应属于广义的一锅合成法中的一类"特殊"情况。因此，虽然这二个针对高效合成、实现过程绿色化的专业名词有时被混用，但在新型合成设计的探索中，人们往往多用具有挑战性的串联反应（Tandem reaction）、串级反应（Cascade reaction）或多米诺反应（Domino reaction）。

目前，Tandem reaction 在复杂化合物的合成设计中，得到了广泛的应用。例如，辅酶 Q 具有抗真菌、无细胞毒素等特性，同时也是真核呼吸作用的有效抑制剂，其骨架结构——重要中间体环氧庚酮化合物 B，可以由邻羟基芳香醛化合物 A 通过串联的 S_N2-Wittig 反应很方便地合成，反应式如下：

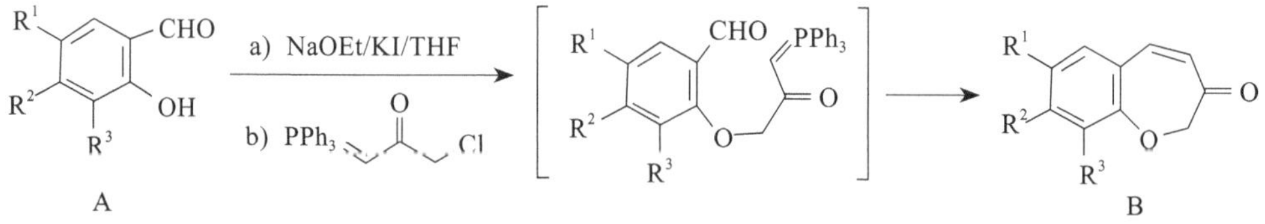

多环多手性中心化合物的合成，是不对称合成的研究热点之一，其中也有串联反应的用武之地。例如，手性源（R）-5-（l-孟氧基）-3-溴-2（5H）-呋喃酮在碳酸钾/四丁基溴化铵（TBAB）相转移催化下，与四氢吡咯发生串联的不对称 Michael 加成/Michael 加成/分子内亲核取代反应，可一举生成含 4 个新手性中心的螺-环丙烷双内酯化合物，反应式如下：

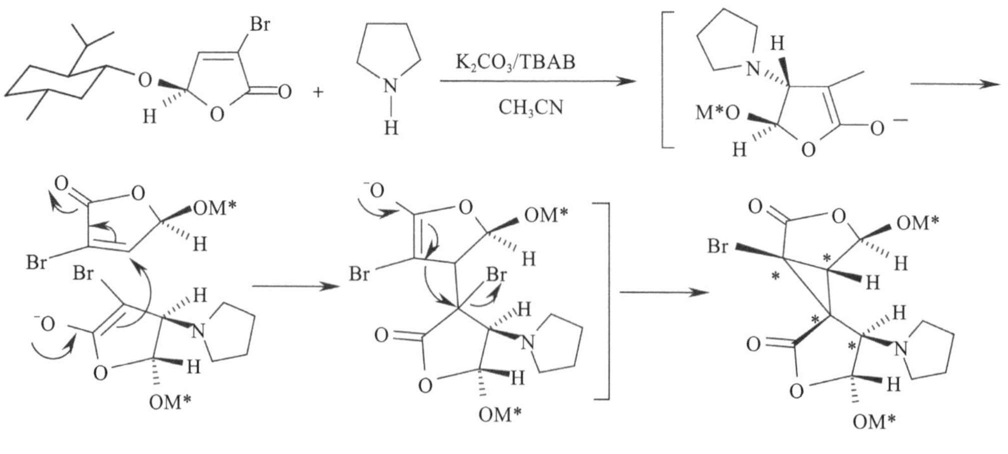

除了一锅合成法和串联反应外，一瓶多组分反应（multicomponent reaction，MCR）也是一类实现过程绿色化的高效合成方法。这类反应涉及至少 3 种不同的原料，每步反应都是下一步反应所必需的，而且原料分子的主体部分都融进最终产物中。Mannich 反应（三组分）和 Ugi 反应（四组分）都是有名的例子，Mannich 反应合成生物碱颠茄酮的反应式如下：

第十节 在线检测 = 保护

与过程绿色化类似，"在线检测 = 保护"也是一个从整体出发的绿色化学观念，它有两个方面的含义：

第一，利用在线分析化学可以跟踪反应过程，以测定反应是否已完成。在许多情况下，化学过程需要不断地加入试剂直到反应完成为止。如果有一个即时在线的检测器能让我们测定反应是否完成，那么就不需要加入更多的过量试剂，从而就能够避免过量使用有可能会造成危害的物质，因此这些危害物也不会进入废物流里。

第二，一切环境保护战略，均应立足于真实的危险阈值，以及我们在某有害物质的存在量远未达到该阈值之前，就将其检出的能力。因此，化学家必须不断提高分析技能，从而，即使在远低于该危险阈值的低微浓度就能监测出来，那么在必须采取严厉纠正行动之前早就能监测到该有害物质的存在。

对于第一个含义，也许容易理解，为什么"在线检测 = 保护"。对于第二个，可能经常被人遗忘（因他们不屑于预防），而一旦进行检测，又会马上产生误解——新闻媒介、公众，以及我们的政府机构，经常把检测和危险混为一谈。

这是由于人们通常误认为：一种在某特定浓度下可证明有毒的物质，在任何浓度下都将是有毒的。——有无数实例证明，这些认识一般是不真实的，而在线检测（预防）是必要的，"在线检测 = 保护"！

[例 1] 一氧化碳（CO）危险吗？

试看一氧化碳这种无时不存在于大气中的化合物，其浓度超过 1000ppm 时才达到有危险的毒性，而且只有长期接触浓度超过 10ppm 时才认为它具有不良的健康效应。然而，我们决不能得出"必须从大气中完全消除 CO"的结论！

事实上，这样做将是愚蠢的，也是不可能的！因为我们生息繁衍于一个总是含有很容易被检测出一氧化碳（约 1ppm）的自然大气之中。

显然，我们的任务是——决定应当在数据毒性阈值和已知安全范围之间的哪一点上开始采取净化措施（正如美国环保局已经试图在做的那样）。

[例 2] 硒（Se）危险吗？

硒是另一个有趣的实例。在具有相当高硒含量的土壤中生长的某些植物，能把该元素富集到使放牧动物中毒的水平。紫云英属就是一例，它的俗名叫"疯草"。小麦也能富

集硒，而且虽然人类没有受到显著影响，但喂养高硒小麦的鸡会生下畸形的蛋。【微课视频】

硒危险吗？

另外，现在已完全肯定，硒是大鼠、鸡和猪的食谱中的必需营养元素。此外，已经发现，适当含量的硒是一种天然抗癌物：它是谷胱甘肽过氧化物酶的成分，这种酶能破坏有害的氢过氧化物。

在中国，血硒水平偏低人群中的儿童易患复合心肌炎（克山病），成年人表现出癌症死亡率高和肝癌发病率高。——显然，当硒以适当水平存在时，它对人体和动物健康是一种必需的元素；而当含量过高时，则变成有毒元素。

由美国全国研究理事会（National Research Council）推荐的成年人对硒的每日摄取量是 $50 \sim 100 \mu g$。目前，美国环保局规定的饮用水中硒的允许水平是 10^{-8} ppb。规定这个水平是为了避免可能的毒性，它可能是维持最佳健康状态所需水平的 1/10。

这个实例生动地说明，对于一种在高浓度时可能有毒的物质，进行环境中的痕量水平检测，并不意味着有危险存在。恰恰相反，这样的早期检测使人们有时间做出关于来源、趋势和将要适时采取纠正措施的水平的慎重决定。

所以说，检测就是保护。

思考题

一、判断题

1. 电合成基本上可以说是无公害的绿色化学工艺。

2. 无溶剂的固相合成符合绿色化学的潮流。

3. 水为溶剂的合成法，是符合绿色化学的。

4. Diels-Alder 反应是合成六元环类化合物的重要反应，该反应的原子利用率 100%。

5. 水相下的 Diels-Alder 反应是绿色化学中反应溶剂（或实验手段）的绿色化。

6. 超临界流体合成法，是符合绿色化学的。

7. H_2O_2 的乙基蒽醌法循环生产，是典型的零排放例子。

8. 在线检测就是保护，是绿色化学的内容体现之一。

二、选择题

1. 绿色化学的内容包括（　　　　）。

A. 原子利用率（原子经济性）的最大化　　　B. 产物绿色化

C. 原料绿色化　　　　　　　　　　　D. 试剂绿色化　　　　　E. 溶剂绿色化

F. 催化剂绿色化　　　　　　　　　　G. 实验手段绿色化　　　H. 过程循环化

2. 原子利用率最不经济的反应类型是（　　　　）。

A. 重排反应　　　　　B. 取代反应　　　　　C. 加成反应　　　　D. 消除反应

3. 原子利用率 100% 的反应类型是（　　　　）。

A. 重排反应   B. 取代反应   C. 加成反应   D. 消除反应

4. ( ) 为不可再生能源。

A. 煤   B. 石油   C. 天然气   D. 太阳能

5. ( ) 为可再生能源。

A. 水能   B. 风能   C. 地热能   D. 太阳能

6. 下列几种生产乙苯的方法中，原子经济性最好的是（ ）（反应均在一定条件下进行）。

A. $C_6H_6 + C_2H_5Cl \longrightarrow C_6H_5—C_2H_5 + HCl$

B. $C_6H_6 + C_2H_5OH \longrightarrow C_6H_5—C_2H_5 + H_2O$

C. $C_6H_6 + CH_2\!=\!CH_2 \longrightarrow C_6H_5—C_2H_5$

D. $C_6H_5—\underset{\underset{Br}{|}}{CH}—CH_3 \longrightarrow C_6H_5—CH\!=\!CH + HBr$

     $C_6H_5—CH\!=\!CH + H_2 \longrightarrow C_6H_5—C_2H_5$

7. 下列有机反应在有机合成中具有重要地位，阅读它们的简单介绍与实例，可以判断其中原子经济性最不好的是（ ）（反应均在一定条件下进行）。

A. Diels-Alder 反应：1950 年诺贝尔奖，$\| + \rangle\!\!\!= \longrightarrow \bigcirc$

B. Wittig 反应：1979 年诺贝尔奖，$\bigcirc\!\!=\!O + CH_2\!=\!PPh_3 \longrightarrow \bigcirc\!\!=\!CH_2 + O\!=\!PPh_3$

C. 催化氧化反应：乙烯氧化制醛，$2CH_2\!=\!CH_2 + O_2 \xrightarrow{\text{催化剂}} 2CH_3CHO$

D. 烯烃定向聚合：1963 年诺贝尔奖，$n\,CH_2\!=\!\underset{\underset{CH_3}{|}}{CH} \xrightarrow{\text{Zieglr-Natta 催化剂}} \text{+}\!\!\left[CH_2\!-\!\underset{\underset{CH_3}{|}}{CH}\right]\!\!\text{+}_n$

8. 以环己烯为原料，可以与多种氧化剂反应得到己二酸（反应均在一定条件下进行）。下列氧化剂中可称为绿色化试剂的是（ ）。

A. 高锰酸钾   B. 过氧化氢   C. 重铬酸钾   D. 硝酸

三、写出下列化学物质的名字，并写出与其性质、用途等相关的一句话

1. HCN   2. H_2SO_4 3. $COCl_2$ 4. H_2O_2 5. NO_x 6. C_2H_5OH

7. KCN   8. $AlCl_3$ 9. $(C_6H_{10}O_5)_n$ 10. CS_2 11. CO   12. Se

四、问答题（贵在创新、言之成理）

1. 如何认识 Wittig 反应的"遭遇"？难道诺贝尔奖发错了吗？谈谈你的个人意见。

2. 如何理解"检测就是保护"？化学品有毒是绝对的吗？

3. 了解人工合成生物降解高分子方面的研究情况，列举其中的一些典型实例的合成与应用（至少五种高分子）。

4. 了解绿色能源——生物柴油的研究情况，就其来源、用途与发展前景撰写一篇小论文（注意格式与尊重知识产权）。

第五章　绿色化学的应用实例

绿色化学的基本原理和内容（第四章），目前已经被广泛地接受和应用。为了加强对绿色化学理论知识的理解，本章侧重于从化学知识的角度对绿色化学的应用进行解读，而后面的若干章节侧重于在不同行业或领域对绿色化学的应用与拓展进行论述。

第一节　新型汽油添加剂

为获得高质量汽油，提高汽油抗震性，效果显著的添加剂是四乙基铅 $[Pb(CH_2CH_3)_4]$，但其最终产生的二溴化铅（$PbBr_2$）进入大气会造成严重的环境铅（Pb）污染，对人体健康特别是对儿童智力产生有害影响。因此，寻找其他提高汽油辛烷值的化学物质一直是汽油无铅化的研究方向。这也是一个绿色化学中拒用危害品的实例。

我国北京、上海、广州早在 1997 年 6~10 月就率先在全国实现了汽油无铅化，目前全国范围车用汽油已全部无铅化。为了寻找四乙基铅的代用品，目前含氧有机物如乙醇（CH_3CH_2OH）、二甲醚（CH_3OCH_3）、甲基叔丁基醚（MTBE）、甲基叔戊基醚（TAME），以及茂金属化合物（如甲基环戊二烯三羰基锰）等的研究异彩纷呈。

其中，MTBE 已经进行了规模化生产，并大量使用。作为一种混合醚，MTBE 可以用取代反应合成，TAME 也类似。很明显，这些反应的原子利用率都不是 100%。相关的反应式如下：

$$\text{(CH}_3\text{)}_3\text{C—ONa} + \text{ICH}_3 \longrightarrow \text{(CH}_3\text{)}_3\text{C—O—CH}_3 + \text{NaI}$$
MTBE

$$\text{ONa} + \text{ICH}_3 \longrightarrow \text{O—CH}_3 + \text{NaI}$$
TAME

事实上，工业上是通过酸催化下甲醇（CH_3OH）与异丁烯的反应实现 MTBE 的制备的，而它正是一个原子利用率为 100% 的实例，反应式如下：

$$\text{(CH}_3\text{)}_2\text{C=CH}_2 + \text{HO—CH}_3 \xrightarrow{\text{H}^+} \text{(CH}_3\text{)}_3\text{C—O—CH}_3$$

尽管 MTBE 已经投入了规模使用，但在美国有科学家认为 MTBE 可能对人类具有毒性，甚至目前尚在开发的甲基环戊二烯三羰基锰也被怀疑具有潜在致癌性。——毒性，特别是长期毒性，不是一朝一夕可以发现的。

因此，比较安全的乙醇受到重视，但达到理想效果时其添加量需要达到 10% 左右，此时不宜称乙醇为添加剂。——或许，使用醇类汽油等是解决绿色交通中环境污染和能源危机的根本出路（第十章）。【微课视频】

汽油添加剂——
乙醇汽油及其发展历程

第二节 绿色消毒与漂白

一、二噁英——传统消毒、漂白剂氯气带来的危害

在传统的消毒、漂白领域,常用的试剂是氯气(Cl_2),利用的是其生成的次氯酸($HClO$)的氧化性,反应式如下:

$$Cl_2 + H_2O \rightleftharpoons HClO + HCl$$

但是,氯气对有机物的氯化作用,可能会导致有毒有机物如氯仿($CHCl_3$)、二噁英($Dioxin$)的生成。特别是"谈虎色变"的二噁英的生成,使氯气由曾经"消毒必氯气"的辉煌时代走向终结。【微课视频】

绿色消毒与漂白——次氯酸和二噁英

(一)二噁英的恐怖史

1999年初,比利时等国饲料因被二噁英污染,导致畜禽类制品、乳制品中二噁英严重超标,引起欧洲食品严重滞销,这就是全球瞩目、轰动一时的"二噁英事件"。

之所以如此,是因为二噁英的毒性约是氰化钾(KCN)的1000倍,是人类目前发现的最毒的化合物(天然的生物毒素除外,第三章)之一,被称为"毒中之王"。其实,科学家在20世纪70~80年代就发现了二噁英对人类的"悄然攻击"。

[案例1]

Times Beach(1983年的人口约为2000人)是坐落在美国密苏里州的圣路易斯西南方向40km(25英里)处的一个小镇。该镇起始于20世纪20年代,作为圣路易斯的工作阶层的度假胜地。而后,Times Beach很快变成了由小房子和活动住宅营构成的永久村落。

1982年,人们发现Times Beach路边的土壤被毒性化学物品二噁英污染。该镇是密苏里州中至少26个也许多达100个被污染的地带之一,这些地带的土壤里二噁英的含量在$3 \times 10^{-7} \sim 7.4 \times 10^{-7}$。美国联邦疾病控制中心测定,如长期接触高于$10^{-9}$二噁英含量的都将有危险。

由于1982年末的一场洪水,Times Beach居民的遭遇更加恶化。在这场洪水中,约700户人家被迫撤离。洪水过后,美国政府劝告居民们,不要试图清理因洪水而沉积在他们家中的污泥和碎片,并提供了避难所,而且史无前例地决定动用3300万美元作为毒废物清理专用款买下了整个镇。

[案例2]

位于美国纽约州尼加拉瀑布市的Love Canal的一场大灾难,涉及长久性污染的问题。在20世纪30~50年代,一家化学与塑料制品公司曾用该地的一个旧河床作为化工产品的垃圾场。这片土地于1953年被划拨给了尼亚加拉瀑布城。而后,一座学校和一片房屋建

在这片土地上。

1971 年，多年被抛弃在那里的化学品开始从为密封垃圾所用的填土层下泄漏出来。结果这片土地被至少 82 种化学品所污染，其中包括一些被怀疑有致癌性的物品，如苯、一些卤代烃以及二噁英。在 Love Canal，由化学接触引起的健康问题有天生缺陷、流产及肝癌，在这些居民的孩子中还多发急性神经病。

因此，该地区被正式列为灾区。美国政府国家动用了 1000 万美元来购买其中的一些房屋，并用另外 1000 万美元试图终止毒物的泄漏。为此，大约有 1000 户居民不得不搬家。直到 1990 年，一部分被污染的地方才被清理得足够干净，使得位于那里的一些房屋可以出售。

（二）二噁英的结构

二噁英是一类具有高毒性的芳香族化合物的总称，母体结构如下面的 A 所示。二噁英中毒性很强的一类化合物是 A 的各种氯代物（单氯代或多氯代），因为芳环上可被氯取代的氢很多，因此各种氯代二噁英数目惊人。

以 A 的二氯代化合物为例，其异构体共有 10 种。研究表明，二噁英类化合物中毒性最强的是 A 的一种四氯代物 B，其二个氯原子处于相邻的位置，且结构具有很强的对称性和"美感"。

（三）二噁英的产生

科学研究表明，用氯气对自来水进行消毒、杀菌时，尤其是水中含有酚类物质时，极易生成二噁英等有害的有机氯化物，其原因是氯化作用生成氯代酚，而氯代酚可以进一步相互结合而消去小分子，生成二噁英类物质，反应式如下：

除氯气消毒、漂白可能会产生二噁英外，使用卤代酚为原料的化学反应（如 2,4-D 的合成——第七章）、森林燃烧、焚烧垃圾（尤其是含氯等卤素的垃圾，如 PVC 的焚烧处理——第十一章）等，都可能生成二噁英。

绿色化学通用教程（第 2 版）

二、绿色漂白、消毒剂的开发

有漂白、消毒作用的氯气的代用品,可用二氧化氯（ClO_2）或不含氯的过氧化氢（H_2O_2）、臭氧（O_3）等物质,使用它们的无污染漂白、消毒技术,将对传统的有严重环境污染的造纸厂纸浆氯化漂白和次氯酸盐漂白以及自来水消毒等产生绿色革命。

（一）二氧化氯

鉴于 Cl_2 可能导致生成二噁英的副作用,目前有用只具有氧化作用的自来水消毒剂（如 ClO_2）的趋势。ClO_2 是一种易爆的气体,易分解,因此通常现场制备、现场使用,其制备原理是氯酸盐（如氯酸钾,$KClO_3$）与还原剂（如二氧化硫,在反应体系中由亚硫酸钠和硫酸直接产生）反应,反应式如下:

$$2KClO_3 + Na_2SO_3 + H_2SO_4 = 2ClO_2 \uparrow + K_2SO_4 + Na_2SO_4 + H_2O$$

为了防止 ClO_2 爆炸,在上述制备过程中要通入氮气（N_2）将 ClO_2 冲淡并吹出。如果使用草酸（HOOC—COOH,分子式 $C_2H_2O_4$）为还原剂,则可以不必通入 N_2,这是因为反应体系本身有二氧化碳（CO_2）生成,能起到冲淡并吹出 ClO_2 的作用。亦可以用甲醇（CH_3OH）代替草酸进行上述制备而不必通入 N_2。相关的反应式如下:

$$2KClO_3 + H_2C_2O_4 + H_2SO_4 = 2ClO_2 \uparrow + 2CO_2 \uparrow + K_2SO_4 + 3H_2O$$

$$6KClO_3 + CH_3OH + 3H_2SO_4 = 6ClO_2 \uparrow + CO_2 \uparrow + 3K_2SO_4 + 5H_2O$$

ClO_2 不仅可以用于自来水消毒、杀菌,也可以用于纸浆等的漂白,同样不会生成二噁英等有害的有机氯化物,因此 ClO_2 被称为"绿色试剂"。

另外,国内外也开发了以稳定二氧化氯作为主要成分的洗涤消毒剂。该类产品多以液体状态为主,可广泛用于家庭中洗涤水果、蔬菜、餐具等,并能杀灭多种病菌。

（二）臭氧

除 ClO_2 外,臭氧也可作为"绿色试剂"应用于自来水消毒、纸浆漂白。众所周知,造纸术是华夏子孙为之自豪的中国四大发明之一。然而,造纸行业所带来的污染却让我们深感头痛,它的严重性已经引起了世界各国的广泛关注。

当今世界各国的造纸厂多用氯和次氯酸钠漂白纸浆,这种工艺严重污染环境,且氯导致致癌物的产生。但在用臭氧漂白纸浆的过程中,严格控制臭氧漂白和反应器中水的注入量,以便进行水洗并将纸浆分离出来,因而不存在用硫黄处理时的废气和臭味,基本上消除了氯气漂白所带来的污染。

臭氧可用臭氧机生产,通以 11 万伏的高压,便可产生,而且效率越高,成本越低。我们有丰富的资源,若应用无污染造纸新技术,我国定能成为世界造纸和纸浆生产和出口大国,使造纸业在具有 5000 年文明的古国中再铸辉煌。

（三）过氧化氢

以氯为活性组分的消毒剂,如氯气、次氯酸钠（NaClO）,具有杀菌效果明显的优点。但是,为明确达到杀菌效果,含氯消毒剂的使用方法规定必须达到一定的残留,这更容易引起副作用。

以过氧化氢为活性组分的绿色消毒剂，不仅具有良好的杀菌效果，而且无色无味，其残留物过氧化氢在水中会很容易分解为氧气和水，无任何有害残留物，因此是环保型消毒剂。这类产品可广泛应用于家庭及医院、学校等公共场所，也可以应用于饮料行业挥手包装物及生产装置的消毒。

（四）高铁酸盐

早在 1702 年，高铁酸盐就被德国化学和物理学家 Georg Stahl 首次发现。1897 年，终于在实验室合成高铁酸钾（K_2FeO_4）。但作为一种新型水处理剂，高铁酸盐是 20 世纪 70 年代以后开发成功的。

高铁酸盐（钠、钾）是六价铁盐，具有很强的氧化性，溶于水中能释放大量的原子氧，从而非常有效地杀灭水中的病菌和病毒。与此同时，自身被还原成新生态的氢氧化铁 $[Fe(OH)_3]$。这是一种品质优良的无机絮凝剂，能高效地除去水中的微细悬浮物。

实验证明，由于其强烈的氧化和絮凝共同作用，高铁酸盐的消毒和除污效果，全面优于含氯消毒剂和高锰酸盐。更为重要的是，它在整个对水的消毒和净化过程中，不产生任何对人体有害的物质。因此，高铁酸盐被科学家们公认为绿色消毒剂。

（五）超临界水

据报道，日本一家公司正在研究用"超临界水"作高级蔬菜的消毒剂。这种特殊的水不会污染环境，是清洁绿色蔬菜的理想洗涤剂。

"超临界水"是水处于临界温度 374℃、228MPa（225 个大气压）以上状态的存在形式，它既不是气体，也不是液体。水在这种状态下具有较强的消毒功能，通常在常温常压下无法分解的物质，如二噁英等在这种状态下也会被分解。

虽然超临界水的制造成本较高，但是由于它不存在残留药物等危险性，因此仍有利用价值，可望用于喷洒人参及名贵蔬菜。

第三节　绿色涂料的开发

一、绿色涂料的含义

涂料是由高分子物质、颜料、填料、助剂和有机溶剂等组成的混合物，并能涂覆在基材表面形成牢固附着连续涂膜的新型高分子材料。涂料常用于建筑装修、汽车行业、海洋船舶等的美化与材料保护。

在涂料生产与使用中产生大量"三废"，特别是涂料中的挥发性有机物（如溶剂、助剂等），造成对环境的污染，影响了人类健康。因此，绿色涂料的生产、应用和发展研究成为当前涂料行业的主要课题。

目前，绿色涂料的开发，主要为控制涂料中挥发性有机物（VOC），如甲醛、卤化物或芳香族碳氢化合物等的总量，不用或少用有机溶剂，严格限制有毒溶剂的使用，降低有机溶剂的毒性，追求低公害（或无公害）和低毒（或无毒）的涂料。

二、涂料本身的绿色化——海洋涂料

（一）海洋船舶的涂料污染

在船体的表面往往会长满有害的海藻和贝壳，形成积垢。涂料对海洋的污染主要是船体防垢涂料对海洋水体的污染。防垢涂料的作用是阻止海中生物如贻贝、海藻等在吃水线下船体的生长。因为船体长了海生物就会增加阻力，使航速下降，燃料消耗会增加40%~50%。船体涂以防垢漆，可减少海生物的依附，保持其清洁。

有机锡化合物，如三丁基氧化锡（TBTO）被用来控制海藻和贝壳的生长。自20世纪60年代人们发现有机锡的防垢特性以来，有机锡特别是三丁基锡防垢涂料得到越来越广泛的应用。有机锡防垢涂料可有效减少海洋污损生物对海洋船舶和建筑物造成的危害，控制船体积垢的增长，但是会带来广泛的环境问题。

有机锡化合物会持久地存在于环境中，并带来某些毒害，包括急性毒性、生物累积、降低再生能力和增加贝壳类生物的贝壳厚度。20世纪80年代以来，人们发现TBTO对环境有许多负面影响，每年均有3000吨TBTO等防垢涂料进入海洋，从而对海洋环境产生很大影响，甚至对海湾、港口、船坞等局部海域的海洋生物带来毁灭性威胁。

有机锡化合物作为防垢涂料进入海洋环境，尤其是TBTO化合物，是进入海洋环境毒性最大的污染物之一。TBTO化合物能够使牡蛎壳增厚、空腔；在牡蛎贝壳的空腔中有大量的胶状蛋白质，不能正常钙化；TBTO可以影响螺体内激素代谢，在雌体内产生雄性激素睾酮，雌体表现雄性特征。

例如，20世纪70年代末有机锡污染曾使法国防卡琼湾的牡蛎养殖业一度瘫痪，幼蚝和成体牡蛎养殖业直接经济损失近1.5亿美元。有关毒性试验表明，有机锡尤其是TBTO对鱼类毒性很大。鱼类对TBTO有很强的富集能力，富集系数为100~1000。

近20年以来，曾发现鲸和海豚大批冲滩自杀，其主要原因是鲸和海豚喜欢追逐海船，海船中的有机锡毒害了动物脑神经细胞，使其丧失方向，具有集体行动习性的动物，当其中一头中毒冲滩后，其余便盲目跟进形成"集体自杀"。

这些有害的影响导致了美国1988年关于限制使用防船体积垢的有机锡涂料的法案。这个法案限制了有机锡化合物在美国的使用，也促使美国环保局（EPA）和海军开展寻找有机锡化合物替代物的研究。

（二）新型海洋涂料——"海洋9号"

有机锡防污涂料对海洋生态环境和海洋渔业资源破坏性影响已引起了人类的警觉和重视，限制乃至禁止使用有机锡防污涂料还在进行之中，取而代之的将是无锡（Sn）或其他新型的无毒防污涂料，以保护海洋水体和保持海洋生态的平衡。

理想的防船体积垢的化合物是，既能在大量的海洋生物中防止某些海藻和贝壳等在船体表面上的生长，又不会毒害其他的生物。例如，美国Rohm & Haas公司开发出"海洋 9 号"——4,5- 二氯 -2- 正辛基 -4- 异噻唑啉 -3- 酮（结构式如下），可作为新的商用防船体积垢涂料。该公司因此荣获首届（1996 年）美国"总统绿色化学挑战奖"设计更安全化学品奖。

$$\text{4, 5- 二氯 -2- 正辛基 -4- 异噻啉 -3- 酮}$$

"海洋 9 号"能非常快地被降解，在海水中半衰期为 1 天，而在地下仅 1h。三丁基氧化锡的降解要慢得多，在海水中的半衰期为 9 天，而在地下为 6~9 个月。另外，"海洋 9 号"的生物积累基本上为零。因此，万一涂料中的"海洋 9 号"进入海洋环境，也影响很小。

（三）我国海洋涂料的现状

人们过去往往把目光聚集在室内装饰涂料上，但是作为一个更为新兴的行业，海洋涂料已经成为人们日益关注的焦点。我国是海洋大国，拥有丰富的海洋资源和蓬勃发展的海洋产业，海洋腐蚀与防护将是我国经济发展中急需认真解决的问题。

上述的船舶防污涂料只是海洋涂料中的一种，海洋涂料按用途的不同分，还包括集装箱涂料、海洋混凝土构造物防腐涂料，以及海上桥梁和码头钢铁设施、输油管线、海上平台等大型设施的防腐涂料等。

其中，海洋防腐对涂料的质量要求很高，一般要求其保护期至少在 10 年以上，属于重防腐领域（重防腐涂料是指能在恶劣腐蚀环境下应用并具有长效使用寿命的涂料）。在一定程度上，重防腐涂料的发展水平标志着一个国家防腐涂料的发展水平，甚至标志着一个国家的科技发展水平。

海洋防腐涂料的开发研制周期长、投资大、技术难度高且风险大，因此国外海洋防腐涂料研发主要集中在实力雄厚的大公司或靠政府支持的部门。例如，英国的国际船舶漆公司、丹麦的 Hemple、荷兰的 Sigma、挪威的 Jotun 及日本关西涂料等几家大公司及美国、英国等国的海军部，均有上百年的相关涂料开发历史。

我国海洋防腐、防污涂料的开发主要集中在青岛、上海、大连、天津、常州、广州及厦门等几家油漆厂，目前已经开发出一些海洋防腐、防污涂料的品种。近年来，虽然建立了"中国船舶工业船舶涂料厦门检测站""海洋涂料产品质量监督中心"等质量管理监督机构，但整体技术水平仍落后于先进国家。

目前，我国海洋防腐涂料市场呈现十分激烈的竞争态势，国外大涂料公司的合资或独资企业几乎占领了我国海洋涂料的主要市场。在海洋防腐、防污涂料的船舶涂料领域，全球十大船舶涂料公司在 2003 年就已全部进驻中国，并建有生产基地。因此，我国海洋涂料研究需要我们不懈的努力。

三、涂料溶剂的绿色化——水性涂料

由于涂料中 VOC 污染大气，严重损害人类的生态环境。为了保护人类赖以生存的环境，许多国家尤其是发达国家对溶剂涂料的限制越来越严格。从减少 VOC 排放量的角度出发，开发对环境友好的介质作溶剂的涂料成为绿色涂料的重要发展方向。【微课视频】

（一）绿色溶剂——乳酸乙酯

一些公司已开发出对人体健康和环境无害的"绿色溶剂"。在加拿大，制造商正在考虑或者已经开始推广这些新产品，如乳酸乙酯，结构式如下。

乳酸乙酯

水性涂料

乳酸酯无毒、可生物降解，并能提供优良的溶解性，能够很好地取代目前油漆、涂料和其他工业用途中有毒卤化溶剂的使用。

以前，乳酸酯这种溶剂的价格非常昂贵，达到 1.60~2.00 美元 / 桶，这使配方制造商很难选择使用该绿色溶剂。后来，芝加哥的 Argonne 实验室开发出一种加工技术，可将高纯度的乳酸乙酯和其他由碳氢原料中提炼的乳酸酯混合，它使乳酸乙酯的市场价降到了 1 美元 / 桶以下。

该专利加工技术是一个净化和分离系统，它使用具有选择性的膜去除过多水分，达到 100% 的反应，而且纯度很高，加工成本也很低。该系统可用多种发酵生成的有机酸和有机盐生产多种酯。

使用这种新的加工技术生产的乳酸酯非常具有环保性，其商业化前景也非常可观，估计可取代美国年溶剂耗用量 380 万吨中的 80%，其中一些溶剂还可取代氯氟碳和乙烯乙二醇醚。

该溶剂可使用在专用水性和高固体分涂料配方、专用油漆清洗材料、气雾剂和胶黏剂中，目前这些绿色涂料已经开始商业销售。美国唐纳斯格罗夫的溶剂公司 Vertec BioSoiVents 已从 Argnne 实验室获得了用玉米和黄豆生产乳酸乙酯的专利许可。

乳酸乙酯可 100% 地生物降解，并可分解成二氧化碳和水。该公司称这种乳酸乙酯非常易于回收，且成本低廉。这种产品不破坏臭氧，无致癌物，无腐蚀性，而且对需要出口到美国的油漆制造商来说，它完全能满足美国关于可挥发性化合物的法规。

Vertec 公司还用乳酸乙酯和大豆脂肪酸甲酯溶剂生产源自玉米和大豆的酯混合物。来自 Vertoc 公司的人士说，这种溶剂在油漆、涂料、墨水等配方产品中使用，对树脂、聚合物、染料有很强的溶解性，而且沸点高，蒸汽压力低，表面张力小，对各种颜料有良好的润湿性，对自然物质的渗透性强。

一直以来欧洲市场都是环保产品的支持者，Chemoxy 国际公司是一家生产用于油漆、涂料、油墨和表面清洁剂产品的环保溶剂的英国公司，它已经开发出一系列的环保产品，该产品已被欧洲涂料和油墨行业广泛接受，可用于各种涂料配方中，包括卷材涂料、聚酯和环氧底漆、汽车表层涂料、木制品涂料、丙烯酸清漆、密封剂和蜡等。

在环保法规越来越严格的今天，众多的公司都在角逐非溶剂型的其他涂料技术以保证自己在市场中的未来地位，在耗费巨资以达到溶剂型涂料效果的漩涡中挣扎。然而，并非溶剂就一定是涂料的症结。不妨从绿色溶剂入手，同样可以开发出环保的高效涂料，也许这其中会有另外一片天地。

（二）水性涂料

涂料溶剂的绿色化，最常见的是以水为溶剂，因为水无毒、无刺激、不燃、来源容易和成本低。这就是20世纪60年代初期研制出的一类新型环保低污染涂料——水性涂料。水性涂料以水为分散介质，具有不燃、无毒、不污染环境和节省资源等优点。

水性涂料一般包括3种：

①将水溶性高分子化合物（水性涂料树脂）溶解在水中配制而成，如106涂料就是用水溶性的聚乙烯醇配制的；

②以高分子乳液配制而成，通常称为"乳胶漆"；

③水性漆，即涂刷后水分蒸发，高分子化合物颗粒与特种助剂结合形成高附着力的防水涂膜。

常用的水性涂料树脂有聚氨基甲酸酯、聚酯、环氧树脂、尿醛树脂等。近年来，出现的许多新型水性树脂。例如，水溶性氟化聚合体硅烷醇树脂（结构式如下），VOC < 100 mg/L，其中氟化部分具有防水、防油性能；阴离子基、非离子基和亲水基可使聚合物溶于水而减少溶剂的使用。

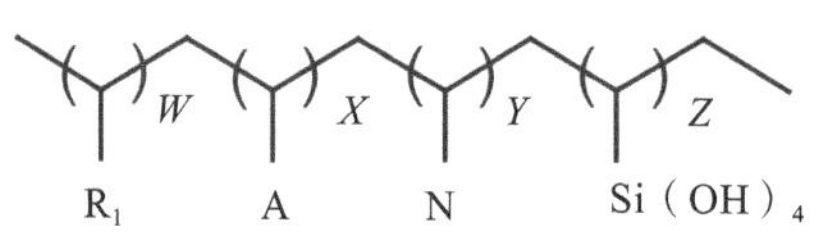

R_1：氟化部分；　A：阴离子基；　N：非离子基；　$W \neq X \neq Y \neq Z$
水性氟化聚合体硅烷醇树脂

又如，水性氟化聚烯烃树脂（结构式如下），由于C—F键能大于C—H键，起到保护C—C键作用，使其具有良好的耐蚀性和耐候性；而某些汽车用水性涂料，使用含羟基的水性树脂为主剂（结构式如下），所得的涂膜透明性好。

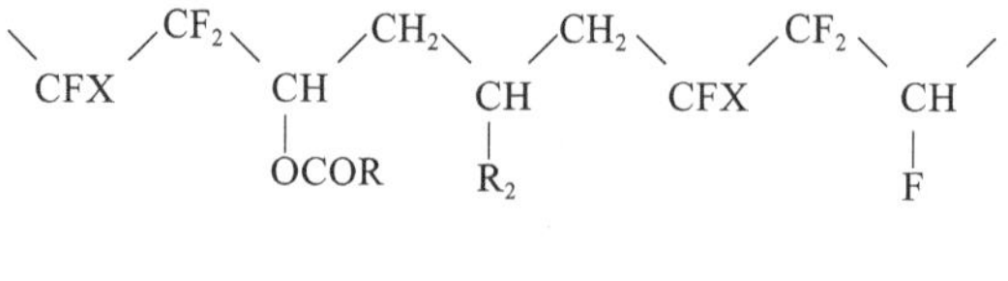

水性氟化聚烯烃树脂

含羟基的汽车用水性树脂

四、涂料溶剂的趋零化——粉末涂料

与固相合成技术的思路类似，如果将溶剂涂料中的溶剂用量大大减少，甚至趋零化，也可以实现绿色涂料的开发。目前，这方面也有成功的报道。

（一）高固含量涂料

高固含量涂料即固体含量很高的涂料，其固含量一般为 60%~80%。现在，高固含量涂料正向着 100% 固含量发展，也就是无溶剂涂料，如近几年迅速发展起来的聚脲弹性涂料等。高含量涂料在保护生态环境方面的优势，使其成为建筑涂料发展的重要方向。

目前，高固含量涂料研究开发的重点是低温（或常温）固化型和官能团反应型。另外，固化快，且耐酸碱、耐擦伤性好的高固含量醇酸涂料，具有较低的黏度和较短的触干时间，并能生成既硬又韧的涂膜，也成为研究开发的热点。

（二）粉末涂料

粉末涂料以固体状态生产和涂装，不含大量有机溶剂及水。这点不同于传统的溶剂型和水性涂料。由于没有有机溶剂，就避免了有机溶剂对大气的污染和对施工人员的健康带来危害。

粉末涂料主要分为热塑性粉末涂料和热固性粉末涂料。一般粉末涂料的固化时间多为（180~200）℃/（20~30）min，烘烤温度较高，烘烤时间较长，劳动生产效率低。而新开发的低温快速固化型粉末涂料的烘烤温度只在 150 ℃ 只需几秒钟就能迅速干燥和固化，适用于木材和塑料等热敏性材料的粉末涂装。

美国 PPG 公司开发的 Enviracryl 涂膜薄层化粉末涂料，用于宝马（BMW）公司的 5 系列与 7 系列轿车涂装。这种粉末涂层透明，可像水浆一样喷涂，效果颇佳。

自 20 世纪 70 年代初世界发生石油危机以来，粉末涂料就以其环境友好性、良好的经济性、劳动生产率高、便于自动化生产、涂膜性能优良等特点，成为发展迅猛的涂料新品种和新工艺。2000 年我国粉末涂料产量已经排在世界第三位，近年来产量一直保持着两位数的增长速度。

（三）辐射固化涂料

辐射固化涂料具有高效、节能、无污染等优点，主要有紫外光（UV）和电子束（EB）固化等方式。其中，UV 固化涂料在北美、日本、欧洲得到了很大的发展，进入较为成熟的阶段。另外，UV 固化粉末涂料发展迅速。

辐射固化与其他固化方法相比，具有许多独特的优点。

①固化速度快：一般在 1s 内即可固化，最慢也不会超过 1min，故可大大提高生产效率。显然，辐射固化更易于满足大规模自动化生产的需求，如纸张上光时其速率可达 4000~6000 张 /min。

②无污染：固化成膜率为 100%，没有 VOC 排放，故对大气无污染，有利于环境保护。

③减少场地：流水线上涂装易于实现自动化。

④节省能源：UV/EB 固化为光源照射，无须蒸发溶剂和加热基材，其能耗一般仅为

热固化的 0.1~0.2。

⑤提高产品档次：UV 固化无溶剂挥发，故固化膜均匀，表面光洁，在满足多项主要性能的前提下比热固化涂层有更好的使用性能和外观。

⑥降低成本：由于 UV 固化成膜率高，减少了溶剂损失，加上又节省了能源，故降低了产品成本。

⑦能满足特殊要求，包括某些高新领域和新的加工方法。

五、其他绿色涂料——新型功能涂料

功能性涂料

近来，还涌现了一大批以新型生态功能涂料为代表的绿色涂料。新型生态功能涂料是一种对环境无污染，对人居环境有益的健康型涂料，其种类很多，如空气净化功能涂料、抗菌涂料、杀虫涂料、防辐射涂料（防氡涂料）、远红外保健涂料等。【微课视频】

（一）空气净化功能涂料

这种涂料能够有效解决自然界中自由基未能化合的污染物质，如游离的甲醛、苯、酚等有害物质。

目前，国内开发的负离子内墙涂料不仅具有高强度、持久性和明显的装饰作用，而且在涂覆成膜后，空气中的水分子可以通过高分子膜的空隙与涂料中的负离子材料碰撞，在负离子粉体颗粒电极附近的强电场作用下，电离成氢氧根离子和氢离子。氢氧根离子进入空气，吸引空气中水分子，形成水合羟基离子，即为空气负离子，从而增加空气中负离子的浓度，达到改善环境的目的。

由北京纳美公司研制的"光催化"环保涂料亦进入了实用阶段。该涂料是采用纳米锐铁型二氧化钛光催化活性与高耐久性外墙制备技术相结合制成的功能性环保涂料，能够有效分解空气中氮氧化物、硫化氢、甲醛等有害气体，改善大气质；还可以杀灭涂层表面各种细菌；并且具有超亲水性，雨水可冲刷掉污染物，实现自清洁。

（二）杀虫涂料

杀虫涂料是在涂料中加入了有机杀虫剂，具有杀虫功能。中国专利公开了一种对人类无污染的杀虫涂料。该发明的技术方案是以中草药作为涂料中的杀虫剂，将此杀虫剂复配到涂料中，不仅长效而且对人体无毒、没有异味。

（三）防辐射涂料

目前，应用中的防辐射涂料主要有吸收电磁杂波涂料和防氡涂料。吸收电磁杂波涂料是在基料中加入电损耗或磁损耗填料，使由空间进入涂层中的电磁杂波能量转化为热能，减少或基本消除反射电磁波，从而使置于环境中的人免受电磁辐射损害的功能性"绿色涂料"。

（四）抗菌涂料

抗菌涂料是在涂料基料中加入抗菌剂，使其具有抗菌或杀菌功能。根据加入的抗菌剂的类别可分为有机抗菌涂料、无机抗菌涂料与复合抗菌涂料。

无机抗菌涂料是通过载体上的抗菌金属离子，使其周边产生能灭菌的活性氧，并能渗透到细菌的细胞杀灭细菌，从而起到多重的强灭菌作用。当细菌被杀灭后，金属离子又从细菌尸体中游离出来，重复灭菌功能，具有无可比拟的长效性。

由我国自行研制成功的灭菌耐洗刷涂料，就是利用无机抗菌剂在涂层中的缓释作用，杀灭附着的各种细菌和霉菌。该种涂料对人体无毒无害，性能稳定，长期有效，其耐洗刷性能高达一万次以上。

国内已开始批量生产抗菌乳胶漆，该产品具有消除异味、广谱抗菌的作用。经急性皮肤刺激试验与口毒性试验，无刺激性、无毒。这种产品既能满足高、中、低档家庭装修需求，又适用于医院、食品加工等公共场所的特殊需要。

（五）保健涂料

远红外保健涂料是在涂料中掺入常温远红外释放基元材料，在常温下吸收外部的热能，并将其转换为一定波长的远红外线，它对生命体尤其是对人体能起到生物效应，促进微循环，提高人体的新陈代谢和免疫功能。

（六）全氟碳涂料

作为绿色环保涂料的典型代表，全氟碳涂料以高效、环保、无毒和应用广泛等特点，在最近十年的应用研究中得到了较大发展。它的低表面能和低附着力特性，使之具有较好的耐候性、耐寒性、耐高温、耐腐蚀、耐污垢及表面自洁性能等，广泛应用于传统涂料无法替代的重要场合。

例如，高级车辆装饰、火箭、飞机表面涂饰，以及飞机表面使用全氟碳涂料，其效用可达 20 年以上。在海军舰艇、轮船底部涂覆可防止海洋生物的污损附着，并对生物无毒害作用。在大型桥梁建筑使用可防腐，如重庆酸雨较为严重地区的嘉陵江大桥，1993年至今仍完好无损。但全氟碳涂料由于其生产成本高，推广应用受到一定的限制。

思考题

一、判断题

1. 溶剂涂料都不可能是绿色涂料。

2. 溶剂涂料中的溶剂用量大大减少，甚至趋零化，也可以实现绿色涂料的开发。

3. 我国海洋涂料研究居于世界领先水平。

4. 水性涂料以水为分散介质，具有不燃、无毒、不污染环境和节省资源等优点。

5. 无铅汽油的开发，是绿色化学产物绿色化的体现。

二、选择题

1. 甲基叔丁基醚 $[CH_3OC(CH_3)_3]$ 可以用下列几种方法合成，其中原子经济性最好的是（反应均在一定条件下进行）（　　　）。

A. $CH_3OH+CH_2=C(CH_3)_2 \longrightarrow CH_3OC(CH_3)_3$

B. $CH_3OH + HOC(CH_3)_3 \longrightarrow CH_3OC(CH_3)_3 + H_2O$

C. $CH_3ONa + ClC(CH_3)_3 \longrightarrow CH_3OC(CH_3)_3 + NaCl + CH_3OH + CH_2\!\!=\!\!C(CH_3)_2$

D. $CH_3Br + NaOC(CH_3)_3 \longrightarrow CH_3OC(CH_3)_3 + NaBr$

2. 可作为绿色漂白、消毒剂的化学试剂有（　　　　　）。

A. 高铁酸钾　　　　　　　B. 二氧化氯　　　　　　C. 臭氧　　　　　　　D. 过氧化氢

E、氯气　　　　　　　　　F. 次氯酸钠　　　　　　G. 氯酸钾　　　　　　H. 超临界水

3. 下列属于绿色涂料的是（　　　　　）。

A. 水性涂料　　　　　　　B. 粉末涂料　　　　　　C. "海洋9号"　　　　D. TBTO

4. 下列属于绿色涂料溶剂的是（　　　　　）。

A. 水　　　　　　　　　　B. 乳酸乙酯　　　　　　C. 氯仿　　　　　　　D. 苯

三、写出下列化学物质的名字，并写出与其性质、用途等相关的一句话

1. $Pb(CH_2CH_3)_4$　　　2. $PbBr_2$　　　　　3. Pb　　　　　4. CH_3CH_2OH　　　5. CH_3OCH_3

6. CH_3OH　　　　　　7. Cl_2　　　　　　8. $HClO$　　　　9. $CHCl_3$　　　　10. $NaClO$

11. KCN　　　　　　　12. ClO_2　　　　　13. O_3　　　　　14. H_2O_2　　　　15. N_2

16. CO_2　　　　　　　17. $HOOC\!-\!COOH$　　18. $Fe(OH)_3$　　　19. K_2FeO_4　　　20. Sn

四、问答题（贵在创新、言之成理）

1. 汽油添加剂有何意义？为什么要发展无铅汽油？

2. 作为目前广泛使用的新型汽油添加剂，甲基叔丁基醚马上就被科学家质疑具有致癌性，甚至被呼吁禁止使用。你作为一名消费者和普通民众，如何看待其中的争议？

3. 查阅文献资料，了解甲基叔丁基醚的性质、制备、应用与发展前景等，就其中的一个方面撰写一篇小论文（注意格式与尊重知识产权）。

4. 查阅文献资料，了解国内外新开发的汽油添加剂研究现状，撰写一篇小论文（注意格式与尊重知识产权）。

5. 查阅文献资料，了解二噁英的形成、性质、危害、检测与治理等情况，撰写一篇小论文（注意格式与尊重知识产权）。

6. 查阅文献资料，了解国内外绿色漂白、消毒的研究与应用情况，撰写一篇小论文（注意格式与尊重知识产权）。

7. 你作为一名消费者，如何理解绿色涂料？谈谈你的个人体会。

第三部分

绿色浪潮中的绿色生活——
绿色化学的外延拓展与应用之一

第六章　绿色食品与生态农业

农业是为社会提供生产资料和生活资料的传统产业，是人类维持生存和发展的基础，一个国家的经济发展在很大程度上要以坚实的农业作为后盾。为了适应社会日益发展的需求和人口过度增长的压力，农业也经历了一次又一次的技术改革和革命，以适应人类对农业的依赖。

第一节　农业的绿色革命

一、石油农业与第一次绿色革命

按动力与肥料划分，人类农业的发展经过了"原始农业（刀耕火种）——传统农业（畜力、农家肥）——近代农业（大量化肥来自于石油资源或石油能源，杀虫剂等农药大部分依赖于石油化工原料生产，农业机械化的能源也离不开石油，因此近代农业也称为石油农业）"等历程。

其中，近代农业中掀起的第一次绿色革命引人注目。20 世纪 60 年代，世界各国开展了一项粮食单产增长的革命，并将高产谷物品种（如"墨西哥小麦"和"菲律宾水稻"等）推广到亚洲、非洲和南美洲的部分地区，促使其粮食增产，这场技术改革被称为"绿色革命"。

这场绿色革命的直接效果，是亚洲水稻和全球玉米获得了前所未有的丰收，小麦产量翻了一番，每年可以多产出数千万吨粮食，对解救世界人口饥饿起到了积极的作用。因此，高产成为这场革命持续发展最引人注目的标志，而绿色革命的基础则是产量得到提高的农作物新品种、化肥和其他化学品的广泛应用。

然而，在粮食产量大大提高的同时，第一次"绿色革命"也暴露了其严重的问题，即环境受到了极大的危害——因为新品种必须使用大量的化肥、杀虫剂和水才能发挥全部潜力，直接导致土壤的严重退化，自然环境遭到空前的破坏，故成为一场以牺牲环境为代价的粮食增产革命。

20 世纪 90 年代初，又发现在其高产的谷物中矿物质和维生素含量很低，用作粮食常因维生素和矿物质营养不良而削弱了人们抵御传染病和从事体力劳动的能力，最终使一个国家的劳动生产率降低，经济的持续发展受阻。因此,农业专家对第一次"绿色革命"的评价是"功过参半"。

在世界绿色浪潮的波及下，农业也受到了前所未有的挑战，传统的耕作农业和以石油为支柱的近代农业（包括第一次绿色革命）逐渐意识到安全、高效、持久发展的生态农业的必要性。在这种背景下，第二次绿色革命的萌芽逐渐随着现代农业（也称为绿色农业、生态农业、有机农业）时代的到来而开启。

二、生态农业与第二次绿色革命

在现代农业中，除继续提高产量、改善品质外，还要解决经济发展与资源短缺、人口增长、环境污染、食物安全的矛盾，适应农业和环境可持续地和谐发展的要求，以生态农业为发展目标的第二次绿色革命悄然兴起。【微课视频】 第二次绿色革命的具体内容离不开两点：

生态农业的绿色
革命

第一，在保持较高作物产量、改良品种的同时，大幅度降低农药、化肥和水资源的使用量，优化与平衡土地资源，保持经济、社会和环境的可持续发展，促进人与自然的和谐共处；第二，充分利用现代生物技术增加品种的抗病虫性、耐旱性、抗逆性和营养高效利用等生物性状，在技术层面上解决品种的质量，保持种质资源的稳定。

例如，以全新的基因工程科技，提高农产品对害虫的抵抗力，以及对恶劣气候和土地环境的适应能力；减少对杀虫剂、除草剂和化肥的依赖，更多地采用天然的农场管理方式，利用天敌制服害虫；请了解当地环境的农民共同参与，借助他们的经验结合到农产品的研究上。

事实表明，提高粮食产量和加强粮食保障，是能够与保护生态同时进行的。早1993年，就有科学家发表的一项调查，其对印度南部的生态农业以及与之对应的常规或化学密集农业进行了对照。结论是：如果在全国范围内推广生态农业，将会减轻土壤流失和贫瘠程度，同时又不会对粮食保障产生负面影响。

三、实例：现代农业中的"白色污染"与生物降解地膜

地膜覆盖栽培技术是我国应用面积最广的农艺技术之一。自1980年引入新疆兵团，随着技术革新和推广，广泛应用于棉花、玉米、马铃薯等诸多作物，至今已使用近40年。但由于连年铺设地膜，残膜污染状况日趋严重，成为制约兵团农业可持续发展的重要隐患。

近年来，地膜年投入量保持在150万吨左右，覆膜面积近3亿亩。2018年后由于地膜新国标的实施，地膜年投入量将超过200万吨。地膜覆盖技术的广泛应用对保障我国农产品安全做出了巨大贡献。同时，地膜覆盖应用区域广、时间长、地膜厚度薄、强度低，回收技术和机具缺乏，回收意愿不高等原因导致地膜大量残留在农田中，农田地膜残留已经成为我国特有的一种污染问题。尤其是在西北和华北北部地区，长期覆膜农田的地膜残留污染已经十分严重，造成土壤结构破坏、影响农事操作和作物生长、导致视觉污染、增加劳动力投入、影响农产品质量等一系列问题。

因此，生物降解地膜替代PE地膜是解决田地残留污染的重要手段之一。随着合成

技术、工艺和设备的改进与突破，生物降解地膜配方和工艺的改进和完善，生物降解地膜替代部分 PE 地膜已经成为可能。

2015 年以来，连续 4 年在全国 30 多个试验点、7 种农作物的实验结果显示，生物降解地膜的操作性、功能性、可控性、经济性是其能否大面积应用的关键；生物降解地膜在烟草、花生、西红柿、马铃薯、蔬菜等作物上具有较好适应性；区域上，华北和西北灌溉区、西南地区的生物降解地膜适应性较高，但在干旱和半干旱地区的旱作农业区，生物降解地膜的应用应该慎重。

第二节　绿色食品

一、绿色食品的含义

在生态农业与第二次绿色革命的潮流中，普通民众感受最深的，莫过于绿色食品了。所谓绿色食品，是对无污染的安全、优质、营养食品的统称。在美国、日本，被称为"有机食品"；在欧洲，也叫作"生态食品"。

绿色食品

【微课视频】

绿色食品并非是指"绿颜色"的食品，而是对"无污染"食品的一种形象表述。绿色象征生命和活力，而食品是维系人类生命的物质基础，故绿色食品则特指无污染的安全、优质、营养类食品。

自然资源和生态环境是食品生产的基本条件，由于与生命、资源环境相关的事物通常冠之以"绿色"，为了突出这类食品出自良好的生态环境，并能给人们带来旺盛的生命活力，因而将其定名为"绿色食品"。

准确地说，绿色食品应该是遵循可持续发展的原则，按照特定生产方式生产，经专门机构（如国内为中国绿色食品发展中心）认定，包装及广告许可使用绿色食品标志的无污染的安全、优质、营养食品的统称。

二、绿色食品标志、标准与分类

（一）中国的绿色食品管理机构及标志

中国的绿色食品由农业部中国绿色食品发展中心负责认证和管理。经过农业部中国绿色食品发展中心认证并达到绿食品标准的产品，允许使用绿色食品标志（图 6-1）。

绿色食品标志图形由三部分构成：上方的太阳、下方的叶片和蓓蕾，象征自然生态；标志图形为正

图 6-1　中国的绿色食品标志

圆形，意为保护、安全。

不同等级的颜色有所区别：AA 级绿色食品的标志底色为白色，标志图案及标志上的有关字体均为绿色；A 级绿色食品的标志则是底色为绿色，标志图案及标志上的有关字体为白色，象征着生命、农业、环保。

绿色食品标志在我国是统一的，也是唯一的。它是由中国绿色食品发展中心制定并在国家工商局注册的质量认证商标。绿色食品标志商标属证明商标，对符合绿色食品标准的产品给予绿色食品标志商标的使用权，实现质量认证和商标管理的结合。

（二）绿色食品的标准与分类

绿色食品具有极其明显的特征，那就是——出自良好的生态环境、实行从"土地到餐桌"全程质量控制、其标志受到法律的保护。根据绿色食品的要求，各国对绿色食品的生产制定了严格的标准，例如：

产品和原料产地必须符合绿色食品生态环境标准；农作物种植、畜禽饲养、水产养殖及食品加工必须符合绿色食品生产操作规程；产品必须符合绿色食品质量和卫生标准；产品包装、贮运必须符合绿色食品特定的包装、装潢标准。

在中国，绿色食品的标准分为两个技术等级——AA 级绿色食品标准和 A 级绿色食品标准。

1. A 级绿色食品标准

A 级绿色食品指在生态环境质量符合规定标准的产地，生产过程中允许限量使用限定的化学合成物质，按特定的生产操作规程生产、加工，产品质量及包装经检测、检查符合特定标准，并经专门机构认定，许可使用 A 级绿色食品标志的产品。

A 绿色食品标准要求产地的环境要符合《绿色食品产地环境质量标准》，其环境质量要求评价项目的综合污染指数不超过 1。

生产过程中，严格按绿色食品生产资料用量准则和生产操作程要求，限量、限品种、限时间地使用安全的人工合成农药、兽药、鱼药、肥料、饲料及食品添加剂，并积极采用生物方法，保证产品质量符合绿色食品产品标准要求。

2. AA 级绿色食品标准

AA 级绿色食品（此时等同国外的"有机食品""生态食品"）指在生态环境质量符合规定标准的产地，生产过程中不使用任何有害化学合成物质，按特定的生产操作规程生产、加工，产品质量及包装经检测、检查符合特定标准，并经专门机构认定，许可使用 AA 级绿色食品标志的产品。

AA 级食品标准要求生产地的环境质量（空气、土壤、地下水源等）符合《绿色食品产地环境质量标准》，生产过程中不使用化学合成的农药、肥料、食品添加剂、饲养添加剂、兽药及有害于环境和人体健康的生产资料，而是通过使用有机肥、种植绿肥、作物轮作、生物或物理方法等技术，培肥土壤、控制病虫草害，保护或提高产品品质，从而保证产品质量符合绿色食品产品标准要求。

三、中国绿色食品产业的发展

（一）中国绿色食品的发展历程

中国于 1989 年提出绿色食品的概念，1990 年 5 月 15 日正式宣布开始发展绿色食品，设立了绿色食品管理机构——中国绿色食品发展中心，逐步开展了绿色食品基地建设、标准的制定以及对外出口等工作。1993 年，中国绿色食品发展中心加入了有机农业运动国际联盟（IFOAM），开始与国际相关行业交流与接触。

1996 年，在参照有机食品国际标准的基础上，结合中国国情，制定与颁布了《绿色食品标志管理办法》，对绿色食品的生产和开发进行规范管理，逐步建立了涵盖产地环境、生产过程、产品质量、包装储运、专用生产资料等环节的质量标准体系框架，制定了 49 项绿色食品标准，注册了我国第一例证明商标——绿色食品标志商标，该标志在日本和我国香港地区也成功注册。

目前我国的绿色食品产业进入了快速发展时期。1990 年底的绿色食品产品数目是 127 种，到 2000 年底达才 1831 种，而到 2005 年底全国已有 3695 家企业的 9728 个产品获得绿色食品标记使用权，食物总量达 6300 万吨，年销售额 1030 亿元，出口额达到 16.2 亿美元，产品包括粮油、果品、蔬菜、畜禽蛋奶、水产品、酒类、饮料类等。到 2019 年，已有 15579 家企业的 35636 个产品获得绿色食品标记使用权。这也标志着我国绿色食品产业的飞速发展。

从全国来看，产品开发已经覆盖了绝大部分省区，东北几省区及江苏、山东等由于开发较早，产品数量也较多。国内一些著名的大企业也开始积极申报绿色产品，从事绿色食品的开发和经营，如内蒙古伊利集团、山东鲁花集团等。尽管如此，中国的绿色食品产业发展仍存在诸多问题。

（二）绿色食品产业发展中存在的问题

1. 绿色食品在保护生态环境方面的作用宣传力度不够

由于我国长期以来对农产品和加工食品的要求一直是数量和基本营养，国家的宏观政策和消费者对食品安全性的关注远不如国外那么显著，因此绿色食品基础知识的普及程度远远不够。

另外，由于绿色食品的申报往往是企业行为，而企业缺乏对"绿色食品"品牌的集中宣传，尚未形成能够凝聚消费者注意力的"品牌""名牌"。许多消费者对绿色食品缺乏深刻的了解，大多数消费者只知道绿色食品价格高、污染小，而对其倡导的无污染、安全、健康的绿色消费理念尚未形成。

因此，许多消费者对绿色食品的经济价值、社会价值、生态价值缺乏进一步了解。有相当部分的人对绿色食品不甚了解，把绿色食品与纯天然食品或保健食品混为一谈。这说明，广大消费者还没有正确认识和深刻了解绿色食品。

2. 绿色食品数量少，规模小，产品结构不合理，产业化优势不明显

尽管绿色食品在近几年取得快速发展，但是相对于农产品和食品总量来说，绿色食

绿色化学通用教程（第 2 版）

品发展的规模、生产总量和开发面积都比较小，只占全国大宗农产品种植面积和总产量的 5% 左右。

不仅如此，绿色食品的产品结构不尽合理，品种单一，无法满足人们对食品日益多样化的需求。特别是消费者最为关心和市场需求较大的畜禽肉类产品、水海产品所占比重较小，无法形成多样化的绿色食品市场。

另外，绿色食品产业化优势还未凸现，我国绿色食品的生产企业，大多是中、小企业，规模小，初级产品较多，产品附加值不高。由于中小企业资金有限，不具备在市场营造轰动效应的能力，所生产的产品不能在市场上形成较高的经济效益。

同时，龙头企业带动基地农户的作用不明显，无法形成规模效应和品牌效应。

3. 绿色食品市场体系不规范，假冒绿色食品扰乱了市场秩序

绿色食品标志是在经权威机构认证的绿色食品上使用，以区分此类产品与普通食品的特定标志。但是，由于许多企业缺乏法律意识，擅自扩大绿色食品标志使用范围或者是超长期使用绿色食品标志。还有一些企业，甚至在一些农药残留量较高的蔬菜、水果等产品也冠以"绿色食品"商标标识，欺骗消费者，严重损坏了绿色食品的整体形象。

当然，这种"浑水摸鱼"的市场现象与国内对绿色食品的管理水平有关，至少在标准上有所欠缺（如人为地没有和国际接轨，设立有欠国际规范的"A 级食品标准"），以及多头认证（例如，我国的"有机食品"认证工作由国家环境保护总局承担，还有由农业部颁布的行业标准、企业必须达到的最低食品安全标准——"无公害食品"标准）。

4. 绿色食品企业机械化、集约化、规模化水平低

据预测，从食品工业发展趋势看，"绿色食品"将成为国际贸易的主流。在未来的贸易格局中，谁拥有"绿色"，谁就掌握了占有市场的主导权。目前我国食品工业与世界发达国家相比，仍有很大差距。

首先，我国用于食品加工原料的农产品价格偏高；其次，我国工业机械化程度相对滞后；最后，我国食品工业尚未形成集约化、规模化生产，食品工业企业靠的是"单枪匹马"闯市场，虽然企业在不断壮大自己的实力，但是还没有形成强有力的联合体，经不起波动较大的市场冲击。

另外，我国的食品工业与国际食品贸易相比，存在着食品加工企业总体规模小，食物资源粗加工多、深加工少、综合利用水平低，食品市场、食品工业与农业原料基地产业链未真正形成，加工技术落后，行业标准体系、质量控制体系不完备，食品安全和环境问题较多等差距，这些影响了我国绿色食品的发展。

5. 管理及服务体系不健全，无法满足绿色食品发展的需求

该方面的问题表现在两个方面：一是绿色食品的管理机构不健全，关系不协调。我国各省市绿色食品办公室受中国绿色食品中心委托行使产品认证和监督管理等职能，但长期以来许多省市绿色食品办公室不在政府序列，缺乏行政管理和规划等职能。

二是科技、教育支撑力度不够。绿色食品的开发管理需要科技、生产领域的协作。在绿色食品生产领域，生物农药、生物肥、有机肥、优质复混肥、天然食品添加剂、天

然饲料添加剂、环保型包装材料、绿色消毒液等生产资料的开发，以及各种防腐技术、包装技术等关键技术的开发，都直接影响着绿色食品的质量和绿色食品工业的发展，而我国在这些方面的系统研究和开发力度远远不能适应绿色食品工业发展的需要。

（三）中国绿色食品产业的发展前景

中国绿色食品产业从提出到发展的时间不长，但是成效很大。起初提出发展绿色食品的目的，简单地说有两个：一个是生产绿色食品，保护生态环境；另一个是通过消费绿色食品，保障消费者的身体健康。中心就是"以人为本"，落脚点就是实现经济和社会的可持续发展。因此，绿色食品在现代中国显示出广阔的发展前景。

绿色食品开发符合我国的消费国情。近年来，城乡人民收入增长，消费水平提高，食品消费已经达到了国际制定的平均热量摄入水平，人民对食物的需求从数量型转向质量型，并开始关注食品的安全保障问题。由于绿色食品是无污染的安全优质营养食品，这就决定了绿色食品的生产开发有巨大的市场潜力。

知识经济时代，人们越来越关心自身的健康问题，环境科学家和绿色组织的环境保护观点广泛为人们所接受，"绿色消费观"因之产生。绿色食品的出现正好迎合了人们的这一消费心理和历史潮流。据了解，发达国家绿色食品业的产值目前已相当于种植业产值的 3~5 倍。

例如，美国通过开发绿色食品，不但赚取了大量外汇，而且在平衡石油等的进口逆差方面起了重要作用；荷兰以绿色食品为龙头的农副产品加工业，在其国民经济中居于举足轻重的地位。

有关资料显示，77% 的美国人表示，企业的绿色形象会影响他们的购买欲；94% 的意大利人在选购商品时，会考虑绿色因素。在欧洲市场上，40% 的人喜欢购买绿色商品，贴有绿色标志的商品更受青睐。82% 的德国消费者和 67% 的荷兰消费者在超市购物时，会考虑环保问题。在亚洲，日本许多百货公司和超级市场都开辟了绿色食品专柜。

国内市场看，近年来在广东珠江三角洲和大中城市的居民食品消费中，绿色食品、无公害食品的消费量呈现出不断上升的增长势头。在每次农产品展销会中，绿色食品、无公害食品深受消费者的青睐。但绿色食品在我国的市场份额还相当少，至 2004 年仅 4600 万吨，不足 10%。

从国际市场看，欧盟一些国家和日本、韩国等对绿色食品需求越来越旺，平均每年以 25%~30% 的速度增长；德国、法国规定 7 岁以下的儿童食品必须是有机食品，到 2006 年以后 60% 的成人食品也必须是有机食品。发达国家需要的这些绿色食品多数需从发展中国家进口，这种需求对我们来讲是一种机遇，有着广阔的市场前景。

思考题

一、判断题

1. 绿色食品就是"绿颜色"的食品。

2. 绿色食品就是天然的食品，不含任何化学成分或化学元素，因此安全、环保。

3. 农业上的第一次绿色革命带来了高产，第二次绿色革命将带来农业与环境的可持续发展。

4. 严格地说，绿色食品也称为"有机食品""生态食品"。

二、选择题

1. 现代农业也称为（　　　　）。

A. 绿色农业　　　　　B. 生态农业　　　　　C. 有机农业　　　　　D. 石油农业

2. 下列关于农业革命、绿色食品等方面的说法不正确的是（　　　　）。

A. 中国目前的绿色食品分为 A、AA 级两个级别

B. 提高粮食产量和加强粮食保障，是能够与保护生态同时进行的

C. 农业专家对第一次"绿色革命"的评价是"功过参半"

D. 绿色食品标志在我国是统一的，也是唯一的，它由国家环保总局进行质量认证

3. 绿色食品必须具备的条件有（　　　　）等符合绿色标准。

A. 产品产地　　　　　B. 产品加工　　　　　C. 产品质量　　　　　D. 产品包装

三、问答题（贵在创新、言之成理）

1. 绿色食品一般价格昂贵，你购买过吗？结合你的消费经验谈谈你对绿色食品生态性与经济性的个人体会。

2. 查找资料，了解国内"绿色食品""无公害食品"与国外"有机食品"的质量标准的差异，对此谈谈你对中国建设生态农业与绿色食品的个人意见。

第七章 绿色农药——生态农药

农药对于农业生产的意义不言而喻，但也随着时代的绿色呼唤，不断地向绿色化方向发展，在昔日的辉煌中追求着与自然界的一种和谐美——生态平衡控制。

第一节 传统农药的辉煌史

一、DDT——历史的误会？

许多农药的基本结构是有机卤代物，这些化学品尽管很有功效，但却容易在许多植物和动物体中（常在脂肪组织和细胞中）形成生物积累。这种积累会对该物种自身或对人类（如被食用）造成危害。DDT（滴滴涕）就是属于这类农药，它是表现出多种危害行为的最早的杀虫剂之一。【微课视频】

DDT 作为农药的历史始于 1939 年，当时一位瑞士化学家保罗·缪勒尔（图 7-1）在系统地研制新农药时合成了二氯二苯三氯乙烷，即 DDT，反应式如下：

DDT 的发展史

$$Cl \text{—}\!\!\bigcirc\!\!\text{—} H + HO - \underset{CCl_3}{\overset{H}{C}} - OH + H \text{—}\!\!\bigcirc\!\!\text{—} Cl \xrightarrow[-2H_2O]{H_2SO_4} Cl \text{—}\!\!\bigcirc\!\!\text{—} \underset{CCl_3}{\overset{H}{C}} \text{—}\!\!\bigcirc\!\!\text{—} Cl$$

（DDT）

缪勒尔（在人间）：嘿嘿，效果不错！　　缪勒尔（在天堂）：难道搞错了？！

图 7-1　DDT 农药的发明者——1948 年诺贝尔生理医学奖得主缪勒尔

起初，DDT 奇迹般的特性是：它能非常有效地、广范围地抵御虫害，并且与当时广泛使用的铅化合物或砷化合物相比，它没有气味，也无刺激性，对人没有剧烈的毒性。

在第二次世界大战期间的 1944 年，美国首先在意大利的军队和平民中广泛地使用 DDT，以对付一种不断增加的斑疹伤寒流行病。斑疹伤寒是由身上的虱子传染的，成千上万的人从头到脚全被撒上 DDT，来消灭这些小虫子。流行病被制止了，防止了一场对人类生命可能具有破坏性的损失。

当时，DDT 因其神奇的功效而一度被军方神秘化——它为军方所把持，成为军事机密，代号为 G_4，直到战争结束。由于 DDT 分子中所有氯原子都相当稳定，只可能发生脱氯化氢反应生成与 DDT 生理活性相似的 DDE，因此药效可以保持很久，曾是 20 世纪 40 年代以后极受欢迎的杀虫剂。

1948 年，缪勒尔获得了诺贝尔生理医学奖，成果就是发现 DDT 具有杀虫活性，并由此提出了合成农药的概念。然而，DDT 的高度稳定性也导致其在植物和土壤中可长期存留，影响到家禽及鸟类蛋壳的形成，甚至影响了它们的繁殖。不仅如此，科学家发现南极企鹅体内也有 DDT。

今天，一些与 DDT 类似、看似无毒（或低毒）、但可长期残留于环境中影响生态平衡的农药——环境激素，已被禁用。然而，奇怪的事总是层出不穷。

例如，有人想喝 DDT 自杀，喝了一杯这种杀虫剂，其 DDT 含量为 4g，居然对健康没有有害影响——DDT 主要集中在脂肪组织里，并且排泄得很慢。人体内 DDT 的 "半衰期" 约为 16 周，但 DDT 在体内的含量水平对人体健康毫无影响。——对人来说，DDT 的致死剂量大约是 30g，而且要求不含杂质。

有些昆虫甚至能忍受更高的 DDT 剂量——巴西亚马孙河流域的一种蜜蜂，能主动地寻找 DDT 并把它收集到一起，某些蜜蜂体内的 DDT 含量达到了其自重的 4%（相当于一个体重 60kg 的人体内含有 2400g）。对于这些蜜蜂，DDT 不是什么毒药，而是一种性引诱剂，因为一些性激素分子与 DDT 分子的结构式很相似。

尽管如此，要给 DDT 恢复昔日的荣光，显然是不可能的，但从 DDT 的兴盛到禁用，也给了我们许多启迪。也许，可以在有所限制的条件下继续使用 DDT，发挥其杀虫本领。同时，也永远不要重蹈 20 世纪 40～50 年代的覆辙——不要在随意和欠考虑的情况下，滥用某种药物（包括医药，如 "反应停"）！

二、六六六、2,4-D——有机氯农药的辉煌

苯与氯气在光照下加成，可以原子利用率 100% 地得到 1,2,3,4,5,6- 六氯环己烷，这就是著名的有机氯农药的代表——六六六，反应式如下：

六六六的杀虫范围比 DDT 广，也曾被广泛使用，也同样因较高的稳定性带来环境污

染，也类似地被列入环境激素，自 20 世纪 80 年代起被打入"冷宫"。

由酚类化合物出发，可以制备一种植物激素——2,4- 二氯苯氧乙酸，即除草剂 2,4-D，反应式如下：

$$\text{（图：氯酚 → NaOH → 氯酚钠 → ClCH}_2\text{COOH → 2,4-二氯苯氧乙酸）}$$

2，4 —二氯苯氧乙酸

类似方法也可以合成 2,4,5-T（2,4,5- 三氯苯氧基乙酸）。在合成过程中，都可能会生成剧毒的副产物二噁英类化合物。2,4-D 的效果很好，故宫房顶上的杂草就是用直升机喷洒浓度为 0.1% 的 2,4-D 灭杀的。

但是，2,4-D 和 2,4,5-T 还可以用作落叶剂。1962~1971 年，在越南战争中，美国向越南喷洒了 6434L 2,4-D 和 2,4,5-T。由于其中含有的二噁英的影响（第五章），后来造成大批越南人患肝癌、孕妇流产和新生儿畸形。这些表明，有机氯农药有严重的毒害作用。此后，美国和其他西方国家便陆续禁止在本国使用有机氯农药。

我国也在 1983 年禁止有机氯农药的生产和使用。但中国每年农药使用面积达 1.8 亿公顷。50 年代以来使用的六六六达到 400 万吨、DDT 达 50 多万吨，受污染的农田 1330 万公顷，土壤中累积的 DDT 总量约为 8 万吨，以致粮食中有机氯的检出率为 100%，小麦中六六六含量超标率为 95%。

三、乐果、1605——高效、低残留的有机磷农药

20 世纪 80 年代禁止生产和使用有机氯农药后，代之以有机磷、氨基甲酸酯类低残留农药，但其中一些品种比有机氯的毒性大 10 倍甚至 100 倍，农药对环境的排毒系数比 1983 年还高。其中，比较典型的有机磷农药是乐果、1605、敌敌畏、敌百虫、4049（亦名马拉松、马拉硫磷）等。【微课视频】

有机磷农药

自从 1944 年德国化学家 G. Schrader 发现对硫磷具有强烈的杀虫性能后，推动了世界各国开展广泛而深入的有机磷化合物合成与生理活性研究工作，并开发成功了六七十种商品有机磷杀虫剂，有的有机磷化合物还可作为杀菌剂（如异稻瘟净）、除草剂（如草甘膦，亦名镇草宁）。

有机磷杀虫剂的特点是杀虫力强，残留性低，易被生物体代谢为无害成分（磷酸盐）。它的缺点是对哺乳动物的毒性大，易造成人畜急性中毒。世界各国在寻求高效、低毒的有机磷杀虫剂方面做了大量的研究工作，我国也已建立了有机磷农药工业，并在生产和研究高效、低毒和低残留的有机磷农药方面取得了进展。

有机磷杀虫剂品种繁多，但结构上来看，绝大多数属于磷酸酯和硫代磷酸酯，少数

属于磷酸酯和磷酸胺酯。例如，乐果、1605 都为硫代磷酸酯类化合物。乐果工业品为白色结晶，有恶臭，对昆虫有触杀和内吸作用，$LD_{50} = 250\,mg/kg$，残效期短。

1605 工业品为红棕色或暗褐色油状液体，有大蒜气味，具胃毒、触杀及熏蒸作用，杀虫范围广，作用较快，施药后几十分钟开始生效，主要用于防治蚜虫、红蜘蛛等。但对人畜毒性很高，$LD_{50}=3.6\sim13\,mg/kg$，使用时必须特别注意避免吸入及与皮肤接触。有机磷农药中毒，可以用特效药颠茄碱（阿托品）等解毒。

四、氨基甲酸酯类农药——印度的噩梦

氨基甲酸酯类农药的合成，离不开异氰酸酯（R—NCO）。例如，异氰酸甲酯（CH_3NCO）是制造几种高效除草剂和杀虫剂（如西维因）的直接原料，反应式如下：

异氰酸甲酯是一种易挥发的、活泼的、有毒和易燃的液体。人类历史上一场空前的灾难性化学事故的发生，就与异氰酸甲酯的泄露有关。

1984 年 12 月 2 日，星期日，临近午夜时分，一个意外的灾难向印度 J. P. Nagar 村熟睡的贫民们袭来。他们居住在紧邻博帕尔（Bhopal）市、环绕着联合碳化物（Union Carbide）工厂的安全区内的一些拥挤的棚屋和茅舍里。

博帕尔是一个有 80 万人口的城市，它是 Madhya Pradesh 州的农业首府，该州是印度最大的州。工厂建在博帕尔附近，生产农药。一个国家企图解决国内的饥饿和营养不良问题时，农药是进行"绿色革命"的要素。

联合碳化物工厂有三个巨大的地下贮罐盛装易挥发性的有毒液体异氰酸甲酯。12 月 2 日傍晚后，周末值班人员发现三个大罐之一，610 号罐压力低得不正常。随后，其温度和压力开始上升。这一险情的发展明显表明，冷却保护装置可能被关掉了。

当温度开始急剧上升时，操作人员恐慌了。挥发性液体的蒸气压一直上升，直到一个安全膜片首先爆破，接着一个用来缓和这种紧急情况的减压阀也破裂时，才停止。然而，通往火炬塔的排气管因检修也被关掉了（火炬塔原来是能使排出气体燃烧成无害产物的装置）。

气体的激流涌入并淹没了化学洗气塔，该塔是用以中和没有被火炬塔处理的任何异氰酸甲酯排出物的。在排出气的上方还有加压喷水设备，可以形成一种"水幕"，又因为水压太低也没能发挥作用。风带着致命的云状气团，向南边的火车站吹去，那里是车站棚户区。

在这次重大灾难中，610 号罐向 J. P. Nagar 的居民们排放了 41 吨能伤害肺部的异氰酸甲酯气体。在这个可怕的夜晚，博帕尔 80 万居民中有 14000 人严重接触了有毒气体。

几个小时内可能就有 1500 个男人、女人和孩子死亡。最终导致 3800 人死亡，2700 人终身残疾。

毫无疑问，除第一次世界大战有意使用化学毒气以外，这一次是最恶劣的大量有毒化学品的大暴露。这个灾难性事件至今仍回响在我们身边，世界各地的社团和化学工业界都在为保证不再发生这类灾难而努力，如美国政府在 1986 年出笼"紧急处置和公众知情权法"。

鉴于试剂异氰酸甲酯的危险性，化学家们已经开发出绿色试剂碳酸二甲酯（DMC）替代异氰酸甲酯，以推进农药的绿色合成。例如，西维因的合成中 DMC 先与 α- 萘酚进行醇解反应得甲基碳酸萘酯，再与甲胺反应而得产品，工艺过程安全，反应式如下：

利用类似的方法，化学家们使许多仍需要继续使用的、高效的、低残留的、包括一些氨基甲酸酯类化合物在内的农药的合成，逐步走向绿色化，并在农药剂型方面进行优化和改进，以适应现代农药发展的要求。

第二节 现代农药的生态美

大量和高浓度杀虫剂、杀菌剂的使用，同时杀伤了许多害虫天敌，使生物多样性减少，破坏了自然界的生态平衡，使过去未构成严重危害的病虫害大量发生，最终将威胁到人类在地球上的生存。同时，农副产品的残留农药超标，影响到食用安全而危及农副产品的出口贸易，造成的经济损失在中国每年 60 多亿元。

即使农药是低残留的，通过"食物链"的传播，最终还是人类"自食其果"。另外，农药的面源污染是比工业的点源污染严重得多的问题。工业污染是局部污染，可以通过清洁生产和末端处理防治；农药产生的污染是大面积的面源污染，是把大量有毒甚至极毒的合成物投到人类赖以生存的环境中，没法用末端处理的方法整治。

但是，农业生产又不得不用农药去减少病虫害。因此，环境友好的绿色农药便成为今天全球科学家努力的一个目标。目前，人们已经成功开发出昆虫拒食剂、光活化农药、微生物农药等生态农药，使低毒（无毒）、安全、高效、廉价的绿色农药的梦想，在绿色化学理想的指引下正逐渐成为现实。

一、神奇的生态农药——昆虫拒食剂

虽然部分合成农药仍在使用，但它们正被以内源性的昆虫激素和植物生长调节剂等为代表的化学信息物质类生态农药所代替。这些新型的生态农药高效、低毒（甚至无毒），对环境无污染。其中最典型的实例是天然的昆虫拒食剂。

例如，瓦尔堡醛（结构式如下）对非洲蠕虫有专一活性，在喷洒过它的玉米叶片上停留 30min 的害虫，都将永远失去饲食能力而饿死。然而，东非人用分离它的植物作调味品。可见，瓦尔堡醛虽是农药，但对人无害。目前，瓦尔堡醛也可以人工合成。

（瓦尔堡醛）　　　　　　　　　（印苦楝子素）

昆虫拒食剂中最突出的例子，是目前发现的活性最强的印苦楝子素（结构式如上）。印苦楝子素是从印度民间药材树楝树的种子中分离得到的，它能影响各种各样的害虫，且只要 2×10^{-2} mg/m^2 的量就可以阻止沙漠蝗的进食；它没有明显的毒性，因为楝树的嫩枝一般用于刷牙，叶子用作抗疟剂，果实则是鸟类很好的食物。

此外，虽然纯洁的印苦楝子素价格昂贵（25 美元/mg），但其粗提物十分便宜，因为楝树极易成活，分布很广，而且长得高大粗壮，果实累累。因此，印苦楝子素投入市场后，取得了很好的经济效益和社会效益。目前，中国云南有引种。

二、看得见、摸得着的奇妙——乙烯、除虫菊酯

（一）乙烯——身边的催熟剂

乙烯（$CH_2 = CH_2$）可以制塑料、橡胶、纤维等高分子材料，也是重要的化工原料。由于乙烯一般来自石油加工，故国际上评价一个国家的石油工业发展水平的高低，就是用"乙烯的年产量"来衡量的。但你是否知道，植物也能产生乙烯？

事实上，乙烯是一种最简单的内源性植物生长激素，具有落叶、催熟等功能。你可以把由实验室内乙醇制备的乙烯气体密封在一只放有一个青香蕉和一个绿柿子的瓶内 1~2 天，瓶中青香蕉就变为黄香蕉，绿柿子变成红柿子，以证明乙烯的果实催熟性质。【微课视频】

乙烯——植物激素催熟剂

同样，你还可以把一个熟苹果和一串青香蕉密封在一个口袋中，一个青苹果和一串青香蕉密封在另一个口袋中，数天后观察、对比，会发现有熟苹果的袋中的青香蕉先变黄，证明乙烯的催熟作用——因为成熟的果实本身就会释放乙烯。

因此，南方水果多在未成熟前采摘运往北方，销售前往库房充乙烯，使水果被催熟再出售；反之，如果为了延长果实或花朵的寿命，方便远程运输，可以在装有果实或花朵的密闭容器中放浸泡过高锰酸钾溶液的硅藻土，以吸收果实或花朵产生的乙烯。

植物生长激素（调节剂）作为农药，是绿色农药的发展方向之一。在国内，成功开

发的有芸苔素内酯（如"云大120"），它有多种生理功能，如促进根系发育、种子萌发和幼苗生长；增强光合作用；有利花粉受精，提高坐果率和结实率等。

（二）除虫菊酯——安全蚊香的有效成分

蚊香是最古老的天然药物驱蚊办法，早在南宋时期便出现过中药制成的驱蚊香棒。现代蚊香中的有效成分是除虫菊酯，它有驱杀蚊虫的作用。蚊香点燃后，蚊香里的除虫菊酯随着烟雾挥发出来，播散到室内的空气中，使蚊子的神经麻痹，于是蚊子或坠地丧命，或四散逃跑，从而起到驱灭蚊虫的作用。【微课视频】

除虫菊酯与
安全蚊香

除虫菊酯可以通过代谢排出体外，对人没有多大害处。但是，某些低劣的蚊香，除了含有除虫菊酯之外，还含有六六六粉、雄黄粉等，这些物质对人体有毒性甚至致癌作用。因此，选用购买时要当心。

除虫菊酯除可以驱蚊外，还可以用作杀虫剂。但某些害虫已经产生了抗药性，使每次的用药量不断增加，以致某些菊酯类农药稀释倍数，已经由常规 3000~5000 倍，提高到 1000 倍左右。

20 世纪 80 年代初，我国各地防治棉田的棉铃虫和棉蚜只需用除虫菊类杀虫剂防治 2~3 次，每次用药量 450 毫升／公顷，就可以全生长季控制危害。到了 90 年代，棉蚜对这类杀虫剂的抗药性已超过 1 万倍，防治已无效果；棉铃虫也对其产生几百倍到上千倍的抗药性，防治 8~10 次，甚至超过 20 次，每次用 750 毫升／公顷，防治效果仍大大低于 80 年代初。

因此，目前许多除虫菊酯的结构类似物——高效、低毒（无毒）的拟除虫菊酯，正在不断被开发，以满足各种杀虫剂生产的需要。同时，科学家也在不断探索专一性强、不易产生抗药性的绿色农药作为保护庄稼的"灭杀绝招"。

三、静悄悄的电子战——亚细亚刚毛草激素、独脚金酮

（一）亚细亚刚毛草激素——揭开"魔草"生长的秘密

亚细亚刚毛草是一种寄生植物，只要谷物一播种，几天以后它的须根就贴附在作物上，大肆吸取营养，使谷物枯死。但是，如果你不播种，它也不见踪影。因此，人们称之为"魔草"。作为世界上毁灭谷物最厉害的一种杂草，它导致谷物生长受阻和歉收，使人们挨饿，让亚洲和非洲 4 亿多人口得不到足够的食物。

化学家和生物学家对亚细亚刚毛草的基础研究，发现了自然界中令人难以置信的一种宿主—寄生物关系：寄生植物的种子静静地躺在土壤中等待，用它那种神妙的"化学雷达"探测附近的宿主植物。谷物分泌出一种特殊的化学物质——亚细亚刚毛草激素，为寄生物提供了信息。亚细亚纲毛草能识别出这种分泌物，并用它来发动本身的生长周期。寄生植物有 4 天的独立生长时期，它必须在这 4 天内进入附近的宿主植物。

研究工作者要了解这种宿主识别过程的奥秘，面临着很多困难——他们要寻找一种

未知的、很复杂的分子,其产量又极少。尽管农业科学家们只能找到像灰尘那样一点儿(几微克)有活性的化合物,可是化学家们利用高灵敏度的现代化仪器,终于弄清了这种识别物的化学结构。

核磁共振是他们常用的方法之一,这种精密的核磁共振甚至可以测量复杂分子的几何结构。另一种具有同样精密度的探测方法是采用高分辨质谱仪,化学家就能判断出分子及其碎片的质量。这些数据对分子的鉴别是非常重要的。目前,化学家们已认识了这些复杂的宿主识别物,而且已测定了它们的详细结构,并能合成出这种物质。

掌握了这些知识后,我们就能够利用这种恶性杂草的特性——"以其人之道,还治其人之身"来根除它们:化学家将合成的宿主识别物——亚细亚刚毛草激素,提供给农学家,在田间撒下足够的宿主识别物,引诱这些寄生植物进入它们为期4天的生长周期。4天内它们找不到宿主植物,就会枯死。几天后,就可以安全地进行谷物播种了。

(二)独脚金酮——根除邪恶杂草的另一"电子武器"

独脚金草也是一种寄生植物,它的种子可在土壤中休眠若干年,而当另一种植物根部释放出一种特殊的化学物质时,它就会发芽。然后,这种寄生的杂草把自己附着到寄生植物(如谷物、棉花等)的根部,靠寄主植物生存。

近来,已从棉株根部分离到这种活性物质独脚金酮(结构式如下),并进行了人工合成。独脚金酮和合成的类似物可以诱发寄生植物种子萌发。在谷物播种前,把这种物质撒在田里,就能诱发寄生植物发芽并因缺少寄主而死亡。因此,它能有效地除去寄生植物。

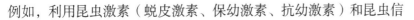

(独脚金酮)

受这些工作成功的启示,科学家开始了大量类似的宿主—寄生物关系研究(除了谷物以外,豆类植物等也有类似的寄生天敌),并找出了解决办法。为了增加世界的食物供应和消灭饥荒,化学家、农学家、生物学家等需要合作,在绿色农药、生态治理的大旗下,各自大显身手,贡献自己的力量。

四、生态防治——绿色农药的根本目的

虽然人类在保护农业生产的战斗中取得了节节胜利,但科学家已经意识到:减少全世界营养不良和饥饿的愿望,与我们社会中对环境因素,尤其是生态平衡的关注,并非是不相容的——控制危害农作物生长的物种,使其达到不足以威胁人类的生存即可,而非灭绝这一物种,这就是生态防治,它才是绿色农药的根本目的。【微课视频】

例如,利用昆虫激素(蜕皮激素、保幼激素、抗幼激素)和昆虫信

生态防治——绿色农药的根本目的

息素等动物内源性化合物进行虫害控制，并通过不断地改进检测昆虫生长及其群体扩大的方法的灵敏度，对虫害控制效果进行监测，以便做出各种各样的对维持人类的生存是必要的选择，最终可达到"控制害虫，而非灭绝昆虫"的生态目标。

（一）蜕皮激素

直接与昆虫的发育（通常叫作变态）有关的两类激素是蜕皮激素和保幼激素。蜕皮激素可使昆虫脱去外壳，代表物是 20- 羟基蜕皮激素（一种甾醇类化合物，结构式如下）。从 1 t 蚕蛹（昆虫发育过程的作茧期）中可提取 9 mg 该复杂物质。从 1 t 小龙虾废弃物中可分离出 2 mg 该物质，并证明它是甲壳动物的有活性的蜕皮激素。

（20- 羟基蜕皮激素）

在植物中，也发现蜕皮激素广泛存在，它们可能是植物防卫昆虫的一种物质。到目前为止，已证实有大约 50 种具有昆虫蜕皮激素活性的甾族化合物。因此，可以利用蜕皮激素保护我们的某些庄稼免受昆虫的侵袭。

（二）保幼激素

保幼激素具有使昆虫保持幼虫状态的倾向。第一个保幼激素是从鳞翅目蝴蝶分离得到的，分离出 0.3 mg 样品并进行了鉴定。现在已知道有几种保幼激素类似物，它们的重要性促使人工合成了上千种有关的化合物，其中之一是蒙五一五。

蒙五一五这种可被生物降解的杀虫剂是天然激素的模拟物，所以昆虫不易对它产生抗性。它已被广泛地用作跳蚤、苍蝇和蚊子的杀幼虫剂。它可使蚕的幼虫期延长，产生较大的幼虫和蛹，在中国已被广泛用来提高蚕丝产量。

（三）抗幼激素

抗幼激素也称为早熟素，这些天然的或人工合成的物质可以某种方式干扰幼虫的正常发育。对植物进行系统筛选，已鉴定出许多化合物具有抗幼激素活性。用早熟素处理某些幼虫后，它们就过早地发育成不育的小型成虫，从而达到控制害虫的目的。

（四）昆虫信息素

信息素是生物体为了对同种生物的其他个体特定行为做出反应而释放出的化学物质。它们的功能是交配、报警、区域性显示、攻击、巢栖交配识别，以及标记等的通信信号。近年来，这些信息素作为检测或防治害虫的一种手段，已经引起了人们的极大兴趣。某些昆虫信息素的结构式如下所示：

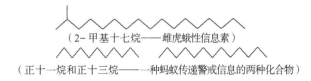

（2- 甲基十七烷——雌虎蛾性信息素）

（正十一烷和正十三烷——一种蚂蚁传递警戒信息的两种化合物）

第一个被鉴定的昆虫信息素来自雌性家蚕，此后又鉴定了数百种包括农业和森林主要害虫的信息素。分离和全面地鉴定总是要处理极微量的物质，这是非常不容易的工作。例如，人们用了 30 多年时间才弄清美国蟑螂信息素的结构，其中处理了 75000 只雌蟑螂，最后得到的两种化合物分别只有 0.2 mg 和 0.02 mg。

利用昆虫信息素作为诱饵，可以直接将害虫引诱到捕集器而杀死害虫；也可监视和测定害虫的群体，以便适时投放杀虫剂，减少喷药量，有效地捕杀害虫；或者把它散布在一个区域里去迷惑扰乱昆虫，达到控制的目的。在挪威和瑞典的森林中，以及美国的棉田中，昆虫信息素都得到了成功的规模化应用。

无论是提取的还是人工合成的昆虫信息素，它们的利用对人类的安全性，以及整个地球生态平衡的安全性，都是相当高的，因为昆虫信息素的专一性往往很强，它们的利用不会伤害其他昆虫，而且我们可以控制使用。有趣的是，某些人喜欢的香料，也是昆虫的信息素，如香叶醇（结构式如下）是蜜蜂发现食物时分泌的信息素。

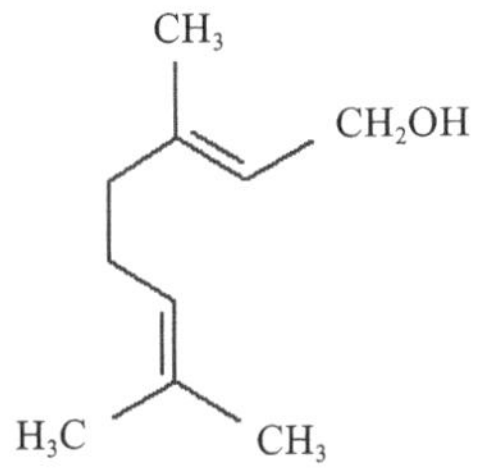

（香叶醇）

思考题

一、判断题

1. 农药都是有毒的。

2. "控制，而非灭绝"是绿色农药的根本目标。

3. 农药绿色化，是绿色化学的内容体现之一。

二、选择题

1. 下列不属于绿色农药的是（　　　　）。

A. 六六六　　　　　　　B. DDT　　　　　　　C. 乙烯　　　　　　　D. 印苦楝子素

2. 下列关于瓦尔堡醛（结构式见本章正文）的说法不正确的是（　　　　）。

A. 瓦尔堡醛的分子式是 $C_{15}H_{22}O_3$，可以发生酯化反应

B. 1 mol 瓦尔堡醛可以与 2 mol H_2 加成而饱和

C. 瓦尔堡醛是农药，对人有害

D. 瓦尔堡醛可以被还原，也可以作为还原剂

3. 下列可用于生态防治控制害虫的是（　　　　）。

A. 蜕皮激素　　　　　　B. 保幼激素　　　　　　C. 早熟素　　　　　　D. 昆虫信息素

三、写出下列化学物质的名字，并写出与其性质、用途等相关的一句话

    1. CH_3NCO 2. $CH_2 \!=\! CH_2$

四、问答题（贵在创新、言之成理）

    1. 如何认识缪勒尔与 DDT 的"遭遇"？难道诺贝尔奖发错了吗？谈谈你的个人意见。

    2. 如何理解"生态防治"？消灭害虫是绝对的吗？

    3. 了解绿色农药的研究情况，就其中的某一个方面（品种），围绕该绿色农药的来源、用途与发展前景撰写一篇小论文（注意格式与尊重知识产权）。

第八章　绿色纤维与绿色纺织

随着生活水平的不断提高，人们的"绿色消费"意识也日益增加，消费者对纺织产品的要求将由传统的实用性、美观性、耐用性，趋向更受重视的环保性、安全性、健康性。绿色纺织产品的发展，将主导国际纺织品的发展方向。

第一节　绿色纺织品的兴起

一、纤维材料的发展

对于纤维材料，人们第一印象便是衣物及生活寝具、装饰材料类，其实纤维材料的应用遍布人们衣、食、住、行等各个方面。例如，航空航天设备中大量使用以碳纤维为代表的复合材料，摩天大楼的加固也采用了高性能有机纤维或碳纤维替代传统建筑中的钢筋材料。

作为服装装饰用纤维材料的使用，最早可追溯到原始社会人们对于葛、麻、蚕丝等天然纤维的利用。随着社会的进步和科学技术的不断发展，棉、麻、丝、毛的产量已满足不了人类的需要，特别是工业化大生产迫使人们不得不去探索新的纺织原料。

1904 年，目前最为普遍使用的黏胶纤维开始工业化生产。1935 年，尼龙 −66 的发明开创了合成纤维的新纪元。迄今为止，合成纤维材料的开发已包括聚酯纤维、聚酰胺纤维、聚丙烯纤维、聚丙烯腈纤维等几大合成纤维领域，大量的新品种如聚乳酸纤维、芳纶、聚氨酯纤维等也相继问世。同时，相应的纺丝技术也由熔融纺丝、溶液纺丝扩展到液晶纺丝、凝胶纺丝、闪蒸纺丝以及静电纺丝等。

2017 年，我国年化纤量达 4920 万吨，占世界化纤生产的 73.5%，其中 90% 上为石油基的合成纤维。合成纤维的快速发展，一方面可为我们的生活提供便利，另一方面不可降解的纤维废弃物对人类赖以生存的自然环境产生不可忽视的负面影响。不仅如此，在服装、装饰材料等的制备过程中，传统的整染技术也产生大量的废水、废气和固体残留物。

大气臭氧层的严重破坏，全球气候的普遍变暖，日益干枯的水源，剧烈增加的灭绝物种，使我们不可不重新认识我们所使用的能源和物质。因此，绿色纤维材料以及采用绿色加工工艺制备的绿色纺织品，越来越受到人们的关注。

二、绿色纤维的特征

绿色纤维也被叫作环保纤维、环境友好纤维（Environmentally Friendly Fiber，

Environment-friendly Fiber）。目前，绿色纤维尚无统一的规定，但基于环保和可持续发展的观点，人们在许多方面存在一定的共识。

为了全面理解绿色纤维的含义，可从一个纤维产品的全循环过程出发，即从原材料、加工过程、消费使用、遗弃处理等方面加以考虑，对合成纤维产品还有合成过程，以利于更好地把握绿色纤维的特点。

因此，绿色纤维至少应具备以下特征中的一项或多项：

（1）纤维产品的原材料无污染（或少污染），或尽可能是可持续发展的绿色资源。

（2）合成纤维产品的合成过程节能、降耗、减污，符合环保和可持续发展的要求。

（3）纤维产品的加工过程，特别是印染、整理等加工过程，尽可能使用无毒和可自然降解的浆料、染料、整理剂等，以及利用高新技术进行清洁生产。

（4）纤维产品的消费、使用中，对人体友好、舒适，若带有某种特殊功能更好。

（5）纤维产品的消费使用后，不会因遗弃或处理带来环境问题，最好能循环利用，或回归自然。

从可持续发展角度考虑，第（1）、（5）条尤为重要，因为人类用于合成纤维原料的石油的开采只能维持四十余年，而纤维需求量急剧增加。如何解决纤维原料问题，人们纷纷将目光投向天然高分子材料，如木质素、纤维素、淀粉及几丁质等糖类和蛋白质类。

目前，符合上述所有特征的理想的绿色纤维还不现实。但是，显而易见，如果某种纤维具有的上述特征越多，其绿色纤维的特点就越明显，就越接近于理想的绿色纤维。根据上述绿色纤维的特征，人们已经研究开发出的绿色纤维种类很多。

但是，比较引人注目的典型代表，按其来源划分类型，大致可分为植物绿色纤维（第二节介绍）、动物绿色纤维（第三节介绍）、绿色合成纤维（第四节介绍）三大类。

三、绿色纺织的内容

绿色纺织包括两个方面的含义：第一，原材料的绿色化，这是前提，指原材料应该是对环境无污染、无毒、可回收利用，同时有利于人类健康的原材料，即绿色纤维；第二，绿色纺织的生产，它也应该考虑环境、资源的影响，整个生产过程力求对环境气、液、固体无污染，能源利用率最高。

因此，绿色纺织是一个系统工程。其中，在绿色纺织的生产中，环保染整工艺是当前绿色纺织技术发展的一个重要方面，这是因为——通常，纤维材料需要经过一定的织造、后处理、染色等工序，才得到我们普遍使用的纺织面料产品。如果需要一定的特殊功能，尚需进行特殊的功能整理工艺。

传统的纺织染整技术采用水相系统进行处理，所采用的染化料助剂生物降解性差、毒性大，游离甲醛含量高，重金属离子含量超标。因此，在整个生产工艺中废水是纺织染整工业危害生态环境最为严重的方面，大量的染色废水及处理酸液、碱液等对水质和环境造成严重危害，同时废气污染大气，废弃物成为地球环境的污染物。

相对于传统的"湿化学"处理技术，在纺织工业中纤维改性、练漂前处理、染色、印花、后整理、水洗、烘燥中，利用新型加工技术对纺织品进行"干"加工处理，构成了绿色纺织品处理新工艺（第五节介绍）。

第二节　绿色植物纤维

比较重要的绿色植物纤维，包括有机棉、彩色棉、麻、竹纤维、Tencel®、香蕉纤维、藕丝、菠萝纤维、椰壳纤维等。

一、绿色棉纤维

作为一种天然植物纤维（组成棉纤维的物质主要是纤维素，一种天然高分子），棉花是一种可持续发展的重要绿色资源，因此它是绿色纤维研究、开发的热点之一，是绿色纤维的首选。目前，开发的绿色棉纤维有有机棉、天然彩棉、天然不皱棉等品种。

（一）有机棉纤维

有机棉的概念是一种新型棉花生产概念，是 20 世纪 90 年代初以保护环境为目标而发展起来的新型棉花生产方式。

在普通棉花栽培中，通常会使用农药杀虫剂、除草剂和化肥等。由于目前的大多数农药是非生态农药，因此它们会使棉花受到严重污染。这些对人体健康和生态环境有害的物质，在棉花纤维内会有残留，成为潜在的健康危害。

而在有机棉花种植过程中，采用有机耕作，多施有机肥料，对棉铃虫害等采用生态防治方法，尽量少用或不用非生态农药和化肥，可以使收获的棉花少含甚至不含毒害物质。这样，就可以得到绿色有机棉纤维。因此，绿色有机棉纤维是一种从源头上去除污染的棉纤维，即做到了纤维产品的原材料无污染（或少污染）。

有机棉生产的核心是建立和恢复农业生态系统的生物多样性和良性循环，以保持和促进农业的可持续发展。在有机棉生产体系中，采取走"有机促有机"的路子，作物秸秆、畜禽粪肥、豆科作物、绿肥和有机废弃物是土壤肥力的主要来源；作物轮作以及各种物理、生物、生态和农业等综合措施是控制杂草和病虫害的主要手段。

整个棉花的生长过程以自然耕作管理为主，虫情控制采用生物防治法，如模拟雌棉铃虫用来引诱雄棉铃虫的外激素的方法，或释放棉铃虫的天敌昆虫控制虫害，用纹翅小蜂科（小寄生蜂）和草蛉对付多种棉花虫害（即第六章中提及的生态农药与生态防治等）；杂草则采用人工锄掉。

目前，实施有机棉生产的国家大致有 19 个，如阿根廷、澳大利亚、埃及、希腊、印度、巴基斯坦、以色列、莫桑比克、巴拉圭、秘鲁、坦桑尼亚、土耳其、乌干达、美国以及中国等。但中国有机棉种植为数较少，2005 年有机棉的种植达到 8 万亩左右，主要集中在西部新疆无工业污染的偏远地区。

但是，有机棉也有面临的问题，如没有专门的有机棉种子，产量低，纤维品质不如普通棉花。特别是后者，表现为有机棉长度较短（只有 25~27 mm）、细度较粗、短绒率较高（在 10% 以上）、成熟度较差（未成熟纤维较多，为 60%~80%）、有害疵点（棉结、索丝、僵片、软籽表皮等）较多，因而大大限制其使用。

（二）天然彩色棉纤维

纤维产品的染色加工往往会造成环境污染，因此科学家们试图采用转基因技术，培育出具有颜色的棉花，从而获得彩色棉。【微课视频】

天然彩棉

1972 年，美国科学家在这方面的努力获得成功。随着彩色棉种植面积的不断扩大，用彩色棉加工生产的服装在欧美、日本市场大为走俏。1994 年，我国引进此项技术，现已经成功地种植出棕、绿、红、黄、橙、紫、灰等色泽的彩色棉品种，亩产已达 95~113 kg，其品质优于美国最好的品种，具有国际领先水平。

由于彩色棉是一种具有天然色彩的新型棉花，无须漂染加工，可以免去繁杂的漂染工序，而且避免漂白、印染中的重金属离子和有害化学物质污染环境、损害人体健康。因此，在降低生产成本的同时，减少了化学物质对人体的伤害和对自然环境的破坏，是名副其实的环保产品。

另外，彩色棉废弃后可由自然界循环再生，故其真正实现了从纤维生产到成衣加工全过程的"零污染"。因此，它是绿色棉纺织品的首选原料，预计未来 30 年内天然彩色棉和绿色有机棉将占世界棉花总产量的 30% 以上，天然彩色棉纺织品将是 21 世纪最受消费者信赖、最具市场潜力的绿色纺织品之一。

彩色棉类产品穿着舒适、无静电，被称为"人类第二健康皮肤""天然羊绒"，特别是采用有机农业栽培模式生产的有机彩棉生态纺织品更是如此。因此，天然彩棉最适宜用作婴幼儿、贴近人体皮肤的纺织品等。目前，我国用天然彩棉已开发出毛巾被、线毯、浴巾、内衣、睡衣、衬衫、婴幼儿系列服装等。

研究发现，彩棉的色彩是棉花本身的一种生物学特征，其生理机制是——随纤维细胞形成与生长，棉纤维中的单纤维中腔细胞内沉积了某种色素体所致。色素的沉积又受遗传因子的控制，受环境影响很小。例如，印度种棉花中含有的色素是棉花皮素（C. I. 75750，天然棕 5、天然黄 10）和槲皮素 -7- 葡萄糖苷（C.I. 75710，天然黄 10）。

天然彩棉服装作为高科技的绿色产品，其价格昂贵，需要防止假冒。那么，如何来识别彩色棉花的真伪呢？一般可用纤维切片法来鉴别。彩色棉花纤维横截面上的颜色，从截面中心至边缘逐渐变淡；而染色棉纤维截面颜色与此刚好相反，即纤维切片边缘颜色最深，至中心颜色逐渐变淡。

当然，彩棉也存在一定的缺陷。例如，其色彩较为单一，目前能进行产业化生产的基本上只有棕色和绿色两大类，远不及后染色加工色彩的鲜艳与多色。因此，培育蓝色棉花是大家所奋斗的目标，因为它将是世界上销售经久不衰的牛仔服的首选原材料，不仅具有优异的服用性能，同时最大保持了自然美感。

（三）天然"不皱棉花"

采用生物基因技术，不仅可以开发出天然彩色棉，而且可以得到天然"不皱棉花"。美国农业生活技术公司宣布，他们已经培育出带有外源基因的"不皱棉花"。这种基因来自能产生 PHB（聚羟基丁酸酯）聚合物的细菌。

将这种细菌的基因导入棉花的细胞，生长出来的新棉花仍保留原有的吸水、柔软等性能，但其保温性、强度、抗皱性均高于普通棉纤维。因此，用这种"不皱棉花"制成的衬衫可免烫，从而消除含有大量甲醛（HCHO）的抗皱剂对人体的影响。

二、天然麻纤维

麻类纤维也是天然植物纤维，属于木质素纤维，其质地优良，具有性凉、抑菌性强、抗静电、不易吸尘等优点，倍受人们喜爱。

麻类纤维主要包括大麻纤维、亚麻纤维、苎麻纤维、罗布麻纤维等几种。大麻纤维曾经是纺织的主要原料，直到 19 世纪还占纺织纤维总量的 80% 左右。后来棉花纤维的增多和合成纤维的兴起，才使它在已基本退出纺织纤维领域。

但是，大麻具有不用农药和化肥即可快速生长、产量高、易加工的优势，即大麻纤维是一种利于生态环境的纺织纤维。因此，只要解决了大麻种植过程中 THC（一种可以引起幻觉的混合物，毒品之一）的含量控制问题，最终解除禁止种植的法律限制。有人预言大麻纤维将会再次在世界流行。

苎麻是一种一年种、多年生、长受益的植物，种植技术简单，投入小，产出快，产出大，山区、高原都可以生长，适宜种植地域广大，在我国已有 4700 多年的种植历史。苎麻素以"中国草"著称于世，其产量占世界 90%。然而，受历史上政策的影响，全国目前有苎麻纺锭仅 60 多万。

亚麻纤维以"西方丝绸""第二皮肤"的美誉而闻名于世。但我国亚麻纤维的发展也存在类似苎麻纤维的问题——亚麻产量占世界第二位，亚麻纺锭仅 20 多万。虽然如此，但我国仍然具有麻资源优势，除苎麻、亚麻外还有黄红麻和多种野生麻，其品种达百余种，生长地域达 21 省，总数居世界首位，纤维质量也为世界之最。

因此，为了解决纤维原料与粮争地、同其他石化工业争原油的问题，同时满足人们返璞归真、回归大自然的绿色消费需要，以及发展民族特色纺织工业的需要，大力发展苎麻、亚麻等麻纤维产业实在是"一石三鸟"之举。如图 8-1 所示麻纤维。

图 8-1　绿色植物纤维——麻纤维（左）和竹纤维（右）

三、竹纤维

在诸多新型纤维中，竹纤维以其滑爽、细腻的手感，优异的吸湿、放湿、透气性，以及良好的抗菌、抑菌、抗紫外线性能而脱颖而出，成为当今纺织界的新宠。竹纤维按选材及加工工艺不同，可分为竹原纤维和竹浆（黏胶）纤维两类。如图 8-1 所示竹纤维。

（一）竹原纤维

竹原纤维又称天然竹纤维。竹原纤维与采用化学处理的方法生产的竹浆（黏胶）纤维（再生纤维素竹纤维）有着本质的区别，它是采用机械、物理的方法，通过浸煮、软化等多道工序，去除竹子中的木质素、多戊糖、竹黏、果胶等杂质后，从竹竿中直接提取的原生纤维。

因此，这种纤维在获取过程中不含化学添加剂，是一种真正意义的纯天然纤维，其纤维性能优异，具有特殊的风格，服用性能极佳，保健功效显著。为区别于竹浆（黏胶）纤维，故取名为竹原纤维。我国科研人员经过多年努力，终于在 2002 年成功开发出竹原纤维，实现了竹在服用方面的应用。

竹原纤维纵向有横节，粗细分布很不均匀，纤维表面有无数微细凹槽。横向为不规则的椭圆形、腰圆形等，内有中腔，横截面上布满了大大小小的空隙，且边缘有裂纹，与苎麻纤维的截面很相似。竹原纤维的这些空隙、凹槽与裂纹，犹如毛细管，可以在瞬间吸收和蒸发水分，故被专家们誉为"会呼吸的纤维"。

竹原纤维织物具有与其他纤维不同的独特风格，强力高，耐磨性、吸湿性、悬垂性俱佳，手感柔软，穿着舒适凉爽，染色性能优良，光泽靓丽。因此，竹原纤维是夏季针织和贴身纺织品的首选。

竹子在其生长过程中，无虫蛀、无腐烂，也无须使用任何农药、化肥，便可以茁壮成长，这是因为竹子自身有抗菌、抑菌和抗紫外线的物质，称为"竹醌"。这使竹纤维具有天然抗菌性，且抗菌性持久，不会因为反复洗涤、日晒而失效，这也是其作为新型天然纤维素纤维的魅力所在。

竹原纤维对大肠杆菌、金黄色葡萄球菌、巨大芽孢杆菌等菌类 24h 抗菌率达到 73%。同时，由于竹原纤维中含有叶绿素铜钠，使其具有良好的除臭作用。实验表明，竹原纤维织物对氨气的除臭率为 70%~72%，对酸臭的除臭率达到 93%~95%。另外，叶绿素铜钠是安全、优良的紫外线吸收剂，因而竹原纤维织物具有良好的防紫外线功效。

（二）竹浆（黏胶）纤维

竹浆（黏胶）纤维又称再生竹纤维、竹黏胶纤维，与黏胶纤维（第四章第九节）类似，仅原料有所不同。竹浆黏胶纤维属于化学纤维中的再生纤维素纤维，竹纤维中的某些优良的性能和含有的保健成分在化学加工中受到影响，加之化学加工尚存在一定的污染，所以它不是真正意义上的环保纤维。

竹浆纤维基本保持了竹子纤维的天然特性，其横截面布满了不规则的空隙，可以瞬间吸收并蒸发水分，具有极佳的透气、透湿的毛细管效应；它具有较高的天然抗菌率，

绿色化学通用教程（第2版）

同时原料开发成本低，生产工艺成熟，有利于工业化连续生产的发展。

竹浆纤维采用传统黏胶生产工艺，在保持黏胶纤维优良性能的同时，难免也存在与普通黏胶纤维一样的缺点，如湿强度不高、织物易变形。与竹原纤维相似，竹浆纤维的吸湿和放湿速较快，室内相对湿度高时吸收水分子，干燥时可再将水分子释放，起到调节湿度的作用，因而竹制品具有凉感，尤其适合作内衣、运动服、夏季服饰面料等。

四、再生纤维素纤维

其实，上述的竹浆纤维就是一种再生纤维素纤维。但传统上，再生纤维素纤维主要指黏胶纤维（第四章第九节）等，以及近来兴起的 Lyocell 纤维和纤维素氨基甲酸酯纤维（CC 纤维）。竹浆纤维、Lyocell 纤维和 CC 纤维都是典型的绿色纤维。

（一）Lyocell 纤维

Lyocell 纤维（第四章第九节）是国际人造丝及合成纤维标准协会（BISFA）对以 NMMO（N-甲基吗啉 $-N-$ 氧化物）溶剂法生产的纤维素纤维的总称，包括 Tencel（中译名"天赐尔"或"天丝"）、Lenzing Lyocell、Newcell 等。

作为一种再生纤维素纤维，黏胶纤维具有合成纤维难以替代的天然纤维素纤维的某些优势。但传统黏胶纤维的生产工艺是一种典型的化学反应和处理过程，其能耗高、工艺长，严重污染环境（第四章第九节）。

随着人们环保意识的增强，用于黏胶纤维生产的三废治理投入被迫不断增加，几乎要占总投入的 30%~50%。因此，一种不经化学反应生产的纤维素纤维——Lyocell 纤维一经面世，就引起了纺织工业界和学术界的广泛关注，并且被誉为"21 世纪纤维""绿色纤维""革命性纤维"。到 2018 年，全球 Lyocell 纤维的产能已达到 30 万吨 / 年，其中，奥地利 Lenzing 公司是世界最大的 Lyocell 纤维生产商，占纤维产能的 3/4，年产能 23.2 万吨 / 年。据中国化纤工业协会的数据统计，国内保定天鹅、山东英利、中纺绿纤、上海里奥等公司均在扩展纤维产能，2018 年统计的拟规划产能近 100 万吨 / 年。

在 Lyocell 纤维生产过程中，由于回避采用黏胶纤维生产中使用的 CS_2 等各种化学试剂，因此由其所产生的大量废液、废气和废渣得到了避免；而以安全的化学品 NMMO 为溶剂，直接溶解纤维素制成纤维素溶液，再经凝固浴析出制成 Lyocell 纤维，并回收 NMMO 溶剂。

因此，生产 Lyocell 纤维的新工艺非常环保。同时，生产 Lyocell 纤维的原料是天然纤维素，一种来于自然、归于自然、取之不尽、用之不竭的天然高分子材料。可见，人们对 Lyocell 纤维的种种美誉并不过分。

Lyocell 纤维的性能集天然纤维与合成纤维的优点于一身，作为一种纺织新材料而言具有独特的优势。Lyocell 纤维主要应用于以下领域。

1. 服装、装饰

Lyocell 纤维作为"舒适"载体，可增加产品的柔软性、舒适性、悬垂性、飘逸性，可用于生产高档女衬衫、套装、高档牛仔服、内衣、时装、运动服、衬衫、休闲服、便服等。由于其独特的原纤化特性，可用于制备具有良好手感和观感的人造麂皮。

另外，由于 Lyocell 纤维材料具有抗菌除臭等效果，还可用于制作各种防护服和护士服装、床单、卧室产品，包括床用织物（被套、枕套等）、毯类、家居服；毛巾及浴室产品；装饰产品，如窗帘、垫子、沙发布、玩具、饰物及填料等。

2.产业用制品

由于 Lyocell 纤维具有高的干、湿强度且耐磨性好，可用于制作高强、高速缝纫线。Lyocell 非织造布可大量应用于生产特种滤纸，具有过滤空气阻力小，粒子易被固定的特点；用于生产香烟滤嘴，能降低吸阻，同时提高对焦油的吸附性。

在造纸业，Lyocell 纤维的加入可提高纸张的撕破强度；在医用卫生方面，可用于制作医用药签及纱布，易于清洁，消毒后仍能保持高强度，且抗菌防臭，无过敏。此外，还可用于生产工业揩布、涂层基布、生态复合材料、电池隔板等，所得产品强度高，尺寸稳定性和热稳定性好。

（二）CC 纤维

考陶尔兹和兰精所研究开发成功并实际用于工业生产的 Lyocell 纤维，虽然具有很多优点，但 Lyocell 纤维制备所需的有机溶剂 NMMO 价格昂贵，且纤维原料的制备及纤维成形过程需要特定的设备，投资较大，为其推广应用造成一定的障碍。

另一种再生纤维素纤维的制备方法——碱溶剂法成形工艺在纤维的制备过程中采用尿素为溶剂，无毒无污染，完全避免了环境污染的问题，只需对常用的传统黏胶纤维生产设备稍做改动便可以实现。该工艺所制备的产品，即纤维素氨基甲酸酯（CC）纤维。其反应式如下：

$$\text{Cell} - \text{OH} \xrightarrow[-\text{NH}_3]{\text{H}_2\text{N}-\text{CO}-\text{NH}_2} \text{Cell}-\text{O}-\text{C}\overset{\displaystyle\diagup\text{O}}{\underset{\text{NH}_2}{\diagdown}} \xrightarrow[\text{或 H}^+]{\text{NaOH}} \text{Cell}-\text{OH}$$

CC 纤维相对于 Lyocell 纤维，其最大的特点是制备时所用的设备与现有黏胶工艺设备相似，可在黏胶厂实施而不需要重新购置专用设备，且克服了 NMMO 溶剂价高的弊端。因此，CC 纤维的生产在现今所推崇的绿色材料浪潮中也具有一定的优势。

CC 纤维生产具有绿色环保性，同时 CC 纤维具有良好的生物可降解性，且优于纤维素及其他衍生物。因此，以 CC 制备工艺代替传统黏胶纤维的生产工艺具有广阔的应用前景。CC 纤维性能与黏胶纤维相当，可广泛应用于服装、纤维素膜、珠粒、特种纸、非织造布等各种领域。

相对于黏胶纤维，CC 纤维含湿量和溶胀系数显著提高，尤其是 CC 溶液与黏胶溶液共混纺丝所得纤维的吸水性能大大改善，使混纺纤维在卫生巾、纸尿裤、成人失禁垫料等卫生材料及医疗用品方面具有巨大的吸引力，同时可提高服装的穿着舒适性和对染色的亲和性。

五、植物蛋白纤维

除上述多种植物性资源的绿色纤维外，植物蛋白纤维也是一种植物绿色纤维。植物蛋白纤维的研究可以追溯到 20 世纪 30 年代。1938 年，美国 ICI 公司从花生中研制蛋白纤维。1939 年，Corn Product Refining 公司从玉米中提炼蛋白纤维。1948 年，美国通用汽车公司从豆粕提取大豆纤维。

但是，由于原料限制、纤维性能不理想、得率低、成本高等原因，它们都未实现工业化生产。目前，在植物蛋白纤维中，研究和开发较多的是大豆蛋白纤维（图 8-2），因此相对的成果也较多。

图 8-2　大豆蛋白纤维

2000 年，在我国河南濮阳，经 10 年研究开发，已初步开发成功大豆蛋白纤维，建成 1500 t/a 装置。其生产过程是，大豆粕浸泡后分离出球蛋白，和丙烯腈接枝后纺丝成纤。性能方面，开发出的大豆蛋白纤维有羊绒的手感、蚕丝的光泽、棉纤维的导湿、似羊毛的保暖性等优点。因此，大豆纤维也被称为"21 世纪健康舒适性纤维"。

大豆蛋白纤维本色为淡黄色，可用酸性染料、活性染料染色。尤其是采用活性染料染色，产品颜色鲜艳而有光泽，同时其耐日晒、耐汗渍色牢度也非常好。与真丝产品相比，解决了染色鲜艳度与染色牢度之间的矛盾（真丝产品耐日晒、耐汗渍色牢度极差，很容易掉色）。

大豆蛋白纤维具有外观华贵优雅的特点，其针织品具有丝和羊毛混纺织物的柔软、滑爽、飘逸的特点；穿着舒适透气，通过在纺丝中加入一定的中药成分，可制备具有一定保健功效的功能性纺织材料。由于大豆纤维属于天然纤维，可生物降解，属于绿色环保材料。

大豆蛋白纤维可纯纺或与其他天然纤维、化学纤维混纺、交织、包芯或复合，进行针织或机织加工制成不同风格的新型面料。通过印染后整理技术，可保留和发挥大豆蛋白纤维的所有特性，获得色泽鲜艳、手感柔软、弹性优良、穿着舒适或具有功能性的纺织产品。大豆纤维与人体皮肤亲和性好，且含有多种人体所必需的氨基酸，具有良好的保健作用。

我国自行研制、开发、生产的绿色环保大豆纤维，并且投入工业化生产，是世界首创。因此，针对我国大豆原料资源丰富和纺织加工能力强的优势，继续改进提高，并进行一条龙产品开发，具有较大的发展前途，并且对新型的民族纺织工业的发展意义重大。目前，在我国浙江、四川等地的企业，已经在大豆蛋白纤维的基础上开发出新产品，并取得了成功。

六、果蔬类植物绿色纤维

你知道吗，除可以食用的大豆能开发出植物绿色纤维外，许多果树和蔬菜也可以开发出各种具有特殊效果的植物绿色纤维。其中，典型的、已经开发成功的有藕、椰、香蕉和菠萝等。

（一）藕丝纤维

藕是一种水生植物，在亚洲的大部分国家与地区的春、秋和冬季都能收获。藕的茎、籽、叶、花和根都具有可烹饪性，可食用，且含有低热量，富含维生素、蛋白质和日常饮食所需要的纤维素，食用能对人体的肺、胃和肝脏起到保健作用，并可降低血压和癌症发生概率。

藕丝纤维是利用微生物发酵的方法，从浸渍的荷花茎秆中，经过洗晒、脱胶等工艺提取出的一类天然纤维素纤维。经过处理后的藕丝色泽为浅棕色，长度30~50mm，手感较硬。藕丝纤维不但具有良好的吸湿、排汗、防臭、透气和抗霉杀菌功能，而且含有多种对人体健康有益的微量元素。

由于藕丝纤维与棉纤维混纺制成的织物具有布面粗犷、朴素、自然的风格，与我国独特的手工织物风格相似，是制作衬衫、T恤的理想面料；而且在经过雾化处理后，织物表面能释放出一种独特的自然清香气味，且气味持久释放。该产品不仅迎合了人们追求自然、环保的需求，而且满足了人们日益追求的舒适性和保健性的需求。

同时，由于织物的独特风格，制作成服装后，具有非常独特的服用性能，泰国、日本、韩国等一些亚洲国家需求量较大，市场潜力很大。因此，棉藕丝混纺纱一经推入市场，即受到广大用户的青睐。

（二）香蕉纤维

香蕉纤维蕴藏在香蕉树的韧皮中，属于韧皮纤维类。香蕉纤维的提取方法是借鉴麻纤维的提取方法，即经过脱胶处理得到纤维。印度以及东南亚的国家主要用香蕉纤维制作家庭用品，手工剥制的纤维可用于生产手提包和其他的装饰用品，或是在黄麻纺织设备上进行加工成纱，制作绳索和麻袋。

目前，已有厂家利用香蕉纤维纺成中粗纱，生产中厚型外套等时装。日本已有公司成功实现香蕉纤维的产业化，但我国对该种纤维的提取和产品开发尚未有突破。如果将其与棉纤维混纺可制作牛仔服、网球服以及外套等。香蕉纤维还可用于制造高强度纸和包装袋等。

（三）菠萝纤维

菠萝纤维即菠萝叶纤维，或凤梨麻，是从菠萝叶片中提取的纤维，属于叶片麻类纤维。菠萝纤维经深加工处理后，外观洁白，柔软爽滑，手感如蚕丝，故有"菠萝丝"的称谓。其可与天然纤维或合成纤维混纺，生产的织物容易印染、吸汗透气、挺括不起皱、穿着舒适。

针刺菠萝纤维非织造布可用作土工布，用于水库、河坝的加固防护。由于菠萝纤维纱比棉纱强力高，且毛羽多，因此也是生产橡胶运输带的帘子布、三角带芯线的理想材料，采用菠萝纤维生产的帆布比同规格的棉帆布强力高。菠萝纤维还可用于造纸、强力塑料、屋顶材料、绳索、渔网及编织工艺品。

（四）椰壳纤维

椰壳纤维（椰子纤维）呈淡黄色，是椰树果实的副产品，可将椰树果实在海水中浸蚀后机械加工处理而得到。椰子纤维中纤维素含量较高，半纤维素含量较低，纤维具有优良的力学性能，耐湿性、耐热性较优异。

目前，只有一小部分椰子纤维用于工业生产，大部分用来生产小地毯、垫席、绳索及滤布等。由于椰子纤维具有可降解性，对生态环境不会造成危害，故可用作土工布使用。此外，椰子纤维韧性强，还可替代合成纤维用作复合材料的增强基等。

七、海洋生物基纤维

我国不仅野生海藻资源丰富，而且在全球海藻养殖及加工工业产能占70%以上。其中，山东半岛占到全国的70%。因此，也就促进了我国开发海洋生物基纤维的发展。

其中，海藻纤维是以海带、蓝藻、褐藻、微藻等为原料，利用其提取的海藻酸盐经湿法纺丝制成。海藻酸盐具有天然阻燃、良好的生物相容性等特点，被广泛用于生物医用、卫生防护、高档保健服装、家用纺织品、消防服等领域。

海藻纤维制备技术及成套设备取得重大突破，产业化进程迅速，"十三五"期间，在原料处理、溶解、原液着色、纺丝、后处理工艺等方面实现突破，开发了服用基海藻纤维。目前，我国已建成拥有自主知识产权和自行设计的产业化生产线，产能为1500t/a，5000t生产线正建设当中。

第三节　绿色动物纤维

绿色动物纤维主要包括无染色（彩色）羊毛、彩色蚕丝、蜘蛛丝、羽毛纤维、甲壳素/壳聚糖纤维、牛奶纤维等。其中，以动物蛋白类纤维居多，如羊毛、蜘蛛丝、蚕丝、牛奶纤维等。

一、动物蛋白类纤维

（一）无染色（彩色）羊毛

早在4000多年前的新石器时代，我国就开始利用毛纤维进行纺纱织布。约在公元前3000年，陕西半坡人已经驯羊。公元前2000年，新疆罗布淖尔地区就已把羊毛用于纺织。因此，羊毛纤维的开发利用有悠久的历史。

羊毛的主要成分是蛋白质，又称角蛋白、角朊，其在自然界可以降解，因此本身就是天然的绿色纤维。但是，一般羊毛的利用通常需要进一步的染色处理，这样可能使羊毛制品中有染色时的化学物质残留颜色，且染色工艺可能带来污染。

生物遗传技术得到的彩色棉纤维，可以从根本上杜绝纤维产品染色加工时可能会带来的环境污染，同样的思路也启发人们重新认识天然的动物性资源的纤维。因此，有关学者提出，无染色羊毛也是一种利于生态环境的纺织纤维。

对绿色纤维无染色羊毛的产品，毛织物的颜色就是原来羊的颜色，如奶白色、棕色、灰色等，可以不经任何其他的染色加工工艺。不仅如此，俄罗斯的畜牧专家经过多年的研究，目前已成功培育出具有浅红色、浅蓝色、金黄色及浅灰色等彩色绵羊。

他们发现，给绵羊饲喂不同的微量元素，能够改变绵羊的毛色，如铁元素可使绵羊毛变成浅红色，铜元素能使绵羊毛变成浅蓝色等。采用彩色绵羊制成的毛织品，经日晒和水洗后，其毛色依然鲜艳如初。因此，彩色羊毛是目前绿色环保天然动物蛋白纤维的重要原料之一。

（二）蚕丝

蚕丝又称天然丝，是继麻纤维之后的纺织纤维，早在 5000 多年前就人类开始利用蚕茧缫丝。我国是世界上栽桑养蚕和缫丝织绸最早的国家，大约在 4700 年前就已经利用蚕丝制作丝线、纺织丝带和制作简单的丝织品。

蚕丝是熟蚕结茧时分泌的丝液凝固而成的连续长纤维。作为一种高级纺织原料，它具有较高的强伸度，纤维纤细而柔软、平滑而富有弹性，吸湿性佳。由蚕丝制成的丝绸产品薄如纱、华如锦，具有独特的"丝鸣"感，手感滑爽，穿着舒适，光泽高雅华丽。

野蚕丝，如柞蚕丝、木薯蚕丝、蓖麻蚕丝也被加以纺织利用。在近代，蚕丝中的瑰宝——天蚕丝也越来越受到人们的重视。天蚕又名"日本柞蚕""山蚕"，属节肢动物门。它是一种生活在天然柞林中吐丝作茧的昆虫，以卵越冬。幼虫的形态与柞蚕酷似，只是头部没有黑斑。

天蚕丝长为 90~600m，富有光泽，色泽鲜艳，质地轻柔，具有较强的拉力和韧性，质量好于桑蚕丝和柞蚕丝，且无折痕，不用染色就能保持天然的绿宝石颜色，故享有"钻石纤维"和"金丝"之美称，是一种珍贵的蚕丝资源。采用天蚕丝制作的晚礼服，主要由皇家和贵族使用，使穿着者显得格外雍容华贵，象征着穿着者的富有和地位。

（三）蜘蛛丝

从成分上讲，羊毛、蚕丝实质上都是动物性资源的蛋白纤维。蜘蛛丝与之一样，作为蛋白纤维，它们在自然界也都可以自动降解，因此也认为是一种动物性资源的绿色纤维。蜘蛛丝具有卓越的强伸度和高弹性。正因为这样，人们一直希望像利用蚕丝一样利用蜘蛛丝，故对蜘蛛丝方面的研究，至今从未放弃过。【微课视频】

蜘蛛丝纤维简介

在古希腊的神话中，蜘蛛（希腊语 Aracline）是具有超凡的织造手艺的阿拉喀涅的化身，其织成的蜘蛛网具有独特的建筑构造特点。构成蛛网的不同蜘蛛丝具有各自适于应用的独特结构和性能。

1997 年初，美国生物学家安妮·穆尔发现，在美国南部有一种称为"黑寡妇"的蜘蛛，它吐出的丝比现在所知道的任何蜘蛛丝的强度都高。不仅如此，这种蜘蛛可吐出两种不同类型的丝织成蜘蛛网：一种丝在拉断之前可以延伸 27%，它的强度竟达到其他蜘蛛丝的两倍；第二种丝在拉断之前很少延伸，但具有很高的防断裂强度，比制造防弹背心的凯夫拉纤维的强度还高得多。

美国密歇根州的克雷格生物技术实验室（Kraig Biocraft Laboratory）开发了一种"龙丝"（Dragon Silk）。并与美国陆军将开始对"龙丝"进行实测。这是一种利用转基因技术开发的新一代超高韧性的纤维。这种纤维的独特之处在于，它实际上是由转基因的家蚕吐出的蜘蛛丝。公司在一份声明中称，在所有目前已知的材料中，"龙丝"纤维的韧性是最高的。如果测试成功，"龙丝"或许在不久的将来替代凯夫拉纤维，用于制作性能更为优异，而且更为轻薄的防弹衣。因此，蜘蛛丝被视为目前比强比模最高的可降解纤维材料。

蜘蛛属于寡居型动物，因此蛛丝的获得不能似养蚕般通过大量的饲养方式。由于丝一般是由蛋白质所组成，而合成蛋白质的基本组成单位是 20 种氨基酸，因此利用 DNA 重组技术和转基因技术制备似蜘蛛丝原料已成为可能，所采用的宿主包括大肠杆菌、酵母、哺乳动物及植物等。

例如，杜邦公司正运用生物工程技术着力研究 DNA 的重新联合，仿造蜘蛛丝。他们首先用先进的计算机模拟技术建立蜘蛛丝蛋白质各种成分的分子模型，然后运用遗传学基因合成技术把遗传基因植入酵母和细菌，仿制出蜘蛛丝蛋白质，溶解后抽出的丝轻、强、有弹性，仿真如真，纤度可达真丝的 1/10，强力是相同纤度钢丝的 510 倍。

但是，人类目前还不能通过生物技术大量生产蜘蛛丝蛋白，需先寻找一种结构和性能与蜘蛛丝蛋白相似的蛋白质作模型物质，以进行溶解和纺丝试验。蜘蛛丝优异的性能使其可应用于防弹织物、降落伞、缆绳原料纤维、宇航用材料、光学显微镜上的光学准线、生物医学材料，如外科手术缝合线、伤口愈合以及组织工程等方面。

（四）奶类蛋白纤维

蛋白纤维不仅是可降解的，而且蛋白质类织物与同为蛋白质组成的人类皮肤具有特殊的亲和性，因此人们对蛋白纤维的研究兴趣并不限于羊毛、蚕丝和蜘蛛丝等天然存在的纤维，也将蛋白纤维的获得视野扩展到其他含蛋白质丰富的物质，特别是奶类。

与植物蛋白纤维一样，动物奶类蛋白纤维的研究也可以追溯到 20 世纪 30 年代，1935 年意大利 Fessetti 公司就研究从牛奶中研制蛋白纤维。到 20 世纪末期，日本东洋纺公司终于首先在世界上开发出用酪蛋白制造的工业化牛奶蛋白纤维，取名 Chinon（法国一城市的名称）。

Chinon 外观具有天然丝般的、独特的优雅光泽，触觉柔软干爽，能迅速吸收和干燥汗液，并保持适当的热量。由其织成的衣服柔滑透气，广谱抑菌率达 80% 以上，兼有天然纤维的舒适性和合成纤维的牢度，穿着轻盈、舒适，深受年轻消费者的青睐。

牛奶纤维 Chinon 是目前世界上唯一实现了工业化生产的再生蛋白纤维，可制作针织套衫、T 恤衫、衬衫等服装。Chinon 的制造过程从高纯度牛奶开始，由牛奶蛋白和丙烯腈接枝共聚，然后通过纺丝而制得。1 L 奶可生产出 60 g Chinon 纤维，因此其得率低（仅

2%）、成本高。

尽管如此，作为一种新型的绿色环保性纤维，奶类蛋白纤维（图 8-3）仍然值得关注；而且，如果将其与牛奶的其他衍生产品，如脂肪、维生素、乳糖等，一起进行开发，整体的经济价值并不一定很低。

图 8-3　奶类蛋白纤维

二、甲壳素纤维

甲壳素（Chitin）也叫甲壳质，存在于虾、蟹、昆虫等甲壳动物的壳内。将虾、蟹甲壳粉碎、干燥后，经脱灰、去蛋白质等提纯和化学处理，得到甲壳素粉末，这是一种以 $N-$ 乙酰基 $-D-$ 葡萄糖胺为基本单元的氨基多糖类高分子——壳聚糖。

壳聚糖又称几丁聚糖，将其溶于适当溶剂后采用湿法纺丝工艺纺丝，可以得到甲壳素纤维。因此，甲壳素纤维是一种动物绿色纤维。甲壳素纤维是对虾、蟹壳类废弃物的充分利用，其原料来自天然，蕴藏量仅次于纤维素；其废弃物也可自然降解。【微课视频】

甲壳素纤维

同时，甲壳素纤维具有极好的生物相容性、高的吸水速率，且具有天然抗菌、消炎止痛、快速止血、可再生、生物保健等功能，是理想的卫生、保健纺织品和医用材料，适于做内衣、医用缝线和医用敷料等。因此，甲壳素纤维是一种重要的绿色纤维，在我国的上海浦东等地已经开始产业化，实现了批量生产。目前，我国已拥有完全自主知识产权，产能可达 2000t/a。

由于甲壳素是继糖、蛋白、脂肪、维生素、矿物质五大生命要素之后的第六生命要素，具有多种生理功能；而且除上述应用外，工业上甲壳素纤维可作为纤维状树脂用于吸附、分离、提纯中草药、药物、天然香料等，也可作为膜材料广泛应用，故关于甲壳素的研究已经成为一门独立的科学——甲壳素科学。

第四节　绿色合成纤维

从可降解的角度看，绿色合成纤维主要为生物可降解的聚酯纤维如聚乳酸纤维、聚己内酯纤维，可降解聚乙烯醇纤维、聚乙烯纤维，光热可降解的聚烯烃纤维等。从资源可回收利用的角度看，绿色合成纤维还包括可回收的合成纤维。

一、可降解合成纤维

在合成纤维中，可降解的脂肪族聚酯类纤维（或脂肪族羟基酸改性的芳香族聚酯类纤维等）被认为是绿色纤维。其中，较为典型的是聚丙交酯（PLA）纤维和聚己内酯（PCL）纤维，它们都已经开发成功。

（一）聚乳酸纤维

聚丙交酯亦称聚乳酸，在可降解合成纤维中尤其引人注目，它不仅自身可以生物降解回归大自然，而且其合成的原料乳酸也来自天然，由淀粉发酵得到。因此，聚乳酸纤维的开发与应用是人类对自然界碳循环的一种和谐参与（第四章第四节）。

目前，聚乳酸纤维 Lactron 已经由日本岛津和钟纺于 1992 年开发成功，其物理性能接近尼龙和涤纶，热稳定性和热塑性好，生物降解性能优于纤维素纤维，染色性好，有生物相容性，服用非常舒适，特别是内衣。在国内，聚乳酸纤维被称为"乳丝"，有长丝和短纤两种主要的形态，其商业化加工工艺一般采用传统的熔融纺丝工艺，除了具有良好的力学性能，乳丝的亲肤导湿、柔软透气使其广泛用于服用织物和非织造物等领域。

不仅如此，聚乳酸（PLA）还可以作为建筑材料、农业用材、林业用材、家庭制品、卫生医疗用品和造纸业包装材料等使用。因此，原料不用石油、取材丰富、利于环保、性能优良、用途广泛的聚乳酸发展前景广阔。但是，PLA 的合成成本居高不下。

（二）聚己内酯纤维

聚己内酯（PCL）由环状单体己内酯开环聚合而成，其熔体可纺制成纤维，是一种价格较低的可生物降解合成纤维。PCL 纤维的性能近似涤纶和锦纶，在土壤和海水中均能分解。PCL 的降解速度要比聚羟基乙酸（PGA，最简单的线性脂肪族聚酯，可经熔融纺丝制成可降解纤维，用作可吸收手术缝合线等生物医用材料）和 PLA 慢得多。

PCL 对许多物质能很好地吸收，所以可用作需长时间缓慢释放的药物和除草剂的载体。例如，将可抑制组织增生的 N –（3,4– 二甲氧肉桂酰）邻氨基苯甲酰和 PCL 共混纺丝，可以制成具药物释放功能的可降解纤维。随着药物含量的增加，纤维的机械性能变差，而药物释放速率则随拉伸比的增加而下降。

二、可回收合成纤维

目前，国际上对聚酯（PET）等大规模工业化高分子材料的回收利用非常重视。在一些发达国家，已开始对聚酯饮料瓶进行回收，清洁、压碎后重新制造母料，再纺成高质量的纤维。尤其是美国、德国、意大利等国，已经形成聚酯的工业化生产回收规模，如美国涤纶短纤维现约有 30% 是利用再生原料的。

锦纶（尼龙 –6）的回收主要集中于化纤地毯，对其用机械方法处理后，再进行解聚，可得到单体己内酰胺，单体纯化后再缩聚、纺丝。经过大量试验，回收后的己内酰胺质量非常接近原来的己内酰胺原料。涤纶、锦纶等的合成纤维的回收利用，既可解决白色污染，又节约了资源，具有很强的现实意义。

第五节　绿色纺织染整技术

目前，普遍引起人们关注的绿色纺织染整技术主要包括超临界流体技术、超声波技术、等离子体技术、电化学处理技术、生物酶技术、微波技术、微胶囊技术、电子束及辐照技术、激光技术等。

一、超临界流体技术

传统的染色是以水为介质，染色后的废液含有大量的助剂和染料残留，它们必须经过处理后才能排放。污水处理化学品也容易构成二次污染。因此，如何采用绿色加工工艺代替传统的水系染色，是绿色纺织品开发的重要方面。

超临界流体（超临界 CO_2）具有很多的优点，并且广泛应用于合成中作为环境友好介质（第四章第六节）。超临界 CO_2 在纺织中的应用，主要包括两个方面：一是代替传统的水相染色介质用于纺织材料的染色；二是用于织物的前处理。

（一）超临界 CO_2 流体染色

采用超临界 CO_2 流体代替水作为染色介质，不会产生传统染色工艺中的染色废水，从而彻底解决了染色水污染问题。超临界 CO_2 流体具有良好的扩散性能，在达到相同的上染率的条件下，可缩短染色时间。在染色的最后阶段，CO_2 以气态形式释放，无须染色后烘干。因此，超临界 CO_2 流体染色工艺节省染料，可少加或不加染色助剂，节约能源，有利于保护生态环境。

超临界 CO_2 代替水进行染色特别适用于合成纤维，特别是疏水性的纤维。例如，分散染料可以溶于超临界 CO_2，同时它与涤纶具有很好的亲和性，因此对涤纶染色可以通过压力控制而调节染料在超临界流体中的溶解度。同时，二氧化碳流体对聚酯纤维具有增塑作用，使聚酯结构发生变化，经超临界 CO_2 染色后，聚酯的热稳定性可有所提高。

对于天然纤维，一般采用的染料有活性染料、直接染料和酸性染料，它们在超临界 CO_2 中基本不溶解，因此需要一定的改性处理，途径主要包括三个方面——对纤维改性、加入共溶剂或对染料进行改性。不论什么途径，均存在一定的不足，或增加了工艺过程，或增加了设备的成本，或会损伤纤维和染色设备。

（二）超临界 CO_2 流体用于织物前处理

在织物前处理时，用超临界 CO_2 流体代替水作为上浆料溶剂使用，可使退浆容易，并显著降低能耗，特别是能够有效地避免污水的产生。

但是，由于超临界 CO_2 的低极性，一般不能采用常规的浆料，需制备新的改性浆料，如用于涤／棉织物的以氟化物为基础的浆料。相对于传统的淀粉、PVA 浆料，超临界 CO_2 流体浆料可赋予织物纱线更高的耐磨性，且浆料更易彻底去除。

二、超声波技术

（一）超声波染色

超声波（Ultrasound）是指频率在 $2 \times 10^4 \sim 2 \times 10^9$ Hz 的声波，是一种高于人类听觉范围的弹性机械振动。其进行能量的传播是基于"声空化"的作用，即通过超声波诱导液体中空腔的形成、振荡、生长、收缩、崩溃，并由此引发一系列物理化学变化。

以这种"声空化"作用为基础，超声波目前已大量用于水下定位与探测（声呐）；工业超声检测；超声诊断；工业清洗、剪切生物大分子、破坏细胞；分离、过滤等领域。将超声波技术引入染色工艺中，超声波主要起到以下几个方面的作用。

（1）活化作用，即诱导染浴中极细空化泡的形成和破裂，在极小的范围内增加压力和温度，瞬时使分子的动能增加，利于染料分子克服扩散能进入纤维的内部，从而提高上染百分率，加快上染速率。

（2）搅拌作用，主要表现在两个方面：

①使染料的扩散边界层变薄破裂，增加染料与纤维表面的接触，利于纤维内外染液的循环，加快上染速率；

②提高染料在染浴中的溶解度，使染浴中单分子分散状态的染料数目增加，有利于提高染料的上染百分率和扩散系数，降低染料的活化能。

（3）除气作用：空穴效应能将染料与纤维毛细管中或织物经纬纱交叉点溶解和滞留的空气分子排除，使无定型区的空隙增大，从而有利于染料与纤维间的接触，利于染色的进行。

目前，已有将超声波用于纤维素纤维的直接染料、活性染料、还原染料染色研究的报道，也有采用分散染料对涤纶染色以及用酸性染料对绵纶染色的报道，它们均可以提高上染速率，增加染色效果，同时部分染色还可提高固色率。

（二）超声波织物染整前处理

超声波技术也可应用到织物染整前处理中，提高前处理效果，增加被处理织物的白度，改善织物的吸湿性，提高纤维对染料和化学药剂的吸附量。例如，在淀粉酶对棉布的退浆处理中配合使用超声波处理，在较低温度下和较短时间内可提高退浆率，增强润湿性。

又如，麻脱胶中，超声波可促进麻的胶质与纤维分开，并利用解聚作用使胶质去除。这种作用随频率、功率不同分离效果也不同。相比较而言，采用超声波对麻进行脱胶处理比酸效果好，且作用时间可缩短，易于采用流水线作业。

三、等离子体技术

（一）等离子体及其作用原理

等离子体对于我们并不陌生，自然界中就存在等离子体现象，如闪电、激光。太阳系宇宙中 99% 的物质处于等离子体状态。等离子体被称为物质的第四态，是等量的正电荷与负电荷的载体的集合体，具有零总电荷。

等离子体实际上是部分离子化的气体，可能是由电子、任一极性的离子，以基态的或任何激发态形式的任何高能状态的气态原子、分子以及光量子组成的气态复合体。一般可分为热（高温）等离子体和冷（低温）等离子体。在纺织行业中主要利用低温等离子体。

在低温等离子体中，带负电的自由电子和带正电的离子由于静电作用而存在两种主要的作用——弹性碰撞和非弹性碰撞。非弹性碰撞过程中，内能发生变化或者伴随着新的粒子、光子产生。由于碰撞过程中粒子内能的变化，引起粒子状态的变化，将会产生如激发、电离、复合、电荷的交换、电子附着以及核反应等过程。

在染整加工过程中利用等离子体技术，就是利用它的这一个特性改变纤维的表面状态，从而使纤维织物发生有利于染整加工过程的变化。纺织上利用的等离子体一般通过电晕放电、辉光放电产生。

（二）等离子体在绿色纺织中的应用

1. 表面刻蚀

它是通过等离子体处理，使纤维表面发生氧化分解反应，从而改善纤维材料的黏合、染色、吸湿、反射光线、摩擦、手感、防污、抗静电等性能；或是对天然纤维表面的胶质、羊毛鳞片进行去除或修饰等。

例如，可通过氧气等离子体的氧化作用，对棉纤维进行精练和漂白处理，使附着在棉纤维表面的棉蜡分解成二氧化碳和水，以达到去除棉蜡的目的。采用氧气等离子体处理 30~60 s，就可获得与氢氧化钠进行 100 ℃ × 30 min 汽蒸处理相同的效果。

麻纤维采用低温等离子体处理，可使纤维表面的胶质分解，并在纤维表面形成较多的亲水基团、微小凹坑和微细裂纹，从而显著地增加植物的毛细管效应，使纤维表面的润湿性大为改善，同时纤维表面的粗糙程度也有所增加。

由于羊毛纤维表面覆盖着鳞片，使其沿鳞片顺、逆方向的摩擦系数有较大的差异，因而产生缩绒性。利用低温等离子体处理，可以打掉羊毛表面的部分鳞片，从而提高羊毛的染色、吸湿和防缩作用。

对碳纤维、芳纶、聚亚葺基苯并二噁唑（PBO）纤维等进行改性处理，使其表面形成微凹坑和微细裂纹，可有效地改善、增强它们与其他材料的黏结力，大大提高高层和超高层建筑以及水下建筑的坚牢度。

2. 交联改性

它利用低温等离子体中活性粒子的撞击作用，使纤维材料分子中的氢原子脱出，分子链被切断，从而形成自由基，再通过自由基的相互结合，分子链间就有可能形成交联。利用低温等离子体的能量，在等离子状态下用有机气体单体（甲烷、乙烯、苯等）直接在基板上形成聚合体薄膜镀层。

这种镀层与其他聚合物镀层方法相比，薄膜和基板表面黏附性好、均匀、热稳定性好，且基板表面在镀层前被等离子体照射，使镀层在清洁的表面进行，在真空中镀层又可获得洁净的表面。薄膜的厚度控制可由一分子层到数微米级自由改变。

3. 化学改性

它是利用等离子体作用在纤维表面产生一定的可反应的化学活性基团，并在一定的条件下发生化学反应，从而改变纤维表面的化学组成，引起其表面化学性质发生变化，同时也可引起其表面产生某些力学性质发生相应变化。

例如，采用氧等离子体处理，可使纺织纤维表面分子链中引入含氧的基团（羰基、醛基、羟基等），从而使织物表面极性和亲水性增强，最终导致黏合、染色、吸湿等性能的增强。

采用氩（Ar）、氮（N_2）或空气低温等离子体处理，可在棉纤维表面形成羰基、羟基过氧基团和自由基团，从而提高棉纤维吸附水和油的速度。

采用空气/氯气（Cl_2）电晕放电低温等离子体处理后的棉纤维，在纤维上接枝氯原子，能提高棉纤维的吸水性、润湿性并获得一定的阻燃性。

利用氟碳等离子体处理棉、丙纶、锦纶、涤纶等，可在纤维表面引入氟元素，使织物表面张力大大降低，接近聚四氟乙烯的表面张力，提高改性纤维疏水性，织物具有很好的拒水性。

4. 接枝聚合反应

通过激发分子、激发原子、自由基等活性离子与有机物分子发生相互作用而导致聚合或接枝，最终达到改性的目的。这种改性方法对于改变材料表面整体性能具有独特的优势。

例如，在医用纺织材料方面，采用特殊的油剂单体通过等离子体聚合，在各种人造器官上可形成抗血凝的薄膜。

（三）等离子体加工处理的优点

低温等离子体技术属于干加工，通过刻蚀作用使纤维材料的表面具有新的性质，从而改变纤维表面的吸湿性、摩擦性以及对染色的纺织品具有增深作用；另外，通过激发分子、自由基等活性离子与相关的化合物发生相互作用而提高染整加工的效果。

等离子体加工处理是一个纯粹的物理反应过程，不需要水引发，水只作为设备的冷却介质，且可循环使用。因此，等离子体处理干净，节省资源，不产生任何污染，成本结构优化，是一种绿色加工过程。

在染整加工中应用等离子体技术，在提高纺织品的加工质量上，尤其是均匀性方面具有很大的优势；应用等温等离子体技术虽然设备需要较高的投资，但它对能源、水、化学药品、人力的节省，使它仍不失为一种经济可行的手段。

与放射线处理、电子束等其他干式工艺相比，其独特之处在于等离子体表面处理的作用仅涉及表面极薄层，一般在离表面几到数百纳米的范围内，能使表面性质显著改善而材料本体却不受影响。

四、电化学技术

（一）电化学染色

1. 电化学染色的原理

染色是染料染液向纤维的表面转移并渗入纤维内部，通过范德瓦耳斯力、氢键、离子键、共价键、配位键和库仑力，使染料从染液中转移到纤维上，最后达到平衡。

为了实现上述染色过程，传统染色通常需要借助外界高能提高染浴温度，或加大助剂用量达到预定染色效果，如纤维素纤维类采用还原染料染色时使用的还原剂——连二亚硫酸钠等，导致染色过程中能量消耗与原材料浪费非常大，给环境治理带来很大困难。

利用电化学进行染色的基本原理是，在采用直接染料或酸性染料染色亚麻和丝绸等天然纤维原料时，通过对含有染料的电解液施加合适的电压，促使染料离子在外电场的作用下向电荷相反的电极方向移动。

2. 电化学染色的优点

电化学染色不需要附加高温就能使染料分子与纤维分子紧密结合，使染料向纤维表面的扩散系数变大；或是在还原染料染色的过程中，利用来自电极的电子代替还原剂，通过电极作用，将染料变成还原染料隐色体，实现染料的可溶和可染。

在利用电化学进行染色处理过程中，不会产生有害副产物，是一种无废水污染的染色方法。通过对液体中的氧化还原电势的控制，可以实现电化学染色过程的控制，从而有利于提高加工质量和降低成本。

3. 电化学染色的分类

染料的电化学还原可以分为直接还原和间接还原两种。对于硫化染料，电子能从阴极表面向染料直接载荷，即直接还原。

对于还原染料和靛蓝染料，对阴极表面的接触概率很低，因而电子从阴极转移到染料分子上需使用"介体"，即一种在染浴中具有优良溶解性并对纤维亲和力低的铁络合物，即间接还原。

这种铁络合物从阴极面获得一个电子变成一个 Fe^{2+} 络合物，接着在与染料分子接触时，它将这个获得的电子移交给染料分子。还原染料分子被还原成稳色体。介体在向染料分子转移电子以后回复成被氧化的 Fe^{3+} 络合物，并准备从阴极接收下一个电子。

目前，常使用的中间体为铁离子的胺络合物，如采用 Fe（II）－三乙醇胺（靛蓝）、$Fe_2(SO_4)_3 \cdot xH_2O$（还原艳绿）等。

（二）电化学处理印染废水

印染废水是水环境污染的一个重要源头，印染废水因其成分复杂、浓度高、色度深和难降解而成为目前废水处理的难点。利用电化学的方法，可以在一定程度上对印染废水进行脱色处理。

电化学处理方法就是采用两溶解性或不溶性极板做电极，通入直流电，通过电解槽内发生的电化学氧化还原反应来达到脱色目的。以前的电化学处理一般采用平板电极，但是这种方法效率低，难以推广使用。

目前所提出以搅拌浆代替平板电极可有效地增加传质效果，但也存在电极材料更换周期短的弊端。因此，有效地进行电极形状和运动方式的设计，以加速电极表面化学反应以及与废水中物质传递效果、提高处理效果、降低成本是一个值得研究的方面。

五、生物酶技术

（一）酶的特点

酶（Enzyme）也被称为生物催化剂，它是由具有生物活性的生命体所产生的具有一定催化作用的特殊蛋白质。酶具有复杂的结构，但是酶分子的作用只发生在其分子的一个很小的部位上，通常人们把这个部位称为活性部位和活性中心。它决定了酶催化作用的专一性和催化活力。酶催化还具有高效性。

酶分子上的许多酸性、碱性氨基酸的侧基随着 pH 的变化可处于不同的离解状态，其直接影响底物的结合和进一步的反应，或者影响酶的空间结构，从而影响酶的活性。因此，在酶使用过程中需要有效地控制处理环境的酸碱值。例如，动物组织中酶的最佳活性 pH 为 6.5~8.0 的中性状态；而对植物和微生物，pH 则为 4.5~6.5 的弱酸性环境。

酶作为一种蛋白质，在一定的温度条件下会变性而失去催化活性，故酶也有一个最佳的活性温度范围。对于动物组织中的酶，这一温度范围为 35~45℃；而对于植物和微生物而言，其温度为 32~60℃，或更高到 90℃，随物种的不同而不同。因此，酶使用过程中，温度的选择也很重要。

另外，金属离子也影响酶的活性，具有很强的选择性，可作为活化剂（激活剂）和抑制剂而存在。一般，对于大多数的酶而言，重金属离子，如 Ag^+、Fe^{2+}、Hg^{2+}、Cu^{2+} 等，对酶的活性起到抑制所用。因此，使用过程中要尽量避免。

（二）酶在绿色染整加工中的应用

酶在绿色染整加工中的应用，包括如下几个方面。【微课视频】

1. 去除纤维上的杂质

果胶是原棉和麻纤维中的一种伴生物，除了果胶质外，还伴有其他一些天然杂质，这些伴生物在煮练时应该加以除去。通常果胶的去除是采用一定的碱液，为提高处理效果，尚需加入一定的表面活性剂。

生物酶技术在绿色染整加工中的应用

利用果胶酶来去除麻、棉纤维中的果胶等杂质，使纤维表面的果胶大分子分解；同时，果胶呈游离状态，易于洗脱，达到棉纤维表皮杂质去除的高效性。

类似地，对于动物纤维，如蚕丝的表面油脂、天然蚕丝的丝胶的去除，也可以采用脂酶或蛋白酶加以去除。

2. 去除纱线织物上的残留物

酶退浆是酶在绿色纺织中应用的一个重要方面。一般的纱线在织布之前，有一个必要的工序——上浆，以提高纱线的强度，粘住短绒头（毛羽），增加纱的润滑性、抗静电性，防止织布过程中纱线断头和损耗。

传统退浆工艺采用的化学试剂主要为氧化剂、酸、碱等。采用氧化剂退浆的同时纤维受到损伤；而酸退浆的条件难以控制，对纤维损伤严重。最常用的碱性退浆工艺是在热碱的作用下，淀粉与化学浆料均发生强烈溶胀，然后用热水洗去。

碱退浆法对天然杂质去除较多，对棉籽壳所起的作用也较大，特别适用于含棉籽壳等天然杂质较多的原布，同时对化学浆料也有退浆作用，但缺点是堆置时间较长，不利于生产的连续化。同时由于碱退浆不起化学降解作用，故水洗槽中水液往往黏度较大，浆料很容易沾污织物，造成水洗负荷大。

酶退浆是利用酶高度的专一性，将淀粉催化水解变成可溶状态而易于洗去，达到高效退浆的目的，同时对纤维的损伤不大。对于淀粉浆料，采用的酶主要是淀粉酶。其他还有用于去除过氧化氢的过氧化氢酶等。

3. 改善织物的服用性能

（1）"生物抛光"。对于我们常用的纺织面料，如棉、麻、黏胶、Tencel、醋酯纤维、柞蚕丝、羊毛及涤棉、涤麻等混纺织物等，在织物的织造和使用过程中会产生一定的绒毛，这些绒毛主要是织物表面的松散纤维或纤维的端头。此外，还包括某些纤维分裂形成的原纤维，统称为毛羽。它们的存在会使织物外观显得不光洁，染色织物的颜色不鲜艳，手感不滑爽。在使用过程中，直观的表现是衣物的起毛起球。

目前，可以使用纤维素酶和蛋白酶对纱线或织物进行一种"生物抛光"处理。它们可对纤维素分子结构中的 $1,4\text{-}\beta\text{-}$ 葡萄苷键或蛋白质中肽键有特殊的催化作用。通过酶的作用，可以去除纱线表面伸出的小纤维末端和小球。

（2）牛仔布磨洗。牛仔布褪色返旧的外观效果，是通过一定的磨洗工艺而得以实现的。传统工艺是采用浮石石磨洗涤，它是将牛仔布服装与浮石等磨料一起用转鼓水洗机进行洗涤。采用浮石洗涤时，容易造成断纱等损伤现象，浮石等碎石砂粒也会残留于牛仔布服装内，严重导致洗涤设备出现问题。

化学洗涤法是将氧化剂（次氯酸钠或高锰酸钾等）掺入浮石中，用转鼓水洗机洗涤，可在牛仔布织物表面产生白色花样。但使用高浓度的氧化剂后，服装泛黄和脆损严重，处理后的残液污染也严重。

酶石磨的原理是将牛仔服装上的浆料充分去除，充分发挥纤维素酶对牛仔服表面的剥蚀作用。纤维素酶仅对服装表面部分水解，造成纤维在洗涤时发生脱落。在纤维素酶处理时，牛仔服装在转鼓中不断发生摩擦，加速服装表面纤维的脱落，并使吸附在纤维表面的靛蓝染料一起去除，产生石磨洗涤效果。

酶洗工艺可减少石磨时浮石用量，保护机器不受损伤，避免浮石尘屑，减少环境污染，同时对缝线、边角、标记损伤小，还可以获得独特艳丽的表面和柔软的手感。因此，酶石磨工艺是一种绿色环保的新工艺。

4. 赋予织物独特的风格

例如，在棉纤维的超级柔软整理，利用纤维素酶对棉的水解作用使织物表面改性，通过控制处理失重率在 3%～5%，就能得到丝一般的超级柔软手感，获得新的织物风格。

5.合成纤维的功能化改性

合成纤维大都为疏水性，在使用过程中容易产生静电，影响服用性能。通过酶处理，将纤维大分子中的特定疏水性基团转变为亲水基团，可在一定程度上改善合成纤维或织物的吸湿性和抗静电性。

例如，"人造羊毛"——腈纶有绚丽的色彩，饱满的手感，但是吸湿性差，穿着舒适性差，容易产生静电。因此，在严寒干燥的冬季，穿、脱腈纶毛衣很容易出现电击或电火花的现象。用传统的物理和化学方法改善腈纶的亲水性和抗静电性，由于改性效果不佳和损伤明显，且会造成一定的环境污染等问题，往往无法达到预定的效果。如果采用生物法改性，除了具有绿色环保的优点外，还能控制改性的程度，即只在纤维表面改性，而不伤及纤维内部，从而不会影响腈纶的强度。生物法改性中所使用的酶，有腈水解酶、腈水合酶（第四章第七节）和酰胺酶等。

六、微波技术

微波一般是指波长范围在 1mm～1m、频率介于 300～300000 MHz 的电磁波。利用液体环境中，纤维内或纤维上的极性分子（如水分子）的偶极子受到微波高频电场的作用，因而发生反复极化和改变排列方向，在分子间反复发生摩擦而发热，这样可迅速将吸收的微波能量转变为热能，从而提高染色、整理效果。

微波技术在绿色纺织加工中的应用主要包括如下几个方面。

（一）微波染色

微波染色可直接用于亲水性纤维染色，在加入适当助剂的情况下，还可用于疏水性纤维的染色。染料可采用分散染料、活性染料、直接染料和阳离子染料等。染色后的处理与常规方法相同。将微波技术用于染色中的染料固色，可降低能源的消耗。

微波染色基本原理是：染色时按常规的方法将织物浸轧染液，然后导入密闭的微波加热室中，当浸轧在染料溶液中的织物受到微波照射后，织物中的极性分子利用相互间的摩擦而发热，利于染料的进入与上染。一些染料分子在微波的作用下，也可发生诱导而升温，从而达到快速上染和固色的目的。

也就是说，微波加热是利用织物上的水分子作用发热，以此来升高织物和色浆的温度。因此，织物或色浆应保持一定的水分，使染色或印花织物在未干时进行固色。

（二）纺织品后处理

在纺织品的后整理中，微波辐射对纺织染整加工中的化学反应也有着较好的促进作用，可引起（激发）分子的转动，对化学键的断裂做出一定的贡献。

从动力学上说，分子一旦获得能量而跃迁，就达到一种亚稳态，此时分子状态极为活跃，分子间的碰撞频率和有效碰撞频率大大增加，从而促进反应的进行。因此，可以认为微波对分子具有活化作用。

例如，在微波辐射下用环氧树脂整理织物，可以改善折皱回复性，提高染色性能、耐酸碱性以及耐光性，并缩短处理时间，节约能源。

（三）纺织品前处理

在纺织品的前处理中，利用微波照射使植物纤维本身发热，加快胶质的溶解，从而可有效提高脱胶的效果。同时，微波处理可提高纤维细度，并增加纤维亮度。

类似地，对于动物纤维，如蚕丝脱胶处理，由于丝胶溶解性差，使得加工工艺周期长，且需要在高温下作业，工作环境较差。如果精练时对其进行微波处理，只需短时间照射，便可使丝纤维本身产生热而溶解丝胶等不纯物，再用热水清洗以去除丝胶，从而获得较好的精练效果。

七、微胶囊技术

（一）微胶囊技术的特点

所谓微胶囊技术，是指将某种物质利用某些高分子化合物或无机化合物，以一定的机械或化学方法包覆起来，制成颗粒，直径为 $1 \sim 500 \mu m$，在常态下为稳定的固体颗粒，而该物质原有的性质不受损失，在适当的条件下又可释放出来的一种特殊的包装技术。

微胶囊一般由两部分组成——芯材和壁材。其中，芯材也称为内相（或为有效物质、封闭物、有效负载、充填物等），它是需要被包容的物质。按照其状态，这些物质包括水溶性或非水溶性的固体物质；非水溶性的液体和气体；溶液；固体的分散液或分散的胶体物质等。

作为一种新颖的技术，微胶囊可改变囊芯物质的外观形状而不改变它的性质，可以使囊芯与外界环境隔绝开来，使性质不稳定、易挥发的物质的使用和保存期限延长。若壁材为半透过性膜，囊芯物质就能透过膜壁释放出来，从而具有缓释功能。

在染整工艺中，并不是所有的物质都适合进行微胶囊化加工处理。目前使用的微胶囊化的物质包括：

（1）香料、气体气味等挥发性很高的物质。

（2）反应性物质。

（3）毒性物质。

（4）易劣化物质，如对光、氧、湿度易于劣化的漂白剂、光敏材料等。

（5）改变物质的功能，例如，将相对密度小的物质通过微胶囊化，提高其操作性能；将亲水性物质或疏水性物质通过表面处理，使其具有相反的性质。

（6）其他如前处理剂、染料、色浆、后整理助剂等。

（二）微胶囊技术的应用范围

采用微胶囊化处理，可以大大拓宽织物整理的可行性和原料选择范围。目前，微胶囊技术已广泛地应用于织物的染色印花和功能化后整理方面，如多色点印花、转移印花、热敏变色印花、立体发泡印花、起绒印花、静电染色、加香整理、卫生整理和阻燃整理等。

1. 多色点印花

利用微胶囊技术可以有效地实现多色微粒子印花，这是一种特殊的可形成多色雪花状花纹的印花技术。将所采用的染料如分散、酸性、阳离子和活性等染料制成微胶囊后进行印花，印花烘干后，经过汽蒸，胶囊中的染料向纤维转移，发生吸附扩散。【微课视频】

变色印花——微胶囊技术在绿色染整加工中的应用

由于染料是储存在胶囊中，所以向纤维转移和上染固着后，呈现出微细的雪花颗粒状颜色。如果含有多种颜色的染料，则可获得多色的雪花状色彩。

2. 微胶囊转移印花

转移印花是一种新型的印花方法，它先采用印刷的方法将合适的染料油墨印在纸、塑料或金属薄膜等材料上，制成转移印花纸或薄膜，然后将印有油墨的一面与被印织物紧密叠合，通过热和压力或热、溶剂和压力等物理机械作用，使染料从油墨层转移到织物上，并通过适当处理，使染料充分固着在织物上。

采用微胶囊技术，将染料和溶剂制成微胶囊，再加工成转移印花纸，在转移印花时，通过压力、高温或湿热作用，使微胶囊破碎，在溶剂的作用下，促进染料在纤维中的转移和附着，这样不仅发挥了溶剂染色温度低、匀染性好、上染速度快的特点，而且溶剂用量少，成本低，加工方便。

这种方法与传统的热转移印花相比，除了具有不用糊料、节省染料、节约转移纸、减少废水污染等优点外，还能扩大染料的选择范围，不再限于耐升华色牢度低的染料，同时也提高了热转移印花的耐升华色牢度。

3. 微胶囊变色印花

变色染料是一类对光、热、湿以及压力等因素敏感的染料，受到这些因素作用后颜色会发生可逆和不可逆变化。变色染料用于染色和印花，由于多种原因，需要制成微胶囊的形式。

例如，一些变色染料对纤维没有亲和力，只有加工成微胶囊后，靠黏合剂固着在纤维上；另一些变色颜料，只有封闭在微胶囊中，才能维持变色的条件而产生变色效应；部分变色染料需要防止外界因素的作用，也需要制备成微胶囊的形式。

常用的热敏变色染料，通常是一些结合质子能显色的物质。当受热达到一定温度后，随着环境介质中质子浓度的变化，这种染料的结构随之也发生变化，从有色（或一种颜色）变成无色（或另一种颜色）。这种染料变色是可逆的。

4. 物理立体发泡印花

物理发泡微胶囊有一层热塑性致密外壳，内含低沸点溶剂，微胶囊平均粒径为10~30μm，将其混入涂料印花浆中，印花后在适当高温（110~140℃）下处理，胶囊内部的溶剂汽化，产生足够压力，使塑性化的壁壳膨胀，直径扩大到原来的3~5倍，并冷却至室温后仍保持发泡后的状态，从而获得立体感强的发泡印花效果。

印花浆由气体微胶囊制剂、黏合剂、交联剂和增稠剂组成。低沸点有机溶剂主要指低级烃类，沸点 10~70℃ 可选用。该方法印花的关键是发泡条件、发泡技术以及壁材塑性等之间的合理配合。

除上述的染色印花外，微胶囊技术已广泛地应用于纺织品的各种功能整理中，包括阻燃、防皱、防缩、拒水、拒油、抗静电、柔软、抗菌、杀虫、芳香，以及时尚流行的减肥健身等。

思考题

一、判断题

1. 绿色纺织包括两个方面的含义，一是原材料的绿色化（即绿色纤维），二是绿色的纺织生产过程，尤其是使用绿色的纺织整染技术。因此，绿色纺织是一个系统工程。

2. 彩色棉纤维实现了从纤维生产到成衣加工全过程的"零污染"。

3. 苎麻素以"中国草"著称于世，亚麻纤维以"西方丝绸""第二皮肤"的美誉而闻名于世。

4. 天然竹纤维是"会呼吸的纤维"。

5. 黏胶纤维一经面世，就引起了纺织工业界和学术界的广泛关注，并且被誉为"21 世纪纤维""绿色纤维""革命性纤维"。

6. 我国自行研制、开发、生产的绿色环保大豆纤维，并且投入工业化生产，是世界首创。

7. 蜘蛛丝是目前比强比模最高的可降解纤维材料。

8. 甲壳素纤维具有极好的生物相容性，且具有抗菌、保健等功能，是理想的卫生、保健纺织品和医用材料，适于做内衣、医用缝线和医用敷料等。

二、选择题

1. 理想的绿色纤维具有的特征有（　　　　）。

A. 原材料无污染（或少污染），或是可持续发展的绿色资源

B. 合成纤维产品的合成过程节能、降耗、减污，符合环保和可持续发展的要求

C. 加工过程使用绿色技术

D. 废弃后不会带来环境问题，或能循环利用，或回归自然

2. 从来源上看，绿色纤维有（　　　　）。

A. 植物绿色纤维　　　B. 动物绿色纤维　　　　C. 可降解合成纤维　　　　D. 可回收合成纤维

3. 下列可视为植物绿色纤维的有（　　　　）。

A. 有机棉纤维　　　　　B. 彩色棉纤维　　　　　C. 天然"不皱棉花"　　　D. 大麻纤维

E. 苎麻纤维　　　　　　F. 亚麻纤维　　　　　　G. 竹原纤维　　　　　　　H. 竹浆纤维

I. Lyocell 纤维　　　　 J. CC 纤维　　　　　　　K. 植物蛋白纤维　　　　　L. 藕丝纤维

M. 椰子纤维　　　　　　N. 香蕉纤维　　　　　　O. 菠萝纤维

4. 绿色的动物蛋白类纤维有（　　　　）。

A. 无染色（彩色）羊毛　　B. 蚕丝　　　　　　　C. 蜘蛛丝　　　　　　　D. 羽毛纤维

E. 甲壳素 / 壳聚糖纤维　　F. 牛奶纤维　　　　　G. 聚己内酯纤维　　　　　H. 锦纶

5. 目前，普遍引起人们关注的绿色纺织染整技术主要有（　　　　）。

A. 电化学处理技术　　　　B. 生物酶技术　　　　C. 微波技术　　　　D. 超声波技术

E. 超临界流体技术　　　　F. 等离子体技术　　　　G. 微胶囊技术　　　　H. 激光技术

三、写出下列化学物质的名字，并写出与其性质、用途等相关的一句话

1. HCHO　　　　　2. CO_2　　　　　3. Ar　　　　　4. N_2　　　　　5. Cl_2

四、问答题（贵在创新、言之成理）

1. 你购买过绿色纤维产品吗？从消费者的角度，谈谈你对绿色纤维与绿色纺织的认识。

2. 如何理解绿色纺织染整技术？查找资料，并撰写小论文介绍激光技术在绿色纺织染整中的应用（请注意尊重知识产权）。

3. 选择生物酶技术进行绿色纺织染整需要注意什么问题？为什么？

第九章 绿色居家

汹涌澎湃的绿色生活浪潮，使人类的衣（第八章）、食（第六章、第七章）、住（本章）、行（第十章）无不在绿色化中前进，使人们既在享受现代科技的发展为人类生活带来舒适的同时，也在生活中学会如何让人类与自然和谐相处。

第一节 绿色制冷

一、蒙特利尔协议书

进入炎热的夏季，冰箱和空调为我们家庭带来清凉的同时，你是否意识到大自然的环境可能正在遭受创伤呢？如果你家冰箱、空调和汽车中使用的制冷剂为氟利昂系列产品，其对环境的危害首先表现在使大气层中的臭氧层遭到破坏（第二章）。

同时，氟利昂在大气中浓度增加的另一个危害是"温室效应"。原本地球表面温室效应形成的主要原因是大气中的二氧化碳，但大多数氟利昂也有类似的特性。此外，长时间接触氟利昂还会对人体产生危害，严重时可导致窒息死亡或受伤。

为了停止氟利昂对大气臭氧层的破坏，1987 年 9 月 16 日一些发达国家在加拿大蒙特利尔市达成共识，并签订了《关于消耗臭氧层物质（ODS）的蒙特利尔协议书》，简称《蒙特利尔协议书》（*Montreal Protocol*）。【微课视频】

冰箱制冷剂的发展

《蒙特利尔协议书》规定了对臭氧层有破坏作用的氟利昂等受控物质的削减和禁用时间表，此后又几经修改，禁用期限不断提前。至 2005 年，已有 188 个国家的政府签字同意执行这份旨在保护地球臭氧层的国际环境公约。

1991 年 6 月，我国在《蒙特利尔协议书》上签字，之后着手制定了对消耗臭氧层物质生产和消费的冻结目标。1993 年 1 月，我国制定并由国务院批准实施了《中国逐步淘汰消耗臭氧层物质国家方案》。

在国家有关部门近期制定的氟利昂制冷剂加速淘汰计划里，明确提出我国要在 2007 年 7 月 1 日以前停止主要消耗臭氧层物质的生产与消费；2010 年 1 月 1 日前，淘汰四氯化碳和三氯乙烷的生产和使用；2013 年，将 HCFCs 冻结在 2009~2010 年的平均水平；2015 年 1 月 1 日前，淘汰甲基溴的生产和使用；2030 年，淘汰 HCFCs。

同时，我国的清洗行业在 2001 年 8 月也对用作清洗剂的含氯烃类溶剂做出淘汰计划，四氯化碳、CFC-113 和 1,1,1- 三氯乙烷等消耗臭氧层物质分别于 2004 年以前、2006 年以前和 2010 年元旦以前，在我国完全停止生产和使用。

二、氟利昂替代品的要求

要停止使用 CFC 类物质，就必须找到不仅能满足家用冰箱和空调使用性能要求，又不对大气臭氧层造成破坏，符合绿色环保要求的替代品。有使用价值的氟利昂替代品必须满足以下要求。

（1）环保要求：替代品分子中不能含有氯原子，对臭氧分解潜能值（Ozone Depletion Potential，即 ODP）和全球变暖潜能值（Global Warming Potential，即 GPW）为零或近似于零。

（2）热力学要求：替代品应与原制冷剂和发泡剂有近似的沸点、热力学特性及传热特性。

（3）理化性质要求：无毒、无味、无可燃性和爆炸性。

（4）可行性要求：具有可供应性（工艺成熟、价格适宜、能被市场接受），易采用性（无需对原有装置进行大改动即可达到要求）。

目前，国际上关于氟利昂替代品主要有两种指导思想：第一，开发寻找和氟利昂结构完全不同的气体或液体，如氨、二氧化碳、水、碳化氢等非氟利昂系代用品；第二，保留和改进氟利昂优异物性功能商品，开发无公害氟利昂。

美国杜邦公司花费几亿美元资金，率先开发氟利昂替代物。目前，关于氟利昂替代品主要以美国和西欧（主要是德国）为代表，已从几十种 HCFCs（氢氯氟烃）和 HFCs（氢氟烃）中筛选出数种进行重点开发研究。

三、绿色制冷剂替代方案

（一）以美国、日本为代表的替代方案

通过催化的途径，用 H 代替氟利昂中的 Cl 得到的各种氢化物。例如，以 HFC-134a（1,1,1,2- 四氟乙烷，$C_2H_2F_4$）替代 CFC-12（二氟二氯甲烷，CF_2Cl_2）作为制冷剂，用 HCFC-141b（1- 氟 -1,1- 二氯乙烷，CH_3CCl_2F）替代 CFC-11（三氯氟甲烷，$CFCl_3$）作为发泡剂。

HFC-134a 热物理性能与 CFC-12 十分相似，ODP 值为零，GPW 值为 0.026，基本上无毒，而且用户普遍关心的主要指标即安全性、来源可靠性和成本方面都具有较强的竞争力。HCFC-141b 生产工艺相对简单且安全，保温性能好，但 ODP 值和 GWP 值均不为零，属过渡性替代品。

此替代方案的优点是替代物制冷性能与氟利昂相近，现有制冷设备不需作大的改进就能使用，替代品的投资相对较低；其缺点就是没有达到"全绿"的要求、后期运行费用高、原材料成本高。美国、日本、欧洲（德国、奥地利和部分北欧国家除外）及我国都选用了这条路线。

（二）以德国、荷兰为代表的替代方案

用HC-600a [异丁烷,CH(CH₃)₃] 替代CFC-12,环戊烷替代CFC-11,为"全绿"替代物。HC-600a和环戊烷的ODP值和GWP值均为零。环保性能好,取材容易,价格低廉,制作原料来源于石油、天然气。HC-600a运行压力低、噪声小,能耗降低可达5%~ 10%;润滑油可采用原CFC-12的润滑油,对系统材料没有特殊要求。

HC-600a及环戊烷的不足是属易燃、易爆物质,生产和设备使用维修过程中都要有严格的防火、防爆措施,储运、生产、维修现场需通风良好,且安装气体浓度监测及报警装置。因此,该方案主要缺点是前期设备投资大。选择这条路线的国家有德国、奥地利、瑞典、丹麦、荷兰、瑞士、比利时等。

（三）其他替代方案

某些国家选用HCs（碳氢化合物）替代CFC-12,我国也在进行这方面的探讨。目前,最有前途的碳氢化合物是丙烷,它具有优良的热力学性能,来源丰富,价格比HFC-134a和HC-600a更有优势,在未来替代品的发展和替代方案的选择上占有一席之地,被欧洲（特别是德国）看好。

另外,HFC-32（CH_2F_2）与HFC-125（C_2HF_5）也将是重要替代物。HFC-152a（$C_2H_4F_2$）也可能是一种制冷剂的替代物,但其极可能是用于混合型替代物中。混合型共沸化合物也是一种替代方案——即人们正试图在沿用至今的氟利昂中加入无公害氟利昂及碳化氢等,以期在维持其功能的前提下,降低标准氟利昂的用量。

目前,无论在国外还是在国内,替代方案还在进一步的研究和开发之中,还没有哪一套方案被认为是终结方案。

四、无氟冰箱

（一）无氟冰箱的名字误区

目前,对冰箱等使用的氟利昂替代产品大多冠以"无氟"的美誉,报纸和电视的广告上屡屡出现"无氟冰箱"的宣传,其初衷是表示没有使用或生产破坏臭氧层的氟利昂。但是无论从哪个角度来看,对于不用氟利昂的产品,冠以"无氟"是不科学的。

首先,"无氟"给人以没有氟原子的错觉。实际上,除非完全使用碳氢化合物作替代品,其他的替代品,如用作汽车空调和冰箱制冷剂的HFC-134a,就是含氟的烃。HFC-134a之所以成为氟利昂的替代品,是因没有破坏臭氧的氯原子。

氯原子才是破坏臭氧层的罪魁祸首,臭氧层空洞的产生机理已经清楚地说明了这一点（第二章）,氟原子并不破坏臭氧层,氟在这里作了氯的替罪羊。因此,从这个角度来说"无氯"应更为确切一点。

其次,如果"无氟"是指无氟利昂的话,也是不确切的。因为氟利昂仅是杜邦公司的商品牌号而已。20世纪30年代,为了代替当时使用的氨和二硫化碳等危险性制冷剂,美国选定了二氯二氟甲烷（CFC-12）作为安全的惰性制冷剂,在杜邦公司进行生产,杜

邦以"Freon"（氟利昂）作商品牌号投入市场。

随着应用领域的扩展，CFC-12产量和生产厂家增加，除美国外，在西欧、日本和我国也有此类化合物的生产，每个厂商均有自己的商品牌号。例如，我国标准使用化学名称定义其商品的称谓，工业用二氟二氯甲烷称为F-12。因此，"无氟利昂"只能说明没有美国杜邦公司生产的CFC，不能表示没有用CFCs物质。

（二）无氟冰箱的经济前景

目前，所谓的"无氟冰箱"使用的制冷剂，尽管使用了CFC的代用品HCFCs和HFCs，但是它们都还只是制冷剂的过渡性替代工质。因为HCFCs仍旧是《蒙特利尔协议书》中严格规定了淘汰时间的臭氧层破坏物质，而HFCs是《京都议定书》中列出的需要控制排放的温室气体。

这样的话，最终性的既有利于臭氧层保护又不产生温室效应的制冷剂，仍还在研制之中。可以预见，一旦出现突破，其将对现行制冷剂行业产生革命性的影响，并将带来巨大的经济前景。

事实上，即使是过渡性的"无氟冰箱"，在取得了一定的社会和生态效益的同时，也获得了巨大的经济效益。国内许多知名品牌，如海尔、春兰、万宝等生产的"无氟冰箱"，目前已经成功登陆欧美、东南亚等地市场。

第二节　绿色洗涤

当今，用于清洁的洗涤用品，不论从数量上还是从品种上来说，都变得花样繁多。除了传统使用的肥皂外，洗衣粉、洗衣液、洗发液、沐浴液、洗手液、餐具洗涤剂、果蔬洗涤剂、去油洗涤剂等各种用途的洗涤用品，可谓应有尽有。

然而，你是否知道使用这些洗涤剂时，水资源生态环境可能正在遭受着严重破坏呢？这是因为在我们大量使用的合成洗涤剂中，为了提高洗涤效果和扩展洗涤功能，添加了许多对环境不利的成分。其中，最引人注目的是洗衣粉助剂——多聚磷酸盐。

一、洗涤剂的重要成分——三聚磷酸钠

（一）洗涤剂的组成

所有洗涤剂都含有两种成分，即有机表面活性剂（占12%~30%）和无机成分。另外，某些洗涤剂还含有羧甲基纤维素钠、硫酸钠（Na_2SO_4）、蛋白酶等成分。

合成的有机表面活性剂中80%以上为阴离子型表面活性剂，常用的有烷基苯磺酸钠、烷基磺酸钠、脂肪醇硫酸盐、脂肪醇醚硫酸盐等。有机表面活性剂具有疏水基和亲水基，其易受硬水中的钙、镁离子的影响，使去污能力明显下降，甚至完全消失。

因此，通常需要加入洗涤助剂——无机成分，其主要作用就是软化硬水，提高表面活性剂的去污能力，辅助或促进洗涤效果。无机成分主要有三聚磷酸钠（$Na_5P_3O_{10}$）、过

硼酸钠、硅酸钠等。

（二）三聚磷酸钠的作用

实验证明，三聚磷酸钠是一种理想、高效的洗涤助剂，至今尚无可与之媲美的助剂取代。具体说来，三聚磷酸钠的作用有：

其一，三聚磷酸钠能络合洗涤水中的金属离子如钙离子、镁离子等，其中与钙离子的螯合仅需30s便可完成。通过络合钙离子、镁离子等，软化了洗涤硬水，可防止阴离子表面活性剂和钙离子、镁离子等生成不溶于水的螯合物，保证表面活性剂在洗涤剂中的去污作用。

其二，三聚磷酸钠的五价阴离子（$P_3O_{10}^{5-}$），比起其他盐类的阴离子，能更多地提高各种纤维及其织物与污垢之间的负电荷，以便加强它们之间的静电排斥力，这就更有利于污垢的分散，起到阻止污垢再沉积的作用。

其三，三聚磷酸钠的水合物在洗衣粉的生产中有助于粉剂的造粒性，可使产品制成自由流动的空心颗粒形状，使产品的表观密度降低到 $0.4\,g/cm^3$ 左右，使粉状洗涤剂具有良好的颗粒结构。

其四，三聚磷酸钠还具有一定的缓冲作用，它可以维持洗涤液在洗涤过程中始终保持弱碱性，以保证洗涤剂良好的洗涤性能。因此，作为助剂的三聚磷酸钠，在合成洗涤剂中的作用几乎面面俱到，以至于三聚磷酸钠在合成洗涤剂配方中其含量占到了30%左右，有时高达50%。

在20世纪60年代，三聚磷酸钠得到迅猛发展，每年全世界三聚磷酸钠的产量都在百万吨以上。然而，这种性能优越的助剂，在给人们生活带来方便的同时，也对人体产生一定的危害，对水域造成了越来越严重的环境污染。

二、合成洗涤剂的无磷化

（一）含磷洗涤用品的危害

1. 对人体的危害

磷酸盐随洗涤液排放进入水体，被人体摄取后，会破坏人体的钙磷平衡。磷和钙都是构成人体骨骼和牙齿的成分，人体中有70%~80%的磷与钙、镁结合生成磷酸盐，存在于骨骼和牙齿中。

磷酸盐从尿中排出的数量和形式有助于人体酸碱平衡的调节。但摄入过多的磷酸盐会抑制人体对钙的吸收，生成难溶性的磷酸钙，影响人体内钙与磷之间的正常比例，尤其会破坏人体内肠道中钙与磷的比值，导致人体缺钙。

2. 对环境的危害

大量的磷酸盐通过洗涤废液排入江河湖泊，造成水域严重的富营养化危害。磷酸盐是水生植物的营养素，水域中这类磷肥一旦增多，水域营养过量，刺激藻类植物茂盛生长。由于藻类集中在水层表面，光合作用释放出来的氧气饱和了表层水域，从而阻止了大气中的氧气溶入深层水域。

与此同时，大量死亡的海藻分解也要消耗水中的溶氧。这样，水中的溶氧就会急剧减少，甚至可降至零，导致水中的鱼虾等水生动物大量窒息死亡，而其腐烂物又作为藻类等的营养素，从而形成恶性循环，最终导致人类饮用水源的污染，并给地球环境及其生态平衡带来公害。

据统计，水体中磷的来源，大约有 30% 来自含磷洗涤用品。因而，严格控制含磷洗涤剂的污水排放，对于防止水体富营养化将起到重要的作用。近年来沿海地区发生的赤潮，造成海水中的鱼虾死亡，就是由于磷酸盐的过渡排放引起的。

随着世界性的"限磷""禁磷"呼声越来越高，解决磷酸盐危害的问题成为合成洗涤剂工业中的一个世界性课题。要解决由磷酸盐带来的危害，最简单的办法是少用或不用磷酸盐，即合成洗涤剂今后向低磷、无磷化发展。

（二）合成洗涤剂的无磷化发展

20 世纪 70 年代，美国、加拿大、瑞典和瑞士等国家，规定合成洗涤剂中应限制或禁止使用磷酸盐，瑞士还将此规定载入法律。具体的行动，一般是以限制磷酸盐用量为开始，随后便是禁止。

在日本，1975 年开始实施了降低合成洗涤剂中磷含量（以五氧化二磷计）的规定，由占 15% 再向 12%、10% 逐渐减少。1980 年，在粉状合成洗涤剂产品中配入 20% 的 4A 沸石，使无磷粉状合成洗涤剂开始上市，当年无磷产品占总量的 12%。到 1987 年，已占到 98%，基本上实现了日本全国洗涤剂的无磷化。

进入 20 世纪 90 年代，外国又将逐渐被淘汰的含磷洗涤剂（如市面上许多由外资生产或引进国外技术生产的洗衣粉品牌）转移到中国市场，它们的主要助洗剂便是三聚磷酸钠。我国是洗涤剂生产大国和消费大国，因此所用洗涤剂多为含磷洗涤剂。

我国所用的洗涤剂中，每年有 50 万吨以上磷酸盐流入江河湖海；但是，如果改用含铝（4A 沸石）洗涤剂，每年又将有 60 万吨沸石流入江河湖海。

目前，我国某些江河湖海水体中磷的含量，大大超出我国环境保护法所规定的磷含量 0.1 mg/L 的标准，有的地区竟达到了 50 mg/L，城市污水中的磷占了全部生活污水中磷的 70% 以上。

昆明滇池、杭州西湖、武汉东湖、安徽巢湖、湖南洞庭湖、江西鄱阳湖、江苏太湖、山东微山湖，以及珠江流域、长江流域、淮河流域、渤海湾、青岛胶州湾、深圳湾等经济发达、人口稠密的城市周围的江河湖海，均已发生了水体富营养化问题。如果不马上采取限磷、限铝措施，我国的水质状况将会进一步严重恶化。

随着人们对环境保护和自身保护意识的增强，对无公害洗涤产品的要求越来越高，我国颁布实行了无磷洗涤剂的行业标准，为我国无磷洗涤剂的发展开创了一条新的途径，促进了无磷洗涤剂的发展，洗涤剂对水体的污染将逐步得到改善。

我国一些城市如昆明、杭州、大连、抚顺、锦州、营口、盘锦、葫芦岛、广州、深圳等相继实施或即将全面禁止含磷洗涤剂用品的销售和使用，开展"向磷告别"活动。

虽然我国无磷洗涤剂的生产较晚，但目前已有 20 多个厂家生产无磷洗衣粉，其中洛娃、梦彤等牌号获得中国环境标志产品。

洗衣粉低磷和无磷化是在世界各地发现水域富营养化、造成重大的环境问题的前提下提出的，是人类保护环境的一次重大绿色革命。因而，高效、无磷、无铝、无毒、无污染，具有强力杀菌的多功能、多用途的洗涤剂，是今后合成洗涤剂的发展方向。

（三）无磷洗涤剂中磷酸盐的替代技术

为了使合成洗涤剂无磷化生产，推出有利于环境的合成洗涤剂产品，各国相继开展了磷酸盐助剂的替代物的研究，目前的替代技术主要有以下几种。

1. 使用复配的表面活性剂

为了弥补不用磷酸盐对洗涤剂性能带来的影响，可采用高质量的表面活性剂，尤其是对水硬度不敏感的表面活性剂，如非离子表面活性剂烷基酚聚氧乙醚等，或增加配方中单一阴离子表面活性剂（或非离子表面活性剂）的用量。

当然，这会使无磷洗涤剂的成本提高。最好的办法是将两种或两种以上不同类型的表面活性剂进行复配，如采用直链烷基苯磺酸钠与脂肪醇聚氧乙烯醚按一定份量配比，借助它们之间的协同作用，提高两类表面活性剂的活性，降低表面张力，提高复配的合成洗涤剂的去污能力。

2. 使用有机螯合剂代替磷酸盐

常用的螯合剂有柠檬酸钠（常和 4A 沸石一起使用）、乙二胺四乙酸二钠盐（EDTA 二钠盐）、聚丙烯酰胺（PAA）、聚羧酸盐等，它们可以替代磷酸盐，螯合钙离子、镁离子，调节水的硬度。

在这些代用品中，有的对人体有害（如 NTA），有的价格昂贵（如 PAA、EDTA 二钠盐）。聚羧酸盐不仅成本太高，而且不易生物降解，不能在洗衣粉中大量使用。因此，螯合剂替代的方法受到了一定限制。

3. 使用离子交换剂（硅酸钠）的方法

以该离子交换剂中所含的钠离子与水中的钙离子等进行交换，达到降低水硬度的目的。目前，多采用晶体铝硅酸钠和人工合成沸石作离子交换剂代替磷酸盐，尤其后者使用得更多，如合成沸石 4A 和 13X 沸石等。但这类物质含铝，其生物安全性不够高，软化水性能一般。

尽管如此，目前使用的无磷替代物最主要是仍然 4A 沸石。由于 4A 沸石的 pH 属中性，不具备洗涤剂所需的碱性以及 pH 的缓冲能力；而且，4A 沸石是不溶于水的固态物质，无悬浮、分散性能。因此，用它生产的洗衣粉在洗涤时会产生钙沉积，难免附着在被洗涤的衣物上，给洗物造成二次污染或漂洗困难。

为了弥补这两方面的缺陷，必须加入其他添加剂，因而增加了生产成本。更为严重的是，排放掉的洗涤废水中的 4A 沸石会在不同的地表面形成新的堆积物，造成排水管道堵塞等，这对环境、生态也将是一个沉重的负担。如果大量普及使用 4A 沸石的洗涤剂，也将给环境带来危害，所以 4A 沸石并非无磷助剂的最终替代方法。

4. 使用复配的无机沉淀剂

碳酸钠能沉淀钙离子，而镁离子可由硅酸钠来沉淀，碳酸钠和硅酸钠复配以代替磷酸盐，可将钙、镁离子生成沉淀，被排除于洗涤体系之外，避免了水硬度对洗涤剂性能的影响。例如，我国研制并已申请专利的双羊牌、爱尔牌无毒洗衣粉配方中，就采用了该种方法。

三、绿色洗涤的未来

尽管出现了众多的合成洗涤剂无磷助剂产品，但是还没有一种能像三聚磷酸钠那样曾经辉煌过，得到市场的广泛认可。因此，洗涤剂无磷助剂产品的开发还有很多的工作要做。与此同时，从 20 世纪 80 年代以来，关于无磷洗涤剂的争议一直存在（第十六章）。因此，国外有人建议多用肥皂（主要成分为硬脂酸盐——因为硬脂酸是天然化合物，硬脂酸盐可以自然降解）。【微课视频】

绿色洗涤剂的发展

同时，清洗餐具时尽量少用洗涤灵，因为大部分洗涤灵是合成化学产品，排入水源后会污染水体。其实，泡沫的多少和清洁能力是没有关系的（但许多洗涤剂为了迎合人们的错误认识——起泡越多洗涤效果越好——而加入了相当多的起泡剂，这从绿色化学角度看完全是增加废物），所以不必放大量的洗涤灵直到出泡沫为止，最好，不用洗涤灵。

洗餐具时，如果油腻过多，可先将残余的油腻等作为垃圾处理掉后，再用热水烫或热肥皂水等清洗，这样就不会让油污过多地排入下水道了。有重油污的厨房用具，也可以用苏打加热水来清洗，因为油污刚好与碱类皂化生成水溶性的硬脂酸盐类和甘油。这些古老的办法看似过时陈旧，但它既有利于我们的身体健康，又有利于环境保护。

或许，回归传统，用绿色化学的眼光重新审视过去，更有助于找到绿色洗涤的未来。

第三节　绿色装修

所谓绿色装修，主要是指装饰材料及相应装修必用的产品要达到绿色环保、对人身体无害的要求，这些材料大多是指不含甲醛、甲苯、重金属的漆类；不含甲醛的板材；不含放射性元素的石材、陶瓷制品等；严格按照环保标准进行施工的装修方式。

一、常见装修材料带来的室内污染

现代家庭装修中所使用的材料主要为木质板材、胶漆涂料和石材，而这些材料在生产和制造过程中，都要不同程度地用到某些危害人类健康的化学物质，其产品遗留的这些化学成分是造成家庭装修的污染源。

因此，有专家认为，要装修就必然产生一定的污染，只是污染的程度轻重不同而已，环保装修真正意义上是达不到的，我们只能将污染尽量控制到最小的程度。

（一）木质板材残留甲醛的危害

木质板材是装修中用得最多的材料，分为细木工板、杉木机拼板、多层胶合板、贴面板、密度板及各种复合地板。这些材料在生产过程中有的需要用甲醛（HCHO）浸泡以提高防腐性能，有的要使用含有甲醛的黏合剂。

由于甲醛的释放周期在 3~15 年，因此其产品必然携带部分残余甲醛，这是室内空气污染的主要来源。但是，不同的材料所含甲醛的量也是不同的，如同规格的细木工板所含甲醛量要比杉木机拼板多得多；在各种复合地板中，竹木地板的甲醛含量最低。【微课视频】

装修材料中甲醛
的危害

甲醛对室内空气污染的程度与装修关系密切。中国预防医学科学院环境卫生监测所的专家指出，甲醛的释放是一个持续缓慢的过程，而且释放量随着季节和气温的变化而变化。甲醛遇热、变潮就会从装饰材料中散发到空气中，经呼吸道被人体吸收。

长期接触低剂量甲醛，可引起慢性呼吸道疾病、女性月经紊乱、妊娠综合征，引起新生儿体质降低、染色体异常，甚至引起鼻腔、口腔、鼻咽、咽喉、皮肤和消化道的癌症。高浓度的甲醛对神经系统、免疫系统、肝脏等都有毒害。因此，甲醛是污染程度最重的室内空气污染源。

（二）胶漆涂料中苯类物质的危害

装修中使用到的胶漆涂料，包括家具漆、墙面漆和装修过程中使用的各种黏合剂等，这些材料的溶剂是造成室内空气中苯类物质污染的主要来源。【微课视频】

装修材料中苯类
残留物的危害

苯（C_6H_6）是无色具有特殊芳香味的液体，是室内挥发性有机物之一。这类污染除苯外，还有苯的同系物甲苯、二甲苯，均为无色液体。由于甲苯（$C_6H_5CH_3$）、二甲苯的毒性较苯要小，目前广泛用于代替苯作为油漆、涂料和防水材料的溶剂或稀释剂。

在通风不良的环境中工作，短时间内吸入高浓度苯蒸气，可引起中枢神经系统抑制作用为主的急性苯中毒。轻度中毒会造成嗜睡、头痛、恶心、呕吐、胸部紧束感等，并可有轻度黏膜刺激症状。重度中毒可出现视物模糊、震颤、呼吸浅而快、心律不齐、抽搐和昏迷。少数严重者可出现呼吸和循环衰竭，心室颤动。

因此，苯化合物已被世界卫生组织确定为强烈致癌物质，且女性对苯及同系物危害较男性敏感。甲苯、二甲苯对生殖功能亦有一定影响，可导致胎儿先天性缺陷。

（三）石材带来的放射性污染

石材类天然材料，是室内主要的放射性污染源。天然石材的放射性物质主要是氡（Rn）。氡是由镭（Ra）衰变产生的自然界唯一的天然放射性惰性气体。与其他有毒物质不同的是，氡看不见，嗅不到，即使在氡浓度很高的环境里，人们对它也毫无察觉。

氡原子在空气中的衰变产物被称为氡子体，为金属粒子。常温下，氡及氡子体在空气中能形成放射性气溶胶而污染空气。特别是一些深颜色的石材，如"红色""黑色"的花岗石，其放射性更为强烈，所以在进行室内装修时，应尽量少用这类天然石材。

放射性氡对人的危害主要有两个方面，即体内辐射与体外辐射。体内辐射主要来自于放射性辐射在空气中衰变成为一种放射性物质氡子体。它在作用于人体的同时，会很快衰变成人体能吸收的核素，进入人的呼吸系统造成辐射损伤，诱发肺癌。另外，氡还对人体脂肪有很高的亲和力，从而影响人的神经系统，使人精神不振，昏昏欲睡。

体外辐射主要是指天然石材中的辐射直接照射人体后产生一种生物效果，会对人体内的造血器官、神经系统、生殖系统、消化系统造成伤害。

科学研究表明，氡对人体的辐射伤害占人体一生中所受到的全部辐射伤害的 55% 以上，其诱发肺癌的潜伏期大多数在 15 年以上，世界上有 1/5 的肺癌患者与氡有关。所以说，氡是除吸烟以外导致人类肺癌的第二大"杀手"，故世界卫生组织将其列为使人致癌的 19 种物质之一。

（四）其他建筑装修材料带来的污染

除上述三类主要建筑装修材料带来室内环境污染之外，北部地区室内装修时为砼防冻剂所加的氨，也是影响健康的有害物质。

中国室内装修协会环境检测中心调查统计表明，中国近年来每年因室内空气污染而引起死亡人数已达 10 多万。可见，装修污染不仅危害健康，而且是危及生命的祸源。

二、绿色装修材料的选择

绿色装修材料是指在其生产制造和使用过程中既不会损害人体健康安全，又不会导致环境污染和生态破坏的健康型、环保型、安全型的室内装饰材料。

一般来说，装饰材料中大部分无机材料是安全和无害的，如龙骨及配件、普通型材、地砖玻璃等传统饰材；而有机材料中部分物质对人体有一定的危害，如苯、酚、蒽、醛等及其衍生物，具有浓重的刺激性气味，可导致各种生理和心理病变。

在材料的选择上，最好选择通过 ISO 9000 系列质量体系认证或中国标志产品质量认证企业的装饰材料产品。如果获得中国环境标志产品认证委员会授予环境标志产品认证书、中国保护消费者基金会推荐的消费者信得过绿色产品、国家医疗卫生部门检验合格产品，更可以放心使用。

另外，要尽量选择天然材料或购买刺激性气味较小的材料。例如，在暖气附近、厨房和卫生间中，多使用不含甲醛的天然材料和金属，以免人造装饰材料遇热或受潮后散发出甲醛气体。

选购石材时，要向经销商索要产品放射性合格证，不要使用放射性超标的石材；老人、小孩卧室尽量不要大面积使用石材。保持室内空气的净化，可选用确有效果的空气净化器和空气换气装置。在装修完毕后注意通风，在室内没有异味后再入住。

但是，由于绝对的环保装修材料是没有的，因此也就没有绝对的绿色家居环境，只能尽量使用那些污染小的材料，以及尽量减少居室中装修材料的使用量，有利于达到降低室内空气中有害气体的目的。

第四节　绿色照明

一、绿色照明的含义

在追求高品位照明环境的同时，人们把照明和全球环境保护问题紧密联系在一起。因为照明耗电在每个国家的总发电量中占有不可忽视的比重。人口、资源、环境是制约国民经济持续发展的重要因素，1991年1月，美国环保局（EPA）首先提出实施旨在节约能源、保护环境、提高照明质量的"绿色照明"概念。【微课视频】

绿色照明及其环保意义

EPA还提出了相应的"绿色照明工程"，其具体的计划内容是：采用高效少污染光源，提高照明质量，提高劳动生产率和能源有效利用水平，节约能源、减少照明费用、减少火电工程建设、减少有害物质排放，进而达到保护人类生存环境的目的。1996年10月，中国的绿色照明工程也在北京全面启动。

因此，所谓绿色照明，是指通过科学的照明设计，采用效率高、寿命长、安全和性能稳定的照明电器产品，包括电光源、灯用电器附件、灯具、配线器材以及调光控制设备，最终达到舒适、安全、经济、有益环境保护，改善和提高人们的工作、学习、生活质量，有益身心健康，并体现照明文化的现代照明条件。

二、绿色照明的环保意义与技术措施

（一）绿色照明的环保意义

在"绿色照明"的概念中，节能是一个不可忽视的组成部分。我国照明耗电大体占全国总发电量的10%~12%。目前，我国电力生产以火力发电为主，使用燃煤要产生大量的二氧化碳、二氧化硫、氮氧化物等有害气体，造成的"温室效应"和"酸雨"影响全球环境。同时，燃煤过程产生的粉尘同样污染环境。

如果全国的荧光灯都换成节能灯，以8W的优质节能灯为例来算一笔账，其价格为20元，产品寿命至少为5000h，每度电的电费以0.6元计，使用5000h所用的电费和购灯的费用共为44元；而具有相同照明效果的40W的白炽灯的价格为2元，产品寿命为1000h，同样电价和使用5000h所用的电费和购灯的总费用为130元。

我国3亿多的家庭，以每个家庭用4个节能灯算，"绿色照明"每年节约的相关费用能高达200亿元左右；而且，"绿色照明"产品灯管内注汞量小于3.6 mg，远比普通灯管的汞含量低。由此可见，"绿色照明"不仅可以大量减少生产电能对环境造成的污染，还可以大量节约电能。

（二）推进"绿色照明"的主要技术措施

1. 采用高效节能的电光源

目前，正在推广应用的高效节能电光源一般有：T8 双端荧光灯（三基色）；T5 双端荧光灯（三基色）；自镇流紧凑型荧光灯；高压钠灯；金属卤化物灯等。其中，高压钠灯和金属卤化物灯光效较高，再次是荧光灯，卤钨灯和白炽灯光效最低。

2. 采用高效节能的灯用电器附件

取代传统的高能耗电感镇流器的节能电感镇流器和电子镇流器主要有：管形荧光灯用电子镇流器；管形荧光灯用高效电感镇流器；高压钠灯镇流器；金属卤化物灯镇流器。

3. 采用高效的传输器材

采用传输效率高、使用寿命长、电能损耗低、安全的配线器材，有利于节能。

三、绿色光源——半导体照明

（一）半导体照明的含义

半导体照明虽然听起来新鲜，但是人们日常生活中已经开始使用了，手机、掌上计算机、数码相机等高科技产品的背景光源均采用了半导体照明灯。半导体照明也叫 LED，也就是发光二极管，它是由砷化镓、磷化镓、磷砷化镓等半导体制成的。

半导体照明是照明史上继白炽灯、荧光灯之后的革命性突破技术，是一种可直接将电能转化为可见光和辐射能的发光器件。20 世纪 60 年代，世界上第一支半导体发光二极管诞生，它以体积小、寿命长、安全低压、节能、环保的优势，作为一种新型照明手段进入了科学家的视野。

可长期以来，半导体发光二极管只能发出彩色光辉，因此半导体照明问世尽管已有40 多年，仅用在装饰领域，扮演辅助光源的角色。直到 20 世纪 90 年代中期，第三代半导体材料氮化镓的突破，以及蓝、绿、白光发光二极管问世后，半导体照明才得以进入日常照明领域。

（二）半导体照明的优点

半导体照明具有工作电压低、耗电量小、发光效率高、寿命长等优点。与传统的白炽灯、荧光灯相比，可节电达到 90% 以上，而寿命却可以达到普通白炽灯的 100 倍。一个半导体灯正常情况下可以使用 50 年以上。统计资料表明，我国目前每年用于照明的电力接近2500 亿度，若其中 1/3 采用半导体照明，每年可节电 800 亿度左右，相当于三峡电站的年发电量。

半导体照明还非常环保，它所产生的光谱中没有紫外线、红外线，没有热量和辐射，不会产生过多的光污染和热污染，属于典型的绿色照明光源。由于半导体照明寿命长，可少浪费生产资源；半导体照明灯报废之后，相关配件可以回收利用。由于半导体照明能耗低，还可以和风能、太阳能的使用结合起来，为边远地区送去光明。

（三）半导体照明的前景

由于半导体灯具有节能、长寿命、免维护、易控制、环保等优点，照明行业人士普遍认为，如同晶体管替代电子管一样，半导体灯进入普通照明领域已是大势所趋。目前，半导体照明应用领域包括景观照明、汽车、背光源、交通灯、户外大屏幕显示、特殊工作照明和军事领域等。

随着技术进步和生产成本降低，半导体照明的应用范围将更加广泛。鉴于半导体照明产业令人鼓舞的发展前景，近年日本"21世纪光计划"、美国"下一代照明计划"、欧盟"彩虹计划"、韩国"GaN半导体发光计划"等政府计划纷纷启动。世界三大照明工业巨头通用电气集团、飞利浦集团、欧司朗集团，也纷纷与半导体公司合作，成立半导体照明企业。

中国在2003年6月也成立国家半导体照明工程协调领导小组，启动国家半导体照明工程。到2019年上半年，中国出口的LED光源占出口总量的61.5%。为进一步提升LED产业整体发展水平，引导LED产业健康可持续发展，我国还制定了《半导体照明产业"十三五"发展规划》，计划到2020年，我国半导体照明产业的整体产值达到10000亿元；产业集中度逐步提高，形成1家以上销售额突破100亿元的LED照明企业，培育1~2个国际知名品牌，10个左右国内知名品牌；应用领域不断拓宽，市场环境更加规范。目前我国已成为全球最大的半导体照明产品生产国、消费国和出口国。随着"十三五"规划及其配套措施的逐步落地，我国LED行业有望借助政策支持的有利机遇，取得从LED照明产业大国到产业强国的突破性进展。

思考题

一、判断题

1. CFC 的代用品 HCFCs 和 HFCs 都还只是绿色制冷剂的过渡性替代品。

2. 含磷洗涤剂中无机助剂的主要作用是通过络合钙离子、镁离子等软化洗涤硬水。

3. 4A 沸石是理想的无磷助剂产品，其对环境一定没有影响。

4. 取代含磷合成洗涤剂的最终产品可能是传统的肥皂，其可能代表了"绿色洗涤"的未来。

5. 甲醛是室内空气污染的主要来源，也是污染程度最重的室内空气污染源。

6. 二甲苯的毒性较苯要小，可广泛代替苯作为油漆、涂料和防水材料的溶剂或稀释剂。

7. 氡看不见，嗅不到，是自然界唯一的天然放射性惰性气体。

8. 绝对的环保装修材料是没有的，也没有绝对的绿色家居环境。

9. 半导体照明是照明史上继白炽灯、荧光灯之后的革命性突破技术，是一种可直接将电能转化为可见光和辐射能的发光器件。

二、选择题

1. 下列可能作为氟利昂替代品的化合物有（　　　　）。

A. CH_2F_2　　　　　　B. $C_2H_2F_4$　　　　　　C. 异丁烷　　　　　　D. 环戊烷

2. 理想的氟利昂替代品必须满足的要求有（　　　　）。

A. 环保要求（不能含有氯原子）

B. 替代品应与原制冷剂、发泡剂有近似的沸点、热力学特性及传热特性

C. 理化性质要求其无毒、无味、无可燃性和爆炸性

D. 可行性要求，即具有可供应性（价廉）和易采用性（无需对原有装置进行大改动即可达到要求）

3. 推进"绿色照明工程"的措施有（　　　　）。

A. 采用高效节能的电光源
B. 采用高效节能的灯用电器附件

C. 采用高效的传输器材
D. 采用水力发电，减少火电工程建设

三、写出下列化学物质的名字，并写出与其性质、用途等相关的一句话

1. $Na_5P_3O_{10}$　　　2. CFC　　　3. HCHO　　　4. C_6H_6　　　5. $C_6H_5CH_3$

6. Rn　　　　7. Ra

四、问答题（贵在创新、言之成理）

1. "无氟冰箱"真的"无氟"吗？为什么？

2. 你生活的区域附近曾经有"赤潮""水华"等现象发生吗？查找资料，并撰写小论文介绍"赤潮""水华"发生的原因与解决办法（请注意尊重知识产权）。

3. 什么绿色装修？选择绿色装修材料应该从哪些方面来考虑？

4. 什么是绿色照明？绿色照明有何环保意义？

第十章　绿色交通

目前，城市交通已经对人类生存的环境，产生了严重的不良影响。例如，汽车尾气成为许多城市一个主要的空气污染源，甚至有些城市中机动车排污量已占整个污染源的90%。另外，交通噪声与振动对道路周边地区居民生活环境和医院学校等敏感设施的影响，也已成为当今社会突出的环境问题。

广而言之，城市交通还对生态环境，如土地绿化和水质等，带来一定的影响；也给城市的人文景观带来影响。对许多历史文化名城，如何既促进交通运输设施的建设又不妨碍历史遗迹风景景观的特色与总体风貌，已经成为一个非常紧迫的现实问题。因此，人们在绿色大潮中，也提出了对绿色交通的呼唤。

所谓绿色交通，指对人类生存环境不造成污染或者较小污染的交通方式，包括交通工具、道路状况、车辆运行方式和交通管理措施等。它不是一种新的交通方式，而是一种新的理念。绿色交通可以节省宝贵的能源，能使人们得到安全、便利、快速及平稳舒适的运输服务，有利于车、城、山、水融为一体的协调发展。

第一节　交通能源的绿色化

一、环境友好的机动车燃料

汽车尾气的污染是显而易见的。为了避免金属铅污染和降低废气排放，无铅汽油和尾气净化器正在各大城市强制推广。但是，它们只能是"事后"补救。

早在1996年，英国就尝试使用绿色燃气汽车减少城市交通污染。英国第一辆以纯净压缩天然气（主要成分 CH_4）为燃料的公共汽车与传统的汽油、柴油机驱动的汽车相比，所排放的气体要干净得多。

因此，压缩天然气、液化石油气和氢能等，以及甲醇和乙醇等醇类燃料，作为环境友好的机动车燃料，正逐步推广使用，以从源头上减少由汽车尾气中的一氧化碳以及烃类引发的臭氧和光化学烟雾等对空气的污染。

目前，这方面的困难主要是在许多地方缺乏足够的燃料供应站，虽然发动机设计上的一些问题已经逐步解决。当然，对于氢能，氢气（H_2）的大量提供与安全储存，的确仍然是一个需要解决的难题。

二、电力——洁净的交通能源

尽管如此，汽车尾气中的氮氧化物（NO_x）难以避免。只要有燃料直接燃烧，汽车中就难免会有氮气（N_2）与氧气（O_2）在高温高压下化合。为了标本兼治，科学家纷纷将绿色动力汽车的目光投向太阳能汽车和电动汽车。其中，开发的关键是各种燃料电池和太阳能电池的研制。

事实上，目前一些城市中，特别是欧洲的老城中，仍然保留的传统电车，今天看来，不仅仅是一件交通工具，也是一件符合绿色时尚的人文艺术景观。但在中国，电车有过短期的辉煌之后，20 世纪 90 年代前后出于市容考虑，只有为数不多的大城市保留了少量的"流动风情"在苟延残喘。

当然，人们从现实出发，在交通能源的绿色化上，一种电能与燃料混用的动力设计，也是当前汽车设计中既节能又环保的时尚——因为汽车尾气最严重的情况是启动时燃料燃烧不完全产生的，此时可改用电力启动，从而避免燃料动力带来的污染。【微课视频】

新能源汽车

可以说，混合动力汽车吸收了电动汽车和普通燃料汽车两者的优点——起动后达到一定速度后转为由内燃机驱动，上坡和加速超车时由内燃机和电动机联合驱动，减速刹车和高速公路正常行驶时回收能量给电能储存系统充电，因此值得推广。

第二节 交通材料的绿色化

一、对汽车制造材料的要求

人们给绿色汽车的定义是，一种不用普通汽油作为燃料、使用过程中基本无污染、废弃淘汰后回收利用率高的汽车。其中，最后一条就是对汽车制造材料的要求。因为现代社会随着汽车数量的急剧增加，其废弃量也逐年增长，如果不妥善处理，造成的环境污染和资源浪费也不可忽视。

现在，全塑材料汽车已经研究成功，其有利于环保和节能。2018 年，世界上第一辆由埃因霍温技术大学在荷兰设计和制造了生物基汽车 Dubbed Noah。汽车底盘和所有车身首次采用天然和生物材料制成，汽车结构部件没有使用金属或传统塑料。这些部件由轻质和坚固的夹层板组成，主要是天然纤维亚麻和 Total Corbion PLA 提供的 Luminy®PLA。Luminy®PLA 是生物基和可回收的，与许多传统塑料相比，碳含量减少。高热 Luminy®PLA 用于制造汽车，可确保耐用性和足够的耐热性。

然而，目前普遍应用的汽车材料仍然是金属材料为主的，这些材料如何合理回收与充分利用，特别是保证回收利用后产品质量，是一个值得关注的问题。因此，衡量一个汽车是否绿色化，其制造材料是否可以回收、是否方便回收，也是一个要求。

目前，国外在回收废车方面，已经有较大的成功，如美国、德国、法国等发达国家把每辆车重量 75% 以上的部件都回收重新利用起来。

二、对道路制造材料的要求

交通材料的绿色化，还包括道路制造材料的绿色化。在道路制造材料的选择上，也可以体现绿色交通的思想。不同的材料对车辆以及环境所造成的影响也不一样，应该尽量选择利于安全驾驶和环境保护的材料。

道路制作材料

【微课视频】

在噪声、扬尘方面，刚性路面（包括水泥路面）会产生很大的噪声，有的扬尘现象严重（如沙石路面），危害居民的生活环境；在柔性路面上，车辆行驶舒适且噪声小，可称之为绿色路面。因此，高级沥青材料开发是路面材料绿色化的关键。

同时，路面材料还直接影响路面的摩擦系数。摩擦系数不满足要求是很危险的，遇到紧急情况不能够及时刹车，特别是在雨后和特殊气候地区，摩擦系数小的路段交通事故时有发生。因此，不同材料的具体使用还要综合考虑而复合、优化。

在道路照明方面，不同的道路材料，特别是路面道路标志所用的材料，对光的反射和吸收作用是不同的。因此，照明布局应尽量发挥照明材料的配光特性，取得较高的路面亮度、满意的均匀度，并注意尽量限制产生眩光。这样，才能保证夜间行车的安全，并节约照明能源。

还应注意的是，道路夜间的照明要尽量避免突变，常常因司机不能很快地适应这种变化而酿成交通事故。——当然，道路材料的选用、布局，是和道路本身的几何设计分不开的，它们都应该把绿色交通的思想融合进去，使道路不仅符合道路规范，而且符合绿色交通的要求。

第三节　交通观念的绿色化

从交通系统绿色化的整体上看，交通观念的绿色化是最重要的，特别是公交优先的观念。这里，所谓的公交，指的不仅是公共汽车、公共电车等，也包括地铁、轻轨等城市轨道交通，甚至包括共乘汽车等。

一、既高效又环保——公交优先的必要性

随着城市经济的发展，城市流动人口不断增加，居民出行次数也不断增加（例如，上海市 1986 年调查人均出行次数 1.79 次 / 天，1995 年 1.95 次 / 天，2000 年 2.29 次 / 天，预计 2020 年 2.59 次 / 天）。与之相适应，城市交通必将迅猛发展。而公交系统的建设（尤其是轨道交通），是改善

绿色出行——
公交优先

城市交通状况的根本途径。【微课视频】

在大客运量的运输方面，轨道交通较其他的交通工具有其显著的优势。它的交通事故损失成本大大低于道路交通工具，其带来的噪声和空气污染等环境方面的损失仅为道路交通方式的 6%~10%。因此，从城市总体污染水平上看（或按使用者人均算），城市轨道交通对大气环境、声环境的污染贡献量较低。

同时，由于城市轨道交通方式不会造成交通拥堵，故其速度快，旅客消耗的旅行时间价值可与出租车媲美，不到公共汽车的 40%。此外，轨道交通方式的每人每公里能耗为道路交通方式的 15%~40%，占地仅为道路交通方式的 1/3 左右，故轨道交通在资源方面也具有明显优势。

目前，在绝大多数人文和可持续发展属性的定性评价指标中，轨道交通（城市铁路、地铁、轻轨）也都具有优势。正在兴起的磁悬浮列车，是城市轨道交通的最高形式，它具有速度高、能耗低、噪声小、更安全舒适、维护少、长期效益明显等优点。同样，公共汽车也有很多绿色优势。

公共汽车较个人小汽车污染小，占用道路和停车用地更为经济。以每平方米每小时通行人数为标准衡量道路的使用效益，公共汽车是小客车的 10~15 倍。运送同等数量的乘客，公共电车、公共汽车与小汽车相比，分别节省土地资源 3/4，建筑材料 4/5，投资 5/6，其能耗也相对较低。因此，大力发展公交系统是解决交通问题的一个好办法。

西方国家的小汽车交通已使他们陷入"拥有小汽车—多修路—出行距离远—更依赖小汽车"的恶性循环状态，交通成了城市的主要污染源。目前，这些国家的一些有识之士已经开始呼吁：重新审视小汽车发展政策，并提出居住与交通的集约化，即充分发展公共交通系统。

因此，有人认为中国大城市必须远离小汽车化交通。以北京、上海和天津为例，目前人均道路面积不足 10 m²，而欧美国家均在 25 m² 左右。尽管如此，他们的城市交通问题仍比我国严重。很难想象，如果我国的汽车保有量达到欧美国家的水平，人均道路面积也达 25 m²，城市面积需要扩大多少？

二、法规扶持、严格执行——公交优先的可行性

提倡公交优先，不能只是口号，其具体体现在：大力扶植公共交通企业，制订切实可行的扶持政策，加强公共交通的服务质量和效率；发展城市轨道交通系统，限制汽车的无节制发展，鼓励共同乘用汽车等（例如，在新加坡，一个人坐车进入市区要比多个人坐一辆车多收费）。

目前，国内许多城市的公交系统发展迅速，但实际效果不尽人意。许多城市的公共交通利用率还很低，原因就是公交管理运作机制不完善、服务水平不高。例如，效益好的路段线路重叠，司机相互占道抢客，交通秩序混乱；而偏远地区公交站场及线路配套

不足，甚至没有布线。

因此，当务之急是合理的规划和布置公交站点，提高服务水平，改善运营机制，让市民切切实实地感受到公交车的快捷与方便。例如，在日本、新加坡等国家，公交专用线的服务水平非常高，每一条路线都有固定的时刻表，像火车一样，公交到站和出站、每辆车之间的时间间隔都严格地按照时刻表运行。

其中，某些政策是否可行是关键。目前，在许多城市口口声声高呼"公交优先"，明确公交车的优先权，建立公交专用线系统，但不能"有的放矢"。例如，一些城市专门在机动车道路的边缘划出公交车道，中心为大车道、小车道（图 10-1-A）。这看似合理，方便乘客，实则不然。

第一，其划定的摩托车道和公交车道同一个道；第二，公交车道最靠边，任何车辆的停靠都可以挤占公交车道，尤其是的士。因此，公交车道有名无实。甚至由于上述划分，即使中间道再空，公交车也不能走，只能在边上磨磨蹭蹭，好生可怜！如此公交优先政策，实为小车优先！

相反，在某些城市，虽然两侧仅共有 4 个机动车道，但设计相对合理（图 10-1-B），反而不易塞车，因为它能使乘坐公交车的人切实体会到"公交优先"的好处，坐公交车的人就比开车的人多了。其中，公交车站设立在马路中心，看似不便，但此处同时设立有人行横道和红绿灯，充分体现了"公交优先"的思想。

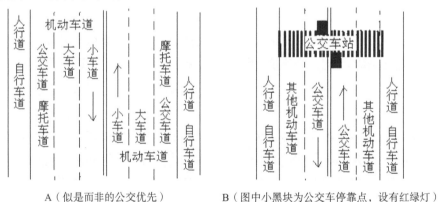

A（似是而非的公交优先）　　　　B（图中小黑块为公交车停靠点，设有红绿灯）

图 10-1　公交优先中不同的公共汽车道划分示意图

试想，公交车本身有多次停靠的特点，此处有红绿灯又何妨？况且，与人行横道配合，更方便了乘客及时的出入与疏散。但红绿灯明显会影响其他机动车的行驶，何况其他机动车也是一个车道，特别是在十字路口时；而公交车独享一个居于中央的专用车道，摩托车、的士、卸货车等都不可能占用，到十字路口时更加快捷。

因此，昆明等城市如此设计公交车站，得到了广大市民的称道，并引以为豪。当然，合理"公交优先"政策的严格执行也是关键。其实，其他有利于交通绿色化的法规也是如此，典型的是汽车尾气排放标准的执行。归根究底，交通观念绿色化的核心是个人利益与全体利益的取舍、经济利益与环境利益的纠纷。

第四节　绿色交通中的争议

各种利益的交织，使绿色交通这个看似简单、理想、美丽的东西，变得复杂、沉重而现实。下面，我们仅从与大家日常相关的地方，列举两个实例供思考。

一、自行车该不该发展

在环境优美、安全宁静的街道上骑自行车，是一种有利身心健康，对环境也没有破坏的活动。在绿色交通观念中，这也是被提倡的行为之一。但是，这种快乐却无法反映在 GDP 的增长上——庆幸的是，近来人们开始研究"绿色 GDP"。

于是，我们不得不花费巨大的成本保护国内低效率的汽车工业，在城市里让自行车、行人统统给汽车让路，把大量的城市土地用于修建高标准的道路、停车场，再花更多的钱给汽车安装尾气净化装置。

短短几年时间，在中国的大城市里，汽车数量激增已经成了许多令人头疼的问题的根源。为解决这些问题而额外投入的人力、物力，都可以转化到 GDP 的增长中，虽然这些与改善大多数人的生活质量没有多大关系。

在国外，自行车工业一直是德国长盛不衰的制造业部门之一，其表现有时甚至比飞机工业还好；美国人总数不到全球的 1/20，人均能源消耗是世界平均值的 20 多倍，但也是世界上年消耗自行车最多的国家；若按人均消费量算，日本和欧洲国家更高。

因此，如果协调规划、产业规划和市场调控手段运用合理的话，不一定需要巨大的投入，就可以使自行车产业成为国民经济的一个重要增长点——但是，这种增长于政府而言非高新企业，于个人而言非身份尊贵标志，有谁愿意呢？

根据不同出行方式与能量消耗和废气总排放量资料的比较，小汽车的公里废气排放量是公共汽车的 19 倍，能源消耗是公共汽车的 1.5~2.0 倍，而自行车的废气排放量为零。这是当前任何一种交通工具都无法相比的。

自行车具有灵活方便、自主性好、适应性强、造价低、经济耐用、便于维修、不耗能等优点。此外，骑车还有利于身体健康、防病抗衰老，有利于环境保护、占地小、功能多、适合大众需要等。因此，在未来的城市交通中仍会具有一定的地位和作用。

据统计，我国 200 万人口以上大城市居民出行比例平均值为：步行 37.0%，自行车 36.2%，公交车 20.6%，其他 6.2%。这种比例与我国城市居民平均出行距离有关。我国有的城市出行半径比较小，完全可以选择自行车来代替公交车，从事道路设计和交通规划的工作者应该充分考虑自行车的特性，为自行车的行驶尽量提供方便。

2016 年，共享单车走进中国人的生活，这是人们日常出行便捷化、绿色化的开始，也使得整个自行车行业出现了旧貌换新颜的景象。然而，到 2018 年，人们开始意识到，各色共享单车在路边乱停乱放，影响交通；自行车废弃场里废旧自行车也是堆积如山，再到后来各色各样的"七彩"单车公司纷纷倒闭，OFO等大牌公司也深陷押金门事件，合理化、规范化的共享单车确实值得我们好好地思考，共享单车未来的路在哪里？

二、如何给电动自行车定位？

近年来，蓄电池驱动的电动自行车（简称电单车），作为一种代步工具，也开始引起了人们的注意与争论。

（一）机动车、非机动车？——交通部门的难题

一般自行车的速度有限，是公交部门划定的非机动车。电单车的速度较快（一般可达20 km/h），但又不够机动车的标准（30 km/h）。因此，肯定不是机动车，故不少城市不允许其在机动车道上行驶。

然而，在大城市中由于塞车严重，电单车经常比汽车快得多，故受到许多上班一族的追捧。如果电单车在机动车道上行驶，其自身不安全；如果其占用人行道行驶，其给行人和一般自行车带来交通隐患。

因此，这都使得交通部门难以管理。甚至由于这些原因，电单车在许多城市被明文禁止上路，只限居民生活小区使用，但"满园春色关不住，一枝红杏出墙来"。在上海，电单车的数量已达数十万辆；广州禁而难止，数量悄升。

（二）绿色、潜在危险？——铅蓄电池的难题

安全与环保，是关系到电动自行车产业生命的两大命脉。安全是所有交通工具安身立命的共同基础；而环保，则是电动自行车这种新兴交通工具的特别要求。从"绿色交通工具"的要求来看，目前至少还有两大问题必须认真对待：

第一是即将出现的废车的处置，亦即国际环保人士对应用性器具最为关注的"从生到死，都要绿色"的问题。第二是更现实更具体的问题，即废蓄电池，特别是目前作为电动自行车主要动力源的铅酸电池的废旧品的回收和再利用。废蓄电池如果不进行处理，将会带来严重的铅（Pb）污染和废酸污染。

只有绝大多数电动自行车产销企业对上述问题的迫切性、重要性高度重视，并且国家及时出台强制性的政策，即危险废弃物的废蓄电池的管理细则和处罚条例，以及技术层次上有完整的、便于操作的回收网络，才有望使电动自行车产业顺利进入"群众欢迎—消费扩大—生产增加—成本降低—群众更欢迎"的良性循环圈。

如果真正如此，乐观地看，预计电单车会逐年大幅增加；同时，也会催生出一些回收再利用蓄电池的上亿产值的新产业，为社会增添大量的宝贵资源。也只有如此，才能为电动自行车真正戴上"绿色桂冠"，从而真正实现电动自行车行业所有企业的共同理想——"绿色电单车，走遍全中国"。

但是，企业愿意吗？你愿意配合吗？

思考题

一、判断题

1. 绿色交通不是一种新的交通方式，而是一种新的理念。

2. 绿色交通的根本目标是节省能源和材料，促进车、城、环境融为一体的协调发展。

3. 交通绿色化，是绿色生活的内容体现之一。

二、选择题

1. 下列属于交通绿色化的是（　　　　）。

A. 使用氢燃料　　　　　　B. 使用低噪声路面材料　　　　　　C. 强制尾气净化

D. 使用电动力　　　　　　E. 回收汽车制造材料　　　　　　　F. 推广无铅汽油

2. 下列关于绿色交通的说法不正确的是（　　　　）。

A. 特大城市积极建设路轨交通　　　　　　B. 大城市积极鼓励个人汽车消费

C. 中等城市合理规划公交线路　　　　　　D. 小城市充分完善自行车道建设

三、写出下列化学物质的名字，并写出与其性质、用途等相关的一句话

1. CH_4　　　　　　　2. H_2　　　　　　　3. Pb

四、问答题（贵在创新、言之成理）

1. 如何认识"公交优先"？结合你所在的城市谈谈你的个人体会。

2. 自行车、个人汽车发展谁重要？为什么？谈谈你的个人意见。

3. 了解治理交通噪声的研究情况，围绕该交通噪声的来源、治理方法与发展前景撰写一篇小论文（注意格式与尊重知识产权）。

4. 了解绿色交通材料的研究情况，就其中的某一个方面（品种），围绕该绿色交通材料的来源、用途与发展前景撰写一篇小论文（注意格式与尊重知识产权）。

第十一章　绿色高分子材料

从材料的发展史看，人类经历了石器时代、青铜器时代、铁器时代，目前已经处于高分子材料的时代。高分子材料给我们带来好处的同时，也对人类生存的环境产生了一定的负面影响。因此，在绿色大潮中，各种绿色高分子材料也不期而至。更重要的是，其中蕴涵的绿色理念，也指引着我们对高分子材料的绿色应用。

第一节　可降解高分子材料的利用

广义地说，可降解高分子材料有生物降解高分子材料、光降解高分子材料以及混合降解高分子材料。但由于高分子材料的最终降解都离不开微生物的作用，否则难以彻底降解，因此可降解高分子材料往往狭义地指生物降解高分子材料。目前，生物降解高分子材料的开发与利用，已经形成了研究热潮。

一、天然的生物降解高分子

自然界本身就存在许多可降解的高分子材料，那就是天然的生物降解高分子，常见的有淀粉、纤维素、甲壳素、木质素、透明质酸、海藻酸等。其中，淀粉、纤维素、甲壳素等为多糖聚合物。从绿色化学的观点看，用多糖聚合物作原料有不少优点。

多糖聚合物是生物原料，因而具有可再生的优点；相反，从石油和其他化石燃料衍生的原料却是将要耗竭的。目前，还没有数据表明多糖聚合物会对人体健康和环境产生严重的和持久的毒性危害，使用多糖聚合物的潜在事故危险是可以忽略的。

从环境的意义上看，采用多糖聚合物作为原料的另一个优点是，在超过使用寿命后，多糖聚合物在生态体系中是可降解的。因此，相对于在环境中长期保留的大多数聚合物，多糖聚合物有明显的优点。其实，天然高分子几乎都具有这些优点。

常见的许多高分子材料，如 Lyocell 纤维、棉纤维、甲壳素纤维等，就是多糖聚合物。遗憾的是，天然高分子材料往往应用的领域有限。因此，一方面需要对它们进行化学改性和加工，另一方面还不得不开发人工合成的生物降解高分子。

二、合成的生物降解高分子

人工合成的生物降解高分子通常为聚酯类或聚酰胺类，因为其中含有酯键或酰胺键，易于被水解和微生物降解。

（一）早期生物降解高分子合成研究

聚乳酸等生物降解高分子的研究和开发，可追溯到 20 世纪二三十年代。1928 年，年仅 32 岁的卡罗瑟斯博士（Wallace H. Carothers，1896—1937）作为当时美国最大的工业公司——杜邦（DuPont）公司成立才两年的基础化学研究所的有机化学部任负责人，进行有机化学部的基础研究。

卡罗瑟斯试图寻找一种有用的合成纤维材料，因此对脂肪族聚酯的合成进行了深入研究。1930 年，他成功地用乙二醇和癸二酸缩合制取了可以抽丝的聚酯，随后又对一系列的聚酯化合物进行了深入研究。

由于当时所研究的聚酯都是脂肪酸和脂肪醇的聚合物，且分子量有限，具有易水解、熔点低（<100℃）、易溶解在有机溶剂中等缺点，卡罗瑟斯因此得出了聚酯不具备制取合成纤维的结论，最终放弃了对聚酯的研究。然而，当年卡罗瑟斯所认为的"易水解"缺点，正是目前科学家们普遍认为的可降解聚酯的优点：存在酯键的脂肪族高分子材料最易于生物降解。

就在卡罗瑟斯放弃了聚酯的研究以后，英国的温费尔德（T. R. Whinfield，1901—1966）在吸取卡罗瑟斯研究成果的基础上，改用芳香族羧酸（对苯二甲酸）与二元醇进行缩聚反应，1940 年成功地合成了第一种聚酯纤维——涤纶（PET）（反应式如下），为人类的服装材料带来了一场革命。

$$\text{HOOC} \underset{}{} \text{COOH} + \text{HOCH}_2\text{CH}_2\text{OH} \xrightarrow{-\text{H}_2\text{O}} \left[\begin{matrix} O \\ \| \\ C \end{matrix} \underset{}{} \begin{matrix} O \\ \| \\ C \end{matrix} - \text{OCH}_2\text{CH}_2\text{O} \right]_n$$

但是，聚酯类高分子本身存在的高稳定与易降解的矛盾，使曾经风靡一时、目前仍大量使用的涤纶，过去因改进了卡罗瑟斯之"不足"、引入含有苯环的芳香族二元酸而兴起，现在又因其中的苯环在自然界中很难降解的原因而面临淘汰——赶走不再喜欢的"宠物（PET）"。【微课视频】

PET 的是是非非

而卡罗瑟斯本人，为了合成出高熔点聚合物，后来将注意力转到二元胺与二元羧酸的缩聚反应上。终于在 1935 年 2 月 28 日合成出聚酰胺-66（反应式如下）——这导致了世界上第一种合成纤维尼龙（nylon）的诞生。【微课视频】

尼龙材料的合成
及绿色化

$$\text{HOOC} \left(\text{CH}_2\right)_4 \text{COOH} + \text{H}_2\text{N} \left(\text{CH}_2\right)_6 \text{NH}_2 \xrightarrow{-\text{H}_2\text{O}} \left[\begin{matrix} O \\ \| \\ C \end{matrix} - (\text{CH}_2)_4 - \begin{matrix} O \\ \| \\ C \end{matrix} - \text{NH} (\text{CH}_2)_6 \text{NH} \right]_n$$

（二）生物降解高分子的种类与用途

目前，人们已经开发了许多人工合成的生物降解高分子，如聚乳酸、聚己内酯等脂肪族聚酯，以及聚氨基酸、聚酸酐、聚磷酸酯等。对于合成的生物降解高分子，从绿色化学的角度讲，高分子材料的合成与应用实际上就是目标产物的绿色化。

例如，除前面提及的聚乳酸、聚乙醇酸（第四章）外，聚氨基酸对生物体无毒，无副作用，无免疫源性，具有良好的生物相容性和生物降解性，可以用作手术缝合线、人造皮肤、药物缓释载体等医用材料。

同样，聚乳酸与聚乙醇酸的共聚物（PLGA）、聚乳酸与聚氨基酸的共聚物（PLAA）也是良好的生物材料。PLGA可以用于手术缝合线（图11-1）、组织工程支架材料、药物缓释材料等。PLAA也在医用领域中应用于组织工程和药物缓释等。

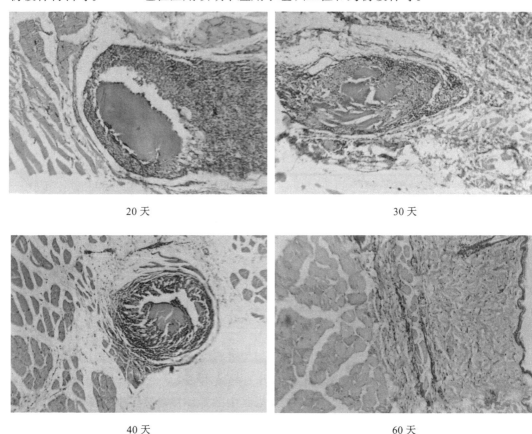

20天   30天

40天   60天

图11-1　PLGA医用纤维在动物皮下组织中的降解、吸收过程

又如，聚丙烯酸是一类重要的阳离子聚合物，在工业上有很多应用（第十四章）。遗憾的是，聚丙烯酸并不能被生物降解。因此，在大多数情况下，这些聚合物只能被当作废物处理。一个在经济上可行的、有效的和生物可降解的替代物是热聚天冬氨酸。

热聚天冬氨酸是无毒且与环境友好的化学品。作为一种聚氨基酸，经生物降解性能测定，能被归类为生物可降解的化学品。1996年首届美国总统绿色化学挑战奖小企业奖授予Donlar公司，就是因其开发了两个高效工艺以生产热聚天冬氨酸（第十四章）。

生物降解材料PBAT（聚对苯二甲酸—己二酸丁二醇酯）在化学合成纤维应用领域有很大的潜力。因为PBAT分子链中含有大量脂肪链，使其可能具有与氨纶相当的弹性，同时PBAT分子链中大量亚甲基在纺丝牵伸过程中的自结晶可以显著提高丝线的强度和耐老化性。2012年成立的金晖兆隆高新科技股份有限公司，项目总规划年产生物降解塑料 PBAT 材料 10 万吨，现已形成年产 2 万吨爱柯沃得®生物降解塑料的领军企业。

聚羟基脂肪酸酯（PHA）或聚羟基链烷酸酯是一种由细菌生产的高质量生物降解聚合物，在生物体内主要是作为碳源和能源的贮藏性物质而存在。它具有类似于合成塑料的物化特性及合成塑料所不具备的生物可降解性、生物相容性、光学活性、压电性、气体相隔性等许多优秀性能。而且，它们可以是热塑性塑料，这意味着它可以很容易地模塑和重塑成不同的产品。此外，与其他形式的生物塑料不同，它不会破坏环境，可再回收。PHA 在陆地环境中一年内可以降解，在海洋环境中需要 10 年。同时，合成塑料在类似环境中，可能需要数百年的时间才能降解。

（三）全球"禁塑令""禁废令"与生物可降解塑料的机遇

2008 年，我国国务院就下发了《关于限制生产销售使用塑料购物袋的通知》，以限制塑料袋的使用。具体包括：

（1）禁止生产、销售、使用超薄塑料购物袋；

（2）实行塑料购物袋有偿使用制度；

（3）加强对限产限售限用塑料购物袋的监督检查；

（4）提高废塑料的回收利用水平；

（5）大力营造限产限售限用塑料购物袋的良好氛围；

（6）强化地方人民政府和国务院有关部门的责任。

随后，世界上其他许多国家也开始禁止各种一次性的塑料制品，包括塑料器皿、瓶子和袋子等。

2017 年 7 月 17 日，中国向世界贸易组织（WTO）提出，截至 2017 年底，中国将禁止进口四类共 24 种固体废料，包括生物源塑料、钒渣、未分类废纸及废纺织品。自此我国开始推行"禁废令"。据《2018—2023 年中国废物行业发展前景及投资机会分析报告》数据库显示，2018 年 4 月，中国进口的固体废物（废塑料、废纸、废金属）163.7 万吨，与去年同期相比下降 53.6%。1~4 月中国进口固体废物（废塑料、废纸、废金属）707.7 万吨，与去年同期相比下降 53.9%。

在中国决定禁废后，欧盟立刻启动一项塑料战略，希望通过征税"确保欧洲减少塑料使用"。包括吸管、不降解的彩色瓶子、咖啡杯、盖子和搅拌器、餐具和外卖包装等。欧盟希望，在 2030 年之前，回收所有塑料的 55%，并要求成员国在 2026 年将人均塑料袋的使用从每年 90 个减少到 40 个。而日本、美国等国家则因为短期内无法做到彻底回收，只能寻求中国的替代者来缓解由此带来的压力。

随着全球"禁塑令""禁废令"的推行，也给生物可降解塑料带来了前所未有的机遇和发展。全球知名咨询公司 HIS Markit 分析指出，由西欧国家发起的"限制或停止时候用塑料袋以及其他一次塑料制品如吸管"等活动，将进一步推动生物可降解塑料的时长需求。2018 年全球生物可降解塑料的市场价值超过 11 亿美元，到 2023 年，全球生物可降解塑料的市场金额将有望达到 17 亿美元。2018 年全球对生物可降解聚合物的需求量是 36 万吨。但 HIS 预计到 2023 年，全球生物可降解聚合物的消耗量可增加超过 50%，达到 55 万吨。这意味着，从 2018 年到 2023 年 5 年间，全球生物可降解聚合物消耗量的年平均增长率可达 9%。

2018 年 7 月，星巴克宣布计划在 2020 年前在全部门店停止使用一次性的塑料吸管，除了星巴克外，凯悦、希尔顿、万豪等其他 7 家跨国集团也宣布了将停止使用一次性塑料吸管，并用可降解材质的塑料吸管进行代替。这也就表明了全球对于生物降解塑料的需求在与日俱增。浙江海正生物材料股份有限公司，我国最大的聚乳酸塑料生产加工企业，则希望通过开发多种系列聚乳酸吸管产品及其他一次性塑料制品，大力推动生物可降解塑料的发展。

第二节　高分子材料合成的绿色化

由于合成高分子占据了高分子材料中的较大比重，因此其绿色合成也是绿色高分子材料研究中不可缺少的重要方面。高分子的合成离不开单体和催化剂。因此，尽管各种高分子合成的绿色方法层出不穷（如超临界二氧化碳中合成聚乳酸、微波催化合成聚己内酯等），但下面仅从单体和催化剂方面介绍高分子材料合成的绿色化。

一、使用绿色原料和试剂

聚乳酸及其衍生物都是可以生物降解的高分子材料，是绿色高分子中的研究热点（2002 年，美国 Cargill Dow LLC 公司关于聚乳酸的成功开发，使其荣获了美国总统绿色化学奖）。它们可以作为通用高分子（如塑料）使用，其主要合成原料乳酸来自于淀粉，而且作为医用材料使用后的主要降解产物乳酸是生物兼容的。因此，聚乳酸类生物降解材料的合成中，原料的绿色化研究也较多。

例如，荷兰学者 Bruin 报道了绿色原料赖氨酸二异氰酸酯（LDI，结构式如下）等扩链由肌醇、L- 丙交酯、ε- 己内酯生成的星形预聚体，合成降解后完全无毒的聚乳酸类网状弹性体材料的探索。LDI 是"绿色"的二异氰酸酯扩链剂，因为 LDI 扩链部分最终的降解产物是无毒且生物相容的乙醇、赖氨酸等。

$$OCN\!\!-\!\!(CH_2)_4\!\!-\!\!CH\!\!-\!\!NCO$$
$$|$$
$$OOOEt$$

LDI

不仅 LDI "绿色"，而且肌醇是人体内广泛分布的一种维生素，乳酸、6- 羟基己酸等是可降解生物医学材料的合成单体，因此目标聚合物"完全绿色"。类似地，先用生物兼容的甘油开环的聚 D,L- 丙交酯、ε- 己内酯合成预聚体，再 LDI 扩链，可合成"完全绿色"的聚乳酸衍生物；以其为基体，用生物降解聚乙醇酸纤维为增强材料，可制备无毒的、可生物吸收的骨科固定复合材料。

四官能团的二环二碳酸酯 spiro-bis-DMC（结构式如下图）也是一种"绿色"试剂，其聚合所得高分子的降解产物为二氧化碳、季戊四醇，都是水溶性的和无毒的。spiro-bis-DMC 与聚 L- 丙交酯进行开环聚合，可合成均匀的生物降解 PLLA 聚酯网状材料，其能作为生物医学领域的植入材料。

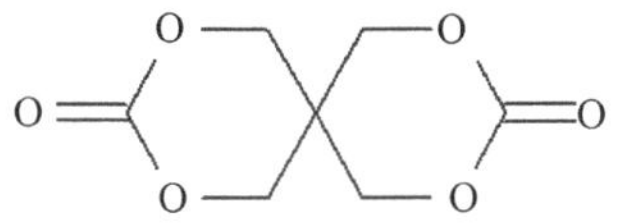

spiro-bis-DMC

聚乳酸进行规模加工时，易发生降解，分子量下降。为改善聚乳酸加工过程的稳定性，可在自由基引发剂 2,5- 二甲基 -2,5- 二（叔丁基过氧化）己烷（Lupersol 101）存在下，将聚乳酸在双螺杆挤出机上熔融挤出，合成枝化聚乳酸。由于引发剂的存在，大分子链之间会发生交联、接枝，可补偿加工降解引起的分子量降低。其中，引发剂 Lupersol 101 是美国 FDA 认可的食品添加剂，因此是绿色的。

2,5- 呋喃二甲酸（简称呋喃二甲酸，FDCA）是来源于淀粉、纤维素等生物质的新型生物基单体。FDCA 与对苯二甲酸（TPA）具有类似的理化性质，可用于合成聚酯、尼龙等生物基高性能聚合物或生物基可生物降解共聚酯。由于自然界存在巨量的纤维素以及聚酯在聚合物工业中的重要性，基于呋喃二甲酸的聚酯和共聚酯具有成为大品种生物基聚合物的潜力，部分取代现有的石油基聚酯（如 PET、PBAT），提供更好的性能（如力学性能、气体阻隔性）或新的功能和用途（生物降解、弹性体等）。

国内不少生物基聚合物课题组近年来开展了基于呋喃二甲酸的系列聚酯和共聚酯的合成、结构—性能和改性研究工作。针对聚呋喃二甲酸乙二醇酯易变色、结晶性差、韧性差等问题，研究解决了高分子量、浅色泽 PEF 树脂的制备技术；发现 PEF 合成中因存在明显的醚化副反应导致二甘醇链节含量高、结晶性差；通过链结构调控、溶解诱导构象调节、纳米复合等手段改善了 PEF 的结晶性；通过无规和嵌段共聚，在显著改善 PEF 的拉伸和冲击韧性的同时很好地保持其拉伸强度、模量，制得高延展性 PEF、高冲击性 PEF 和 PEF 基热塑性弹性体。

然而，整体而言，在目前绿色高分子开发的大潮中，如此每一个细节地全面考虑合成高分子材料的安全性能的研究仍然不多。因此，上述聚乳酸类材料合成的范例，有利于启发我们去努力开发"完全绿色"的高分子材料。诚然，开发绝对无毒、安全的材料虽然存在一定的困难，但未雨绸缪总是明智的，人们应吸取 20 世纪 80 年代后期开发聚乙烯 / 淀粉"降解"材料方面急功近利的教训。

二、单体合成中的绿色化

目前，许多重要的高分子单体已经有了绿色的合成方法。例如，前面提及的有机玻璃单体甲基丙烯酸甲酯的丙炔—钯催化剂甲氧羰基化法制备、尼龙单体己二酸的葡萄糖原料生物技术法合成等，这些新方法技术上、经济上都完全可行，后者曾荣获 1998 年美国总统绿色化学奖。

环氧丙烷是生产聚氨酯泡沫塑料的重要原料，传统上主要采用二步反应的氯醇法，不仅使用危险的氯气，而且产生大量含氯化钙的废水，造成环境污染，因此国内外正在开发钛硅分子筛（TS-1）催化过氧化氢（H_2O_2）氧化丙烯制环氧丙烷新方法（反应式如下）。新方法不仅原子利用率大大提高，而且副产物为水，符合绿色化学的要求。

$$CH_3-CH=CH_2 + H_2O_2 \xrightarrow{\text{TS-1}} CH_3-\underset{O}{CH-CH_2} + H_2O$$

但是，如果利用"过程循环化"的绿色化学思想，将传统的氯醇法与氯碱工业结合，也可实现绿色化学工艺。例如，美国 DOW 化学公司把环氧丙烷装置和烧碱（NaOH）制备装置联合在一起，已建成了年产 40 万吨的环氧丙烷生产装置。其中，电解产生的氯气（Cl_2），与丙烯在水存在时生成氯醇，而采用烧碱为皂化剂，产生氯化钠再返回系统进行电解。该法没有废渣，可使废水量大大减少。相关的反应式如下：

$$2NaCl + 2H_2O \Longrightarrow 2NaOH + H_2\uparrow + Cl_2\uparrow \text{（条件：电解）}$$

$$CH_3-CH=CH_2 + H_2O + Cl_2 \longrightarrow CH_3-\underset{OH}{CH}-\underset{Cl}{CH_2} + HCl$$

$$CH_3-\underset{OH}{CH}-\underset{Cl}{CH_2} + HCl + 2NaOH \longrightarrow CH_3-\underset{O}{CH-CH_2} + 2H_2O + 2NaCl$$

环己酮肟是生产尼龙 -6 的重要原料，反应式如下：

$$\text{环己酮肟} \xrightarrow[\text{重排}]{H_2SO_4} \text{己内酰胺} \xrightarrow{\text{开环聚合}} \underset{n}{\Big[HN-(CH_2)_5-CO\Big]} \quad \text{尼龙 -6}$$

目前，环己酮肟采用的合成方法均产生大量的硫酸铵（主要由羟胺合成引起），污染大。为了克服传统工艺中的环境污染和大量盐生成的缺点，实现环境友好合成，也可用 TS-1 进行催化，副产物为水。意大利 Enichem 公司已经采用该新工艺建成了年产环己酮肟 1.2 万吨的工厂。其反应式如下：

$$\bigcirc=O + NH_3 + H_2O_2 \xrightarrow{\text{TS-1}} \bigcirc=NOH + 2H_2O$$

氨基酸 N- 羧酸酐开环聚合是合成聚氨基酸最主要的方法，但通常氨基酸 N- 羧酸酐的合成需要用到毒性大、污染大的光气（$COCl_2$）。可用安全的固体试剂三光气代替光气，从谷氨酸出发，合成 γ - 谷氨酸苄酯的 N- 羧酸酐（反应式如下图）。新方法具有反应方便、安全可靠、空气污染小等优点，是绿色的合成方法。

$$H_2N-\underset{\underset{CH_2CH_2COOCH_2Ph}{|}}{CH}-\underset{\underset{}{||}}{\overset{O}{C}}-OH \xrightarrow{\text{三光气}} HN-\underset{\underset{CH_2CH_2COOCH_2Ph}{|}}{CH}-\underset{}{\overset{O=C\underline{\quad}O}{\underset{}{|}}}C=O \xrightarrow[-CO_2]{\text{开环聚合}} \left[HN-\underset{\underset{CH_2CH_2COOCH_2Ph}{|}}{CH}-\overset{O}{\underset{}{\overset{||}{C}}}\right]_n$$

三、使用绿色催化剂合成

在聚乳酸类材料的研究中，即使是上述提及的用绿色试剂、绿色原料的范例，仍有一个可能潜在的不安全因素，这就是催化剂问题。目前，聚乳酸的合成，尤其是开环聚合法合成的主要方法，大多使用辛酸亚锡为催化剂。辛酸亚锡虽然为美国 FDA 所认可，但也有学者认为，锡盐（包括辛酸亚锡）都可能具有生理毒性。

生物降解材料合成的酶催化无疑是绿色的，但受酶的种类、酶促反应的类型等的限制。在聚乳酸类材料（如聚乳酸、聚乳酸—乙醇酸、聚乳酸—聚乙二醇）的合成中，使用无毒的食品添加剂（如乳酸锌、牛磺酸等）作为催化剂，也是一种绿色合成的尝试，并且可成功获得适宜于用作药物缓释材料的聚乳酸类高分子材料。

在聚烯烃类高分子的合成中，从绿色化学观点看，加聚反应的原子利用率为 100%，无疑是理想的，但是它们使用的催化剂对材料使用安全的影响如何，值得考虑。广而言之，高分子材料在加工中使用的各种添加剂，如增塑剂、增强剂、稳定剂等，它们对环境的影响如何，尤其是作为医用材料使用时对人体的影响如何，都是值得考虑的。

第三节　隐患性高分子的安全应用

人工合成的环境惰性的高分子材料都可能危害环境。据估计，到 2050 年，全世界将有 120 亿吨的废弃塑料被置于塑料填埋场或散落在自然环境中。由于难以降解和不易吸收，对环境造成极大危害。更有甚者，每年 115~241 万吨废塑料从河流进入海洋，这些微塑料不仅污染海洋环境，更危害生物安全，引起全球的广泛关注。因此，塑料污染的治理刻不容缓。

人们对这些隐患性高分子使用后的垃圾处理方法有填埋、焚烧、再生与循环使用三种途径。相比于传统的焚烧和填埋方式，废弃塑料的再生与循环利用由于能够获得有用化学品和降低能量消耗，符合发展绿色高效的回收与利用方法与体系显得尤为重要。从绿色化学的观点出发，为了尽可能地节约资源、节约能源，必须用正确的途径对隐患性的合成高分子进行安全应用，它包括以下内容：【微课视频】

隐患型高分子的
安全应用

（1）应强制生产企业对高分子材料的产品标明其主要成分，除生物降解高分子材料的废弃物可以填埋和堆肥处理外，对环境惰性高分子材料垃圾，应按不同的性质进行不同的处理。

目前，许多塑料产品都没有标明成分，再加上我国的垃圾分类回收系统的不完善，造成了处理上的困难，许多可再生环境惰性高分子的资源被浪费，并且无法回收利用可以焚烧某些高分子垃圾释放的能量，同时也浪费了宝贵的土地资源。很明显，标明成分和垃圾回收，不仅需要民众的参与，更需要政府行为的介入。

（2）对可以再生与循环使用的环境惰性高分子材料，如聚丙烯（PP）、聚乙烯（PE）、聚酯（PET）、尼龙66、有机玻璃（PMMA）、聚苯乙烯（PS）等，应尽可能地再次利用，避免使用填埋方法处理。在这方面，有关专家认为，提倡不使用一次性PS饭盒也是没必要的，关键是处理方法得当。

（3）对已经无法再生与循环使用的环境惰性高分子材料进行焚烧，回收热能。PP、PE等聚烯烃具有很高的热值，与燃料油相当，并且具有无害化燃烧特性。PP、PE等是以人类日近稀少的能源石油为起始原料生产的，因此我们对石油化工资源产品要尽可能地物尽其用。

目前，顺利实现城市生活垃圾变电能的关键，是将聚氯乙烯（PVC）除开，避免与PP、PE等混杂，避免造成能源回收困难而浪费能源。

（4）对PVC应合理使用。PVC的制造、加工、使用和废弃物的处理，都涉及环境问题。其中最危险的是PVC废弃物的处理，绝对不可进行焚烧处理。这是因为不仅PVC的燃烧热值低，与纸相当，而且其焚烧过程会生成对人类最毒的二噁英类物质，同时释放出的HCl会对设备造成严重腐蚀。

另外，PVC加工过程中使用的添加剂较多，使用时如果与食品、药品和日用品接触，有毒添加剂会渗出。因此，应尽快使PVC退出包装、玩具、地膜等使用周期短的应用领域。同时，鉴于PVC具有节约天然资源、适用性广、价格低廉、难燃、血液相容性好等优点，应加强对PVC生产、加工、使用、废弃物处理等方面的研究。【微课视频】

PVC的合理使用

[例题] 聚氯乙烯、聚乙烯的比较

聚氯乙烯、聚乙烯都是重要的塑料品种，化学式可以简单表示为 $[(CH_2CHCl)_m]$、$[(CH_2CH_2)_n]$（式中 m、n 为自然数）。生产聚氯乙烯、聚乙烯的原料都可以为石油。其中，聚乙烯中的—CH_2—CH_2—都来自于石油；而聚氯乙烯中的—CH_2—$CHCl$—，除来自于石油外，还有HCl（来自于食盐，其储量可以供人类使用数千年）。

（1）计算聚氯乙烯中氯的百分含量（原子量数据：氯，35.5；氢：1；碳：12）。

答：35.5 /（12×2+1×3+35.5）×100%= 56.8%

（2）现有1t石油，试计算可得到多少吨聚乙烯和聚氯乙烯（理论上假设石油全部成分为碳和氢，且在生产聚乙烯、聚氯乙烯的过程中无碳原子和氢原子的损失）。

答：聚乙烯：1t

聚氯乙烯：1t×（12×2+1×3+35.5）/（12×2+1×2）=2.4t

（3）如果全球目前所蕴藏的石油全部生产聚乙烯，仅可用100年，则生产聚氯乙烯可以用多少年？

答：100 年 × 2.4 = 240 年

（4）与聚乙烯相比，聚氯乙烯具有的优势是什么？

答：与聚乙烯不同，聚氯乙烯含 56.8% 的氯，可以大量节约天然资源，同样的资源供利用时间要长。

思考题

一、判断题

1. 淀粉、纤维素都是天然的生物降解高分子。

2. 淀粉、纤维素都是多糖类聚合物。

3. 高分子材料的绿色化，一方面是指生物降解高分子等绿色材料，另一方面是指人工合成高分子中绿色合成。

二、选择题

1. 下列属于人工合成高分子中绿色合成的是（　　　　　）。

A. 使用绿色原料　　　　　　B. 在超临界二氧化碳中开环聚合法合成聚乳酸

C. 使用绿色催化剂　　　　　D. 使用酶催化聚合　　　　　　E. 使用绿色试剂

2. 下列关于隐患性高分子材料应用后处理方法的说法不正确的是（　　　）。

A. 全部回收利用　　　　B. 全部填埋　　　　C. 全部堆肥　　　　D. 全部焚烧

三、写出下列化学物质的名字，并写出与其性质、用途等相关的一句话

1. $COCl_2$ 　　　　　2.（CH_2CH_2）$_n$ 　　　　　3.（CH_2CHCl）$_m$

四、问答题（贵在创新、言之成理）

1. PVC 有何缺点和优点？人类应该禁用 PVC 吗？为什么？

2. 了解绿色高分子材料的研究情况，就其中的某一个方面（品种），围绕该绿色高分子材料的来源、用途与发展前景撰写一篇小论文（注意格式与尊重知识产权）。

第四部分

绿色工作与绿色经济——
绿色化学的外延拓展与应用之二

在风靡全球的绿色消费浪潮中，涌现出了大批的绿色产品。为便于消费者区别哪些不是绿色的产品，就产生了绿色标志；而要获得绿色标志，必须执行绿色标准。因此，随着绿色生活的盛行，在我们的工作与经济领域也开始流行绿色。

第十二章　绿色标志与绿色标准

第一节　绿色标志

一、绿色标志的含义与发展状况

（一）绿色标志的含义

绿色标志亦称环境标志、生态标志，是由政府管理部门、公共或民间团体依据一定的环境标准，向有关申请者颁发其产品或服务符合要求的一种特定标志。绿色标志证明其产品或服务从研制开发、生产、使用、回收利用及处置过程全部符合环境保护的要求，对环境无害或危害极少，同时有利于资源的再生和回收利用。

国际标准化组织（ISO）在 1998 年 8 月发布的 ISO 14020《环境标志和声明通用原则》中对环境标志定义为："环境标志是用来表述产品或服务环境因素的声明，其形式可以是张贴在产品或包装物上的标签，或是置于产品文字资料、技术公告、广告或出版物内，与其他信息相伴随的告白、符号或图形。"

这充分体现了环境标志作为一种特殊的产品标志，不仅能够为消费者提供有关产品或服务总体环境特性和特定环境因素的信息，使消费者据此选择他们基于环境考虑所期望的产品或服务；同时，也有利于企业对自身的环境行为加以约束和确认，从而最终实现对产品生产过程中的环境行为进行控制管理，达到防止污染于源头的作用。

（二）环境标志的发展状况

早在 20 世纪 70~80 年代，国外就开始实施环境标志计划。1978 年，西德率先实行了环境标志制度，到 1990 年在 60 个产品种类中对 3200 个产品发放了环境标志。目前全球已经有三十多个国家和地区实施了环境标志计划（表 12-1）。

表 12-1　世界各国的绿色标志实施时间表

国家	德国	加拿大	美国	丹麦、芬兰、冰岛、挪威、瑞典等北欧国家	日本	法国	中国
时间	1978	1988	1988	1989	1989	1991	1993

各国的环境标志均以本国的环境准则为基础，具有各自不同的称谓。例如，加拿大的"环境选择方案"、德国的"蓝色天使计划"、美国的"绿色签章制度"、日本的"生态

标志制度"等（图 12-1）。【微课视频】

中国环境标志　德国环境标志　韩国环境生态标志　澳大利亚环境标志　新西兰环境标志　　日本生态标签

图 12-1　部分国家的环境标志

绿色标志

目前，许多国家和地区均把环境标志列在环境管理工作的重要地位，环境标志早已广入市场、深入人心，人们都以购买和使用环境标志产品为荣。绿色标志不仅仅是无污染产品的一种标志，它更成为企业乃至全体公众参与环境保护工作的象征。

二、中国的环境标志

中国环境标志为"十环标志"（图 12-1），与国外的环境标志，如德国的"蓝色天使"、美国的"绿色证章"、日本的"生态标签"等一样，均为驰名的环境标志。但是，与先进国家相比，我国的环境标志工作起步较晚（表 12-1）。

1992 年世界环境与发展大会的召开，以及近 20 多年来国外环境保护和环境管理的成功经验，为我国环境标志的产生创造了条件，也为环境标志的进一步推行和发展奠定了良好的技术基础。

在社会主义市场经济条件下，为了能够更好地顺应时代潮流，参与市场竞争，人们逐渐意识到应赋予产品以新的内涵，使消费者和企业之间能够通过某种新的纽带在环境保护方面达成良好的沟通，1993 年 8 月，我国正式确定了环境标志图形（图 12-1）。

它是由中心的青山、绿水、太阳及周围的十个环组成；图形的中心结构青山、绿水和太阳，表示人类赖以生存的环境；外围的十个环紧密结合，环环紧扣，表示公众参与，共同保护环境。同时，在中文中，圆环的"环"字和"环境"的环字相同，其寓意为"全民联系起来，共同保护赖以生存的环境"。

1994 年 5 月，由原国家技术监督局授权，国家环保局批准正式成立了由政府机构、科研单位、高等院校和社会团体等多方面专家组成的中国环境标志产品认证委员会，代表国家对环境标志产品实施唯一的认证。

随后，国家环保局又首次发布了 6 项环境标志产品的技术要求，并相继制定颁布了《环境标志产品认证管理办法》《中国环境标志产品认证证书和环境标志使用管理规定》等相关法规文件，为规范、有效地开展我国的环境标志认证工作提供了必要的依据和保障。

三、环境标志的意义、性质与分类

（一）实施环境标志计划的意义

环境标志是一种标在产品或其包装上的标签，是产品的"证明性商标"。它表明该产品不仅质量合格，而且在生产、使用和处理处置过程中符合特定的环境保护要求。与同类产品相比，具有低毒少害、节约资源等环境优势。因此，具体地说，实施环境标志具有以下意义：

（1）为消费者建立和提供可靠的尺度来选择有利于环境的产品，提高全社会的环保意识。环境标志制度是一种以消费者的自觉行为为基础的环境政策，寄托着人们消除环境污染、回归大自然的美好愿望。绿色标志带来大量有关产品环境行为的信息，引导消费者主动选购、使用这些产品，积极参与环境保护。

（2）鼓励生产绿色产品，为生产者提供公平竞争的统一尺度，有利于市场经济条件下的环境保护。统一的环境标志使得企业有条件在市场中进行公平竞争，这对环境行为友好的产品是一种鼓励，并能提高企业对于环境保护的兴趣和责任感。

（3）有利于环境标志产品的销售，改善企业形象。生态团体授予对环境造成较小影响的产品使用环境标志的资格，可大大提高该类产品的市场份额，刺激销售。

同时，通过环境标志也可对企业的环境行为加以确认，使获得环境标志的企业有荣誉感，未获得标志的企业也能尽快、自觉地调整产业结构，采用清洁生产工艺，完善企业的环境决策。

最终，一个能生产环保产品、对社会及环境爱护的企业必将实现经济效益和环境效益的有机结合，树立良好的社会形象。

（4）有利于促进国际贸易和全球环境合作。自 20 世纪 90 年代末以来，环境标志产品已成为国际市场的消费主流，这也就意味着国际间的绿色营销、绿色贸易大潮已经到来。许多事例显示，只有实行环境标志计划，才能更有利于出口，谁获得了环境标志，谁就等于获得了产品出口的通行证，就将拥有更广阔的国际市场。

（二）环境标志的主要性质

环境标志的工作一般由政府授权给相对独立的环保机构进行。因此，环境标志具有以下性质：

（1）环境标志能证明产品符合要求，故具证明性质；

（2）标志由商会、企业或其他团体申请注册，并对使用该证明的商品具有鉴定能力和保证责任，因此具有权威性；

（3）因其只对贴标产品具有证明性，故有专证性；

（4）考虑环境标准的提高，标志每 3~5 年需重新认定，又具时限性；

（5）有标志的产品在市场中的比例不能太高，故还有比例限制性。

通常列入环境标志的产品，可以分为以下几种类型：节水型产品；节能型产品；可回收、再生和反复利用型产品；低毒、低害型产品；低排放型产品；可降解型产品；清洁工艺产品。

（三）环境标志的分类

根据 ISO 对不同环境标志的分类，环境标志应分为环境标志（Ⅰ型）、自我环境声明（Ⅱ型）、环境产品声明（Ⅲ型）。

Ⅰ型环境标志的特点是有第三方参与，如我们常见的十环标识、绿色食品等，通过相关认证机构认证，对产品进行全方位分析，在产品从研制、开发、生产、运输、使用、循环利用到回收处置的全过程都必须符合环保要求时才颁布的标志，以确保其对环境和人类健康均无损害。

Ⅱ型环境标志的主体应该是企业，常见的是某个企业宣称自己产品如何环保，原则上并不要求任何第三方组织对声明进行认证。即使第三方组织存在，对声明内容进行举证的责任应由声明方来承担而非第三方组织。所以，Ⅱ型环境标志的主体为声明者。我国实施Ⅱ型环境标志是"以企业为主，ISO 14021 标准为准绳的第三方评审"的方式进行。

Ⅲ型环境标志是基于全生命周期评价基础上的环境声明，声明的是产品对于全球环境产生的影响。企业应公开的是在生命周期评价基础上产生的对全球环境影响的数据，如单位产品的 SO_2 当量、CO_2 当量等。我国目前并无全面开展Ⅲ型环境标志的基础条件，故目前市场所见到的绿色标识只有两类，一种是由第三方颁发的，另一种是企业自己声明的。

第二节　绿色标准——ISO 14000 标准

一、ISO 14000 系列标准的含义与制定原则

（一）ISO 14000 系列标准的产生背景

1972 年，联合国在瑞典斯德哥尔摩召开了人类环境大会。大会成立了一个独立的委员会，即"世界环境与发展委员会"。该委员会承担重新评估环境与发展关系的调查研究任务，在考证大量素材后，于 1987 年出版了"我们共同未来"的报告。

这篇报告首次引进了"持续发展"的观念，敦促工业界建立有效的环境管理体系。因此，其一颁布即得到了 50 多个国家领导人的支持，他们联合呼吁召开世界性会议专题讨论和制定行动纲领。

从 20 世纪 80 年代起，美国和西欧的一些公司为了响应持续发展的号召，减少污染，提高在公众中的形象以获得经营支持，开始建立各自的环境管理方式，这是环境管理体系的雏形。1985 年荷兰率先提出建立企业环境管理体系的概念，1988 年试行实施，1990 年进入标准化和许可制度。

1990 年，欧盟在慕尼黑的环境圆桌会议上专门讨论了环境审核问题。英国也在质量体系标准（BS 5750）基础上，制定 BS 7750 环境管理体系。英国的 BS 7750 和欧盟的环

境审核实施后，欧洲的许多国家纷纷开展认证活动，由第三方予以证明企业的环境绩效。这些实践活动奠定了 ISO 14000 系列标准产生的基础。

1992 年，在巴西里约热内卢召开"环境与发展"大会，183 个国家和 70 多个国际组织出席会议，通过了"21 世纪议程"等文件。这次大会的召开，标志着全球谋求可持续发展的时代开始了。

各国政府领导、科学家和公众认识到要实现可持续发展的目标，就必须改变工业污染控制战略，从加强环境管理入手，建立污染预防（清洁生产）的新观念。通过企业的"自我决策、自我控制、自我管理"方式，把环境管理融于企业全面管理之中。

为此，国际标准化组织（ISO）于 1993 年 6 月成立了 ISO/TC 207"环境管理技术委员会"，正式开展环境管理系列标准的制定工作，以规范企业和社会团体等所有组织的活动、产品和服务的环境行为，支持全球的环境保护工作。

（二）ISO 14000 系列标准的定义

ISO 14000 系列标准是国际标准化组织 ISO/TC 207"环境管理技术委员会"负责起草的一份国际标准。ISO/TC 207 秘书国由加拿大担任，下设六个分委员会（SC）和一个特别工作组（WG1）。ISO/TC "环境管理技术委员会"为有序地制定环境管理国际标准，还对各分委员会制定的标准分配了标准号（表 12-2）。

表 12-2　ISO 14000 系列标准号分配表

序号	分委员会	名称	标准号
1	SC1	环境管理体系（EMS）	14001—14009
2	SC2	环境审核（EA）	14010—14019
3	SC3	环境标志（EL）	14020—14029
4	SC4	环境行为评价（EPE）	14030—14039
5	SC5	生命周期评估（LCA）	14040—14049
6	SC6	术语和定义（T&D）	14050—14059
7	WG1	产品标准中的环境因素（EAPS）	14060
8	备用		14061—14100

因此，ISO 14000 是一个系列的环境管理标准，它包括了环境管理体系、环境审核、环境标志、生命周期分析等国际环境管理领域内的许多焦点问题，旨在指导各类组织（企业、公司）取得和表现正确的环境行为。

（三）制定和实施 ISO 14000 系列标准的指导思想和原则

ISO 14000 系列标准的建立，是为了消除各个国家和不同地区的环境管理体系标准和其他的环境标准等大都分散在国别和区域层次，缺乏统一性，特别是在环境标志上各国的规定都不一样，减少给国际贸易造成的不必要麻烦。

因此，制定 ISO 14000 系列标准的指导思想是：ISO 14000 系列标准应不增加并消除贸易壁垒；ISO 14000 系列标准可用于各国对内对外认证、注册等；ISO 14000 系列标准必须摒弃对改善环境无帮助的任何行政干预。

经充分协商，ISO/TC 207 对制定 ISO 14000 系列标准规定了七条关键的原则，即：

（1）ISO 14000 系列标准应具有真实性和非欺骗性；

（2）产品和服务的环境影响评价方法和信息应意义准确，并且是可检验的；

（3）评价、实验方法不能采用非标准方法，而必须采用 ISO 标准、地区标准、国家标准或其他技术上能保证再现性的标准试验方法；

（4）应具有公正性和透明度，但不应损害机密的商业信息；

（5）非歧视性；

（6）能进行特殊的、有效的信息传递和教育培训；

（7）应不产生贸易壁垒，保证国内、国外的一致性。

二、ISO 14000 系列标准的内容与特点

（一）ISO 14000 系列标准的分类

ISO 14000 系列标准可以从不同的角度进行分类，例如：

（1）ISO 14000 作为一个多标准组合系统，按标准性质分为三类：第一类，基础标准——术语标准；第二类，基本标准——环境管理体系、规范、原理、应用指南；第三类，支持技术类标准（工具），包括环境审核、环境标志、环境行为评价、生命周期评估。

（2）按标准的功能，可以分为两类：第一类，评价组织的标准，包括环境管理体系标准、环境行为评价标准、环境审核标准；第二类，评价产品的标准，包括生命周期评价标准、环境标志标准、产品标准中的环境指标。这两类标准之间的关系见图 12-2。

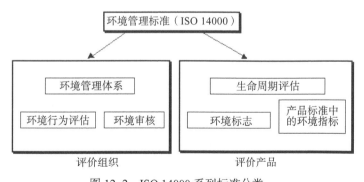

图 12-2　ISO 14000 系列标准分类

（二）ISO 14000 系列标准的内容

ISO 14000 系列标准包括 ISO 14001、ISO 14004 等核心标准，以及 ISO 14010 环境审核（EA）子系列标准、ISO 14020 环境标志（EL）子系列标准、ISO 14030 环境表现评价（EPE）子系列标准、ISO 14040 生命周期评价（LCA）子系列标准、ISO 14050 环境管理（EM）子系列标准、ISO/G 64 和 ISO/TR 14061 等支持性标准。

其中，ISO 14001 是 ISO 14000 系列标准中的主体标准，也是 ISO 14000 系列标准中

最重要的一个标准。ISO 14001 是 ISO 14000 系列标准中唯一的一项规范性标准，它规定了组织建立环境管理体系的要求，明确了环境管理体系的诸要素，根据组织确定的环境方针目标，活动性质和运行条件把本标准的所有有求纳入组织的环境管理体系中。该项标准向组织提供的体系要素或要求，适用于任何类型和规模的组织。

（三）ISO 14000 系列标准的主要特点

与以往的环境排放标准和产品技术标准不同，ISO 14000 系列标准以极其广泛的内涵和普遍的适用性，在国际上引起了极大的反响，其特点主要有：

1. 以市场驱动为前提

随着公众环保意识的普遍加强，促使企业在选择产品开发方向时越来越多地考虑人们消费观念中所包含的环境原则。ISO 14000 系列标准一方面迎合了各类组织提高环境管理水平的需要，以借助市场的力量来推动环境目标的实现，另一方面也为公众提供了一种衡量组织经营活动所含有环境信息的工具。

2. 广泛适用于各类组织，并强调自愿性原则

ISO 14000 系列标准适用于任何类型、规模，以及各种地理、文化和社会条件下的组织，各类组织都可以按照标准所要求的内容建立并实施环境管理体系，也可向认证机构申请认证。标准的广泛适用性，还体现在其应用领域不仅涵盖了企业的所有管理层次，而且还将各种环境管理工具有机地融为一体。

另外，企业对 ISO 14000 系列标准的应用又是基于自愿的原则。由于各国的法律法规不同，对于国际标准的采用只是等同转化，因而不可能以任何行政干预或其他方式迫使组织强制实施，组织是否建立环境管理体系或申请认证都完全取决于自身的意愿，在实施这套标准的同时不会增加或改变它在环境保护方面所应承担的法律责任，组织可根据自身产品、活动和服务的特点以及经济技术条件加以选择采用。

3. 注意体系的科学性、完整性和灵活性

ISO 14000 系列标准是一套科学的管理软件，它将世界各国最先进的环境管理经验加以提炼浓缩，转化为标准化的、可操作性强的管理工具；同时，标准还为组织提供了一整套程序化、规范化的要求和必要的文件支持手段，使组织运行的全过程都严格受控。

4. 强调污染预防、法律法规的符合性以及持续改进

ISO 14000 系列标准一改过去"末端治理"的被动思路，引入了"预防为主"的新思想，从污染源头入手采取措施进行全过程的污染防治。

组织在实施环境管理的同时，要注重对其他环境管理工具的应用，生命周期分析和环境表现评价方法将环境方面的考虑纳入产品的最初设计阶段和企业活动的整体策划过程，这样就为一系列的决策提供了有力的支持，为污染预防提供了可能。

标准始终要求组织应满足适用的环保法律法规和其他要求，并建立相应的管理程序以保证获取渠道畅通。满足环保法律法规是组织申请环境管理体系认证的前提条件。

5. 与其他管理体系的兼容性

环境管理体系是组织全部管理体系的组成部分之一。因此，环境管理体系标准与组

织的质量管理体系、职业健康与安全管理体系等标准都遵循共同的管理体系原则，只不过管理体系各要素的应用会因不同的目的和不同的相关方面而异。

例如，质量管理体系针对的是顾客和相关方的需要和期望，以顾客为关注的焦点；而环境管理体系则服务于众多相关方的需要，以及社会对环境保护和不断发展的需要。

三、ISO 14000 系列标准与中国

（一）ISO 14000 系列标准在我国实施对环境保护工作的作用与影响

ISO 14000 系列标准对我国的环境保护工作将起到积极的推动作用，这主要体现在以下四个方面：

1. 有利于实现环境与经济的协调发展

ISO 14000 系列标准的实施，强调全过程的环境管理与控制。实施这一标准，可以加速产业结构的调整，鼓励企业积极开发无毒、无污染的产品，节约原材料和能源的新工艺，为实施全过程控制污染和清洁生产提供程序上的保障。

实施 ISO 14000 系列标准，不仅可以促进企业节能、降耗、降低成本，同时还可以降低污染物的排放量，减少污染事件的发生，减少环境风险和环境费用开支，为企业主动保护环境创造了条件。

2. 有利于加强政府对企业环境管理的指导，提高企业的环境管理水平

我国环境管理都是以环境保护的法律、法规、标准为依据的。目前，环境污染问题相当多的原因是管理不善造成的。要有效地控制和解决这些问题，还有赖于政府的干预作用、法制的规范作用和标准的引导作用。

ISO 14000 系列标准是指导组织（包括企业）建立和完善环境管理的行动大纲，是规范企业达到政府法律、法规、标准要求的管理工具。

实施 ISO 14000 系列标准，建立环境管理体系，企业（最高领导层）要对遵守国家环境法律法规和其他要求做出承诺，要首先达到国家法律法规、标准的要求。这有利于规范企业的环境行为，改进环境保护工作，提高企业的环境管理水平。

3. 有利于提高企业及其产品在市场上的竞争力，促进国际贸易

ISO 9000 质量认证作为一种市场行为，仅向消费者表明了企业产品的质量；而 ISO 14000 系列标准的实施，向消费者提供了这样一种信息，谁取得了 ISO 14001 认证，谁就为环境保护做出了贡献。

一个能对环境负责的企业，所生产出的产品也一定能对消费者负责。因此，企业实施 ISO 14000 系列标准，势必会提高产品的环境价值，有助于改善企业环保形象，提高企业产品在国内外的环境效益与经济效益。

ISO 14000 系列标准把消除国际贸易壁垒作为一项基本原则，它的普遍实施在一定程度上消除了地区间、国家间的贸易壁垒。反之，对于暂时没有条件取得 ISO 14000 系列标准认证的企业，可能会构成新的技术贸易壁垒。

4.有利于提高全民的环境保护意识

环境保护工作需要千百万民众的共同参与。因此，提高全民的环境保护意识就显得十分重要。

实施 ISO 14000 系列标准，建立环境管理体系要求对企业全体员工进行系统的环境方面的培训，并要求员工在观念、行为方式和思考过程等方面有所改变，需要知道企业面临的环境问题，怎样做才能影响企业的环境行为。

如果众多的企业都能够实施 ISO 14000 系列标准，建立环境管理体系，就会有相当多的企业员工和管理者了解环境保护工作，重视环境保护工作，就会使全民的环境保护意识有一个大的提高。

（二）我国为实施 ISO 14000 系列标准建立的管理机构及其职责

为了统一领导我国的 ISO 14000 认证工作，国务院 1997 年 4 月 21 日批准同意成立中国环境管理体系认证国家指导委员会（简称"指导委员会"），并于 1997 年 5 月 27 日召开了成立大会。

指导委员会由国家环境保护局局长担任主任，国家技术监督局副局长担任第一副主任，国家商检局、国家计委、国家经贸委的有关领导担任副主任。委员会由 33 个部门和单位的代表组成。

指导委员会下设我国的环境管理体系认证机构的认可和认证人员注册机构，分别负责环境管理体系认证机构认可和国家注册审核员的考核管理工作，从体制上和制度上为我国的 ISO 14000 认证工作提供了保证，也为认证 / 注册的国际互认奠定基础，从而使我国环境管理体系认证工作做到"一套标准，一种制度和一种证书"。

思考题

一、判断题

1. 中国的环境标志工作始于 1993 年，工作起步较早。

2. 环境标志产品认证是自愿性认证。

3. 中国环境标志为"十环标志"，与国外的环境标志，如德国的"蓝色天使"、美国的"绿色证章"、日本的"生态标签"等一样，均为驰名的环境标志。

4. 绿色标志亦称环境标志、生态标志，是由政府管理部门、公共或民间团体依据一定的环境标准，向有关申请者颁发其产品或服务符合要求的一种特定标志。

5. ISO 14000 是一个系列的环境管理标准，它包括了环境管理体系、环境审核、环境标志、生命周期分析等国际环境管理领域内的许多焦点问题，旨在指导各类组织（企业、公司）取得和表现正确的环境行为。

6. ISO 14001 是 ISO 14000 系列标准中唯一的一项规范性标准，该项标准向组织提供的体系要素或要求，适用于任何类型和规模的组织。

7. ISO 14001 是 ISO 14000 系列标准中的主体标准，也是 ISO 14000 系列标准中最重要的一个标准。

二、选择题

1.(   ) 标准是绿色标准。

A. ISO 14000   B. ISO 9000   C. ISO 8000   D. ISO 6000

2. 环境标志的性质有（   ）。

A. 权威性   B. 专证性   C. 时限性   D. 比例限制性

三、问答题（贵在创新、言之成理）

ISO 9000 与 ISO 14000 有何区别？各有什么意义？如果你是一位企业家，你认为哪一个更重要？为什么？

第十三章　工业生态学与绿色经济

绿色浪潮的强烈冲击，使人们的工业观念、经济观念发生了深刻的变化，使绿色工作的内涵得以明确化、具体化和清晰化。

第一节　工业生态学

工业的发展离不开企业这个"细胞"，而工业生态学的诞生，就是在绿色企业的绿色设计、绿色生产（清洁生产）、绿色包装等环节的实现中逐渐呈现出来的。

一、绿色企业

（一）绿色企业的含义

随着世界经济的发展，环境污染、资源短缺也日趋严重，一场提倡经济与环境协调发展的绿色浪潮正在席卷全球。企业要实现自身可持续发展，就必须保护和改善生态环境，使企业所处的环境同经济协调发展，实现传统企业向绿色企业转变。

所谓绿色企业，就是在可持续发展思想的指导下，通过实施绿色战略、采用绿色技术、生产洁净产品，将环境效益和对环境的管理纳入企业经营管理全过程，同时追求经济效益和环境效益最优化为其目标，并实现与区域环境经济统筹协调发展的企业。

企业是现代化经济的"细胞"，也是社会经济不可或缺的动力。寻求企业的可持续发展必然以人类的可持续发展为前提，以环境的可持续发展为保障，也就必须处理好经济效益和环境效益之间的关系。

当前，环保已经成了企业竞争力的一个重要组成部分，创建绿色企业是企业求发展的内在客观需求。创建绿色企业就是要改变传统企业只重经济效益不顾环境利益的状况，是现代企业发展的高级阶段，是时代进步的产物。

（二）绿色企业的内容

绿色企业的核心价值观在于树立绿色文化价值理念。核心价值观是企业文化的核心和灵魂。要对全体员工进行培训，让环保意识深入每一位员工的内心，成为员工的核心价值观，进一步树立对环境保护的责任感和使命感。

创建绿色企业的过程中，理想的过程是：以绿色为纽带，把企业和社会、消费者、生态环境紧密联系起来，树立统一的形象，形成一个良性互动的局面。要成为绿色企业，首先必须做到绿色制造，即做到：从绿色资源理论出发有序地使用再生资源，通过对产品寿命全周期进行环境保护考虑的绿色设计，用无（少）公害化的绿色技术实现生产，最后用可回收材料或生物降解材料对产品进行绿色包装。

二、绿色设计

（一）绿色设计的含义

绿色设计，又称生态设计（或产品生态设计），是一种新的设计理念，指产品在原材料获取、生产、运销、使用和处置等整个生命周期中密切考虑到生态、人类健康和安全，设计出对环境友好的，又能满足人的需求的新产品的设计原则和方法。

作为一种全新的设计方法，绿色设计在设计阶段就将环境因素和预防污染的措施纳入产品设计之中，将环境性能作为产品的设计目标和出发点，力求使产品对环境的影响为最小，以环境和资源保护为核心来进行产品设计。

（二）绿色设计与传统设计的区别

在传统的产品设计中，往往仅是从用户的需要和企业营利的目的出发，而很少考虑对环境的污染和资源的耗竭，没有将生态环境因子作为产品开发设计的一个重要指标；其设计指导原则是只要产品易于制造，并且具有要求的功能、性能即可。

绿色设计源于传统设计，又高于传统设计，是面向产品生命周期，从根本上防止环境污染、节约资源能源，在满足环境目标要求的同时，保证产品的功能、质量和寿命的设计思想和原则，而且把这一思想和原则贯穿到产品设计的各个环节的全过程。

因此，生态设计是集约型的，它和传统设计的不同点是：产品从概念形成到生产制度，乃至废弃后的回收利用及处理各个阶段，都必须从根本上防止污染。它是进行产品的全生命周期设计，是从"摇篮到坟墓再到摇篮"的过程。

（三）绿色设计的内容

绿色设计除了包括传统设计的内容外，还包括产品使用直至废弃后的回收、再利用及处理等内容。它不仅着重于产品的使用功能，而且还特别强调产品的环境要求和对人体健康的安全性，及能源和物料的多级使用。

绿色设计的生产模式是，产品周期为"生产到再生"，着重点是再生而不是坟墓。其特点是尽量缩小产品体积，少占空间；考虑产品生产、使用、废弃时对环境的影响；减少产品零部件，使其易回收、易拆卸，部件或整机可翻新和循环利用，以减少废弃物对环境的污染。

因此，绿色设计可使资源、能源得到最大限度的利用，减轻或消除废弃产品对环境所造成的污染，是可持续发展的具体表现。

（四）绿色设计的应用

绿色产品设计作为一种新的设计方法，在国内外得到了广泛的认可与重视，并在企业得到了应用，取得了可观的生态经济效益。目前，产品生态设计在国外已经用于汽车、摩托车、复印机、洗衣机、计算机、打印机、照相机、电话等产品的设计开发。

例如，美国克莱斯勒、通用和福特三大汽车公司共同成立了汽车回收开发中心，为汽车的拆卸、翻新、复用和销毁而设计。据专家估计，在未来的10年内，生态设计方法将推广到所有产品的设计和重新设计。

三、绿色生产

绿色生产是指以节能、降耗、减污为目标，以管理和技术为手段，实施工业生产全过程污染控制，使污染物的产生量最少化的一种综合措施。绿色生产也可以被称为"清洁生产"。在早期的发展阶段或者不同国家，清洁生产有着不同的叫法，如早期美国的"污染预防""减废技术"或"废物最少化"，日本的"无公害工艺"，中国以及一些欧洲国家的"少废无废工艺"，其他一些国家的"清洁工艺""绿色工艺""生态工艺"等称呼，但其基本内涵是一致的，即对产品和产品的生产过程、产品及服务采取预防污染的策略来减少污染物的产生，也就是今天的"绿色生产"。【微课视频】

清洁生产

具体地，清洁生产是一种新的创造性的思想，该思想是将综合性预防的环境战略持续应用于生产过程、产品和服务中，以提高效率、降低对人类及环境的危害。对生产过程来说，清洁生产是指通过节约能源和资源，淘汰有害原料，减少废物和有害物质的产生和排放；对产品来说，清洁生产是指降低产品全生命周期即从原材料开采到寿命终结处置的整个过程对人类和环境的影响；对服务来说，清洁生产是指将预防性的环境战略结合到设计和所提供的服务中去。

基于绿色化学中"预防优于治理"的思想，绿色生产（清洁生产）策略产生经历了一定的历程。1976年，当时的欧共体在巴黎举行了一场"无废工艺和无废生产国际研讨会"，在会上，欧共体理事会就工业污染问题提出了"消除造成污染的根源"的思想；1989年5月，联合国环境署工业与环境规划活动中心（UNEP IE/PAC）根据UNEP理事会会议的决议，制定了《清洁生产计划》，并开始在全球范围内推行清洁生产；1998年10月，在韩国汉城第五次国际清洁生产高级研讨会上，联合国环境署出台了《国际清洁生产宣言》，进一步完善了清洁生产的定义。

此后，美国、澳大利亚、荷兰、丹麦等发达国家在清洁生产立法、组织机构建设、信息交换、科学研究、示范项目和推广等领域不断发展，取得了明显成就。特别是进入21世纪后，发达国家清洁生产政策出现了两个明显的倾向：其一是将着眼点转向清洁产品的整个生命周期；其二是更加重视扶持中小企业进行清洁生产，包括提供财政补贴、项目支持、技术服务和信息等措施。这些，标志着的"绿色生产"时代的来临。

在我国，1994年，为响应联合国的《里约宣言》和《21世纪议程》，提出了"中国21世纪议程"——"十五"的可持续发展计划，其中提出的"重点项目"中有9个优先领域的62个项目，清洁生产列为第二位，可见其重要地位。2003年1月1日开始实行的《清洁生产促进法》，这是我国第一部关于清洁生产的专门性法律，为企业实施清洁生产明确了法律义务。2016年，出台了《清洁生产审核办法》，并于2016年7月1日起正式实施。

在实际工作的开展中，我国在纺织、印染、化工、石化、电镀、制药、啤酒、酒精、建材、钢铁和造纸等几十个行业的百余家企业中进行了企业清洁生产审计示范，取得了显著的经济效益和环境效益。总之，绿色生产（清洁生产）彻底改变了过去被动的、滞后的污染控制手段，已是我国实现可持续发展的必然选择和重要保障。

四、绿色包装

（一）绿色包装提出的必要性

商品离不开包装。在市场经济中，商品包装的重要性日益显著，得到各种行业越来越多的重视。

由于当前循环利用率和废弃物的回收再生利用率都很低，大量的包装废弃物形成对环境的严重污染。据美国《包装》杂志通过全国性民意测验结果显示，绝大多数人认为：包装带来的环境污染仅次于水质污染、海洋湖泊的污染和空气污染，已处于第四位。

我国的包装物年人均量还远低于工业发达国家，但是由于我国人口众多，对废弃物的管理又很松，在许多大中城市、旅游胜地、铁路沿线等到处可看到废弃的空瓶、空罐、快餐饭盒等。不仅如此，随着近年来网络订餐行业迅猛发展，外卖订餐使用的一次性包装安全和环保问题引起了社会各界的广泛关注。这些白色垃圾已经成为众矢之的的"白色污染"了。

（二）绿色包装的含义与基本原则

世界工业发展要适应环保大潮的趋势，包装事业者也必须及早跟上这个形势。因此，绿色包装应运而生。所谓绿色包装，是指对生态环境和人体健康无害，用后易于回收再用或再生，或易于自然分解、不污染环境，且在产品的整个生命周期中保护环境资源和消费者健康的适度包装。

绿色包装

绿色包装除了具备包装的一般特性（保护商品、方便商品的储存运输、促进商品的销售）之外，还应当安全卫生、环境保护和节约资源。为此，国际上发达国家提出了"3R+1D"的绿色包装原则，即 Reduce（减量化）、Reuse（重复使用）、Recycle（再循环）和 Degradable（可降解）原则。【微课视频】

追踪溯源，绿色包装是在 20 世纪 70 年代兴起的。70 年代至 80 年代中期的包装废弃物回收处理为起步阶段；80 年代至 90 年代初实施"3R+1D"，为发展完善阶段；20 世纪 90 年代中后期生命周期评价的应用为高级阶段。

目前，国际上对包装的回收利用都有明确的规定。例如，早在 1985 年 7 月，当时的欧共体就通过了《饮料容器包装法令》。该法令的第一条明确提出：法令的目的之一在于饮料容器的重复使用和再循环。英国规定从 2000 年起对 60% 的工业用品包装物和 35% 的家庭用品包装物回收再利用。

德国法律明确规定，自 1995 年 7 月 1 日起，玻璃、马口铁、铝、纸板和塑料等包装材料回收率必须达到 80%；同时规定，运输包装要 100% 回收，销售包装按"谁生产谁回收""谁销售谁回收"的原则，由生产者、销售者负责回收再利用。法国规定从 2000 年起，生产商、进口商必须完成 75% 的回收定额。

（三）发展绿色包装的主要措施

发展绿色包装是世界包装业的大趋势，加快建立绿色包装工业体系，是我国包装行业的必由之路，为此应采取以下措施：

1. 采用可降解、可再生的绿色包装材料

包装设计人员应尽量采用绿色包装材料，并设计易降解的包装材料，能极大地减少包装物废弃后对环境的污染，例如积极开发植物包装材料。植物基本上可以延续不息地重产繁殖，而且大量使用植物包装材料一般不会对环境、生态平衡和资源的维护造成危害，故植物包装材料受到国际包装市场青睐。

2. 包装减量化

绿色包装理念中，鼓励消费者使用能多次使用的尼龙购物袋（或布袋），而少用一次性塑料袋。同时，在包装设计中，使用的材料尽量减少，尽可能消除不必要的包装，提倡简朴包装，以节省资源。

就世界范围来看，儿童食品包装成本平均为 40%，一般食品为 20%。从我国国情出发，内销的新鲜食品一般不应超过 5%，儿童食品、化妆品等可以稍高一些，但是有的包装成本几乎相当于产品生产成本的一半，甚至更高。

过分包装，实际上既提高了产品售价（实际上也影响到商品的竞争力），增加了顾客的开支，又耗费了过多的包装物资，加重了环境污染。因此，许多发达国家已经开始重视这个问题，把改革过分包装作为通向绿色包装的重要途径。

例如，像日本这样一个十分讲究礼品包装的国家，有些大百货公司也推行节日礼品包装简化运动，得到关心环保的顾客们的欢迎和支持。

在我国，菜鸟绿色联盟自主研发了智能箱型设计和切箱算法，将这两种方法运用到快递行业当中。智能箱型设计是指卖家在计算机中输入产品的长、宽、高，系统根据商品的体积来匹配相应的纸箱，推荐最合适的箱型，并依次提供装箱的顺序和箱子的摆放。这样一来，卖家可以节约很多时间来挑选合适的箱子，也可以尽量地节约箱子的使用。让每一个箱子都达到自己相应的空间，不多不少。

3. 包装材料单一化

采用的材料尽量单纯，不要混入异种材料，这样不必使用特殊工具即可将材料解体，还可以节省回收与分离时间，避免使用黏合方法而导致回收、分离的困难。

4. 包装设计可拆卸化

对于的确需要复合材料结构形式的包装，应按绿色设计的理念，设计成可拆卸式结构，有利于拆卸后回收利用。

5. 重视包装材料的再利用

尽可能使用循环再生材料，采用可回收、复用和再循环使用的包装，提高包装物的生命周期，从而减少包装废弃物。目前，国际上使用的可循环再生材料多是再生纸，以废纸回收后制成再生纸箱、蜂浆纸板和纸管等。

近年来国务院各部门加大固体废物的污染防治。其中，在推进包装废物回收方面，国家邮政局选择 8 个省(市)开展快递绿色包装试点；中华环境保护基金会设立公益基金，于 2017 年 10 月联合菜鸟网络、中国主流快递公司、厦门市政府，共同启动了全球首个绿色物流城市建设。截至 2018 年 6 月，菜鸟在厦门打造了上百个绿色校园和绿色社区，每年回收循环利用的快递纸箱达 100 万个，绿色包裹全面覆盖厦门快递网络。除此之外，菜鸟与厦门共同研发搭建的物流调度平台、量身定制道路配送优化方案，大幅提升了厦门城市末端配送效率，节省物流成本上千万元，打造了绿色物流的"厦门经验"。

6. 包装材料的无害化

避免使用含有毒性的材料。例如，包装容器或标签上所使用的颜料、染料、油漆等应采用不含重金属的原料；作为接合材料的胶黏剂，除应不含毒性或有毒成分外，还应在分离时易于分解。

《欧洲包装与包装废物指令》规定了重金属含量水平。例如，铅的含量少于 100 mg/kg。我国也应以立法的形式规定禁止使用或减少使用某些含有铅、汞、锡等有害成分的包装材料，并规定重金属允许含量。

(四)从电子商务看绿色物流

我国电子商务行业迅猛发展，给人们带了巨大的生活便利，从最开始的衣帽服装，到日常生活、家居用品等，甚至是餐饮，现在都能通过网络解决。然而，这同时也造成了大量的电商包装垃圾。这些包装垃圾除了包装塑料袋，还有纸盒、纸箱、一次性的餐盒、筷子等。

1. 淘宝——菜鸟绿色联盟 & 绿动计划

淘宝是国内最大的网购平台。2016 年 6 月的全球智慧物流峰会上，淘宝旗下菜鸟网络宣布联合 32 家中国及全球合作伙伴启动菜鸟绿色联盟，即"绿动计划"，承诺到 2020 年替换 50% 的包装材料，填充物为 100% 可降解绿色包材。具体来说，这一绿色联盟包括"四通一达"、中国邮政、俄罗斯邮政、加拿大邮政、Fedex、新加坡邮政、苏宁、日日顺等中国及全球知名物流企业。除了环保包材的替换计划，这一行动还承诺通过使用新能源车辆、可回收材料，重复使用包装，建立包材回收体系等举措，争取行业总体碳排放减少 362 万吨。

2017 年 3 月，由菜鸟网络、阿里巴巴公益基金会、中华环境保护基金会发起，并联合圆通、中通、申通、韵达、百世、天天六家快递公司共同出资成立了中国首个物流环保公益基金——菜鸟绿色联盟公益基金。该基金专注于解决日趋严重的物流业污染现状，降低行业成本，推动快递包装创新改良。

2018 年,绿色基金会围绕"美丽中国,我是行动者"核心主题开展了为期半年的"菜鸟回箱"计划环保主题活动。"菜鸟回箱"活动号召消费者将收到的纸箱共享出来方便他人再次使用，达到资源节约的目的。通过"线下一站一码 + 线上产品化"，搭建与消费者互动的闭环，提升消费者的参与度。

2. 京东——青流计划

2017 年 6 月，京东物流联合宝洁、雀巢、惠氏、乐高、金佰利、农夫山泉、联合利华、屈臣氏、伊利九大品牌商启动"青流计划"，率先在行业内大范围使用循环包装，掀起了循环快递包装行业的热潮。环保组织世界自然基金会在活动发布现场与京东物流签署了《中国纸制品可持续发展倡议书》。此外，中国包装联合会、中国快递协会等10余家业界机构也参加了此次行动。

青流计划是京东物流与供应链上下游合作，推动品牌商到零售商、零售商到用户的绿色化、环保化。该计划初期重点是通过减少包装物的使用和绿色物流技术创新和应用，物流耗材标准的统一，促进品牌商、物流企业、包装耗材企业以及消费者之间的高效协同，从商品生产打包、入仓到出库、运输、配送等整个链条中提升资源利用率，减少资源浪费，从而实现节能降耗，低碳环保的目的。

根据青流计划，预计到 2020 年，京东将减少供应链中一次性包装纸箱使用量 100 亿个，相当于 2015 年全年全国快递纸箱的使用数量；从品牌商到电商企业的供货端，京东物流将实现 80% 商品包装耗材的可回收、单位商品包装重量减轻 25%；在用户端，京东物流 50% 以上的塑料包装将使用生物降解材料、100% 物流包装使用可再生或可回收材料、100% 物流包装印刷采用环保印刷工艺。

3. 饿了么——安全环保外卖包装安心名录

随着网络订餐行业迅猛发展，外卖订餐使用的一次性包装安全和环保问题引起了社会各界的广泛关注。为保障"饿了么"上线餐饮商户能采购到优质、安全、环保的一次性餐饮用具及包装，逐步打造网络订餐食品安全闭环，饿了么、百度外卖联合中国包装联合会包装用户委员会从承担社会责任和公益角度出发，在遵循诚信、客观公正、推荐而不强制的原则下，共同对一次性餐盒进行审核筛选，形成安全环保一次性餐饮用具及包装产品及企业名录，供上线餐饮商户自愿选择采购。饿了么、百度外卖在保证食品安全的前体下，提倡安全环保外卖包装的应用，并努力推进外卖塑料垃圾的环保化处理。

高速增长的快递业成了中国经济的一匹黑马，但在快递包装中，"大材小用"、过度包装的现象也比较严重，回收使用率极低。同时，海量快递包装对环境的破坏也逐渐引起社会关注。绿色物流是一项系统工程，绝非一个平台、一家企业能够独立完成，需要政府、快递企业、商家和消费者的共同努力和担当。

五、工业生态学

随着工业上绿色企业、绿色设计、绿色包装等理念的提出和实践，理论领域中传统的洁净生产已实现了向工业生态学的转变，其标志为 1997 年由耶鲁大学和麻省理工学院合作出版了全球第一本《工业生态学》杂志。

（一）工业生态学的含义

所谓工业生态学，是指用生态学的理论和方法来研究工业生产的一门新兴学科；而对应的生态工业，是一种根据工业生态学基本原理建立的、符合生态系统环境承载能力、物质和能量高效组合利用以及工业生态功能稳定协调的新型工业组合和发展形态。

工业生态学把工业生产视为一种类似于自然生态系统的封闭体系，其中一个单元产生的废物或副产品，是另一个单元的"营养物"和投入原料。这样，区域内彼此靠近的工业企业就可以形成一个相互依存、类似于生态食物链过程的工业生态系统。

在工业生态学中，通常用"工业共生""工业链""工业代谢"等生物生态系统类比的概念来表征工业生态系统的关系。很显然，这些类比的概念在工业生态学中实现的程度，相对于生物生态系统依然是十分脆弱的和低级的。

（二）生态工业园区

生态工业示范园区（以下简称"园区"）是依据清洁生产要求、循环经济理念和工业生态学原理而设计建立的一种新型工业园区。因此，生态工业园区是工业生态思想的具体体现，从环境角度来看，它是最具环境保护意义和生态绿色概念的工业园区。生态工业园区通过物流或能流传递等方式把不同工厂或企业连接起来，形成共享资源和互换副产品的产业共生组合，使一家工厂的废弃物或副产品成为另一家工厂的原料或能源，模拟自然系统，在产业系统中建立"生产者—消费者—分解者"的循环途径，寻求物质闭环循环、能量多级利用和废物产生最小化。

1. 丹麦卡伦堡生态工业园

丹麦卡伦堡生态工业园是世界上最成功的生态工业园，其著名在于园内企业间从1975年就开始形成的"工业互利合作"关系。最初，这种关系只是园内企业为了减少生产成本而自发地生产或者利用"废物"产品。在后来的发展过程中，企业管理者和城市居民逐步认识到这种做法不仅能产生可观经济价值，还可以获得相当的环境收益。

现在，卡伦堡生态工业园（图 13-1）已有工业互利合作项目 21 个（其中水循环项目 9 个，能量交换项目 6 个，废弃物回收项目 6 个），总投资约 1.2 亿美元，每年可节约消耗地下水 210 万吨、地表水 120 万吨、油 2 万吨、石膏 20 万吨，年节约收益达 1500万美元（截止到 2002 年，累计总节约收益超过 2.05 亿美元）。

工业园内现有工业企业 20 多家，其中艾森发电厂、斯达拓石油提炼厂、杰普格石膏板厂、拜泰克土壤公司、诺沃药厂、诺沃制酶厂和诺文垃圾处理厂 7 个核心企业是形成企业间"工业互利协作"的主要支柱企业，它们把一个企业的废弃物或副产品作为另一个企业的投入或原料，在园区企业之间实现"工业生态链"上的工业互利合作。

例如，火电厂以石油提炼厂的废气为燃料，用炼油厂的冷却水和循环回收的水代替地

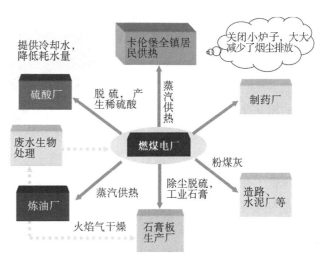

图 13-1　卡伦堡生态工业园生态工业链示意图

表水产生热能和蒸汽，其产生的热量供给卡伦堡市，蒸汽供给炼油厂和药厂，产生的粉煤灰为水泥生产企业提供原料，可用于生产水泥和铺路，脱硫产生的石膏卖给石膏板厂用于建材的生产，冷却水则被养鱼场利用其所含热能来养鱼。

炼油厂脱硫产生硫代硫酸铵的副产品每年可生产液态肥 2 万吨，基本可以满足丹麦每年的需要量；生活污水和生产废水排入市政府的处理设施，废水处理产生的污泥又为土壤净化公司提供生产原料，改善土壤养分；所有的废弃物都经过垃圾处理厂处理，其中 88% 废弃物用于产生能量和热量，只有 12% 被填埋。

卡伦堡生态工业园的成功运作，充分展示了生态工业令人叹服的经济效益和环境效益，是全球生态工业园区的典范。

2. 广西贵港国家生态工业（制糖）示范园区

在我国，也开始了基于循环经济理念的生态工业示范园区的建设。目前，国家环保总局批准命名的国家级生态工业园区已有 16 个。其中，最早的一个就是广西贵港国家生态工业（制糖）示范园区（图 13-2）。

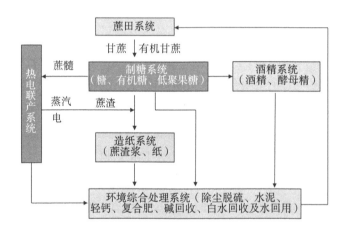

图 13-2　贵港国家生态工业（制糖）示范园区生态工业链示意图

该园区正以上市公司贵糖（集团）股份有限公司为核心，以蔗田系统、制糖系统、酒精系统、造纸系统、热电联产系统、环境综合处理系统为框架，通过盘活、优化、提升、扩张等步骤，建设生态工业（制糖）示范园区。

该示范园区的六个系统，各系统内分别有产品产出，各系统之间通过中间产品和废弃物的相互交换而互相衔接，从而形成一个比较完整和闭合的生态工业网络，园区内资源得到最佳配置，废弃物得到有效利用，环境污染减少到最低水平。

其中,甘蔗—制糖—蔗渣造纸生态链、制糖—糖蜜制酒精—酒精废液制复合肥生态链,以及制糖（有机糖）—低聚果糖生态链,这三条园区内的主要生态链,相互间构成了横向耦合的关系,并在一定程度上形成了网状结构。

在广西贵港国家生态工业（制糖）示范园区的物流中,没有废物概念,只有资源概念,各环节实现了充分的资源共享,变污染负效益为资源正效益。

第二节　绿色壁垒与绿色贸易

目前，绿色产品和绿色消费主导着国际贸易的新潮流，并且以 12%~15% 的速度增长。因此，要成为一个成功的绿色企业，不能只关注生产环节，还要关注销售环节，即必须通过绿色公关，打破绿色壁垒，实现绿色贸易。

一、绿色壁垒

（一）绿色壁垒的含义

随着国际贸易朝着自由化方向的不断发展，一些原有的贸易保护措施（如关税壁垒等）逐渐消失，一些发达国家利用自身先进的环保技术，纷纷通过提高环保标准，阻碍他国产品进入本国市场，从而产生了以保护人类健康、生态环境为由的绿色壁垒。

所谓绿色壁垒，是指以保护人类和动植物的生命、健康或安全，保护生态或环境为由而采取的直接或间接限制，甚至禁止贸易的法律、法规、政策与措施，以阻止某些外国商品进口。这一概念的界定，有两个基本点：

一是绿色壁垒的外在表现形式是各国采取的法规、政策与措施；二是绿色壁垒的性质，即以保护生态环境或人类和动植物的健康为由而采取的一种技术性贸易壁垒，是非关税壁垒的一种形式。但是，绿色壁垒又具有其他非关税壁垒所不具有的特征。

1. 表现内容上具有合理性

随着经济的发展和生存环境的日益恶化，人们对自身健康和环境保护越来越重视，也越来越关心社会的可持续发展，所以要求国际贸易中的产品本身及其生产加工过程，都不要以破坏环境或牺牲环境为代价。人们环保意识的增强，将使得绿色壁垒在国际贸易中不断出现，而且以国际公约和国别法律、法规等公开立法为依据。

2. 保护对象上具有广泛性

绿色壁垒的保护对象，不仅包括初级产品，而且还包括所有有关中间产品和工业制成品等几乎所有产品。不仅对产品本身的质量，而且对产品从生产前的设计一直到消费后的最终处理都有限制。

3. 保护方式上具有隐蔽性

绿色壁垒在保护方式上具有隐蔽性，不像配额、许可证等非关税壁垒。配额、许可证等非关税壁垒虽限制贸易，却还有一定透明性。近年来，主要发达国家经济增长乏力，贸易保护主义有重新兴起的趋势，但采取了新的形式——绿色壁垒。

在关税水平全面下降的形势下，绿色贸易壁垒以其隐蔽性、一定程度上的合理性越来越受到发达国家的青睐，利用环保之名行贸易保护之实，使出口方难以预见其内容及变化而难以对付和适应，但又不易产生贸易摩擦。

4.实施效果上具有歧视性

设置绿色贸易壁垒的主要是发达国家，他们凭借先进的技术水平和经济领先优势，制定了苛刻的技术标准及合格评定程序，而广大的发展中国家在技术、标准的制定和环境意识方面远远落后于发达国家，成为绿色壁垒的主要牺牲品。

因此，绿色壁垒有其歧视性的一面，特别是它的实施未考虑到发达国家工业化的过程中环保历史欠账，超越了发展中国家经济、技术发展的现实，非常的不公平。

（二）绿色壁垒的影响

随着经济全球化发展，绿色壁垒的影响非常大，并迅速扩展到全球范围贸易各领域。目前，中国主要贸易伙伴有美国、日本、欧盟、韩国、东南亚以及中国的香港和台湾地区，而这些国家和地区大多数是世界贸易组织贸易与环境委员会成员，也是绿色贸易保护主义最为盛行的地区。

绿色壁垒因其自身的特殊性，其对国际贸易的影响也比较复杂：一方面为了保护有限资源、环境和人类健康，它的实施有利于提高社会福利水平；另一方面处于保护本国市场的目的，它的实施在客观上又限制了某些商品进口，使进口国国民消费水平下降。以下就以发展中国家为例，分析绿色壁垒的具体影响。

1.市场准入

绿色壁垒对贸易最直接的影响，就是发展中国家的许多产品由于技术、环保等因素无法进入国际市场，或被迫退出国际市场。例如，在机电产品方面，根据欧盟"双绿"环保指令《关于在电子电器设备中限制使用某些有害物质指令》于 2006 年 7 月 1 日执行，主要针对限制包括铅、汞、镉在内的 6 种有害物质的使用。

因此，权威专家估计，由于目前欧盟约占我国家电出口市场的 1/4，"双绿"指令付诸实施后，中国直接受到影响的电器产品出口额将达 317 亿美元，占出口欧盟机电产品总值的 71%，我国家电出口价格至少上涨 10%——这意味着一大批中小企业将因无力承受高额成本而倒闭。

事实上，环境标志作为一种新产品对环境影响较小的证明性标识，已成为产品进入国际市场的一张通行证，也是国际贸易的绿色壁垒之一。例如，素以"陶瓷王国"著称的中国，在美国陶瓷市场的占有份额仅及日本同类产品的 1/10。致使我国陶瓷大幅下跌的主要原因，是美国认为我国新产品中对人体有害的重金属铅（Pb）含量严重超标。

2.烦琐通关程序

发达国家运用复杂苛刻的规定，使得外国商品难以符合并进入其本国市场。更为严重的是，不仅环境技术标准条文本身可以起到限制进口的作用，这些规定的执行过程也成为外国商品进入其市场的严重障碍。

因为执行过程中的一些争议，往往会导致旷日持久的调查和取证，即使最终认定产品符合规定，这些商品的销售成本可能已大大增加，或者错过了销售季节，从而严重影响发展中国家的出口贸易。

以我国输日冷冻菠菜为例，以前一箱冷冻菠菜到日本一个星期左右就可获得通关，但 2004 年 7 月后拖延到了 35 天,原因是日方新增了原本没有要求的材料审核。不仅如此,日方还要求输日菠菜必须同时附带大批书面材料,用于记载菠菜从种植到出口每一个环节的详细情况。

值得注意的是,这些仅是以通关前让日方判断我国冷冻菠菜是否有资格获得检查,并不代表材料齐全日方就一定会检查。因此,大量的附加劳动给出口企业增加了成本。以前山东每年出口日本的冷冻菠菜为 4 万~5 万吨,而自 2004 年 7 月以来每年 1 万吨的出口量都无法实现。

3. 竞争力

与市场准入相比,环境对竞争力的影响更为广泛和深刻。对发展中国家而言,产品的价格低廉是其最大的比较优势,但如果要达到发达国家的环保技术要求,就必须投入比发达国家高出很多的资金和人力,这无形中就增加了产品的成本,削弱了该产品的国际竞争力。

例如,在绿色认证方面,企业为获取国外认可的标志,不仅要支付大量的检验、测试、评估等间接费用,而且还要支付不菲的认证申请费和标志的使用年费等直接费用,导致这些产品的成本大幅上升,丧失价格优势。

另外,由于各国对进口商品的环保要求不尽相同,在满足一进口国的环保要求的同时,可能仍达不到另一进口国的环保要求,甚至不同时期的环保要求都可能不同,这些都导致出口商品成本的不确定性。中国的茶叶出口遭遇"绿色壁垒"就是如此。

安徽省生产的黄山毛峰、霍山黄芽、岳西翠兰、六安瓜片等茶叶闻名遐迩,享誉海内外。然而,2000 年徽茶在欧盟市场全面受阻,有的客户大批退货,有的不订期货,更有些客户中断了从安徽进口,改从其他国家进口。占徽茶出口份额 80% 的安徽省茶叶进出口公司,2000 年上半年对欧盟茶叶出口仅 94 万美元,比往年同期下降 35%。其原因就是从 2000 年 7 月 1 日开始,欧盟对进口茶叶实施新的农残限量标准,由原来的 29 种提升至 62 种。其中,对部分农药(如三氟杀螨醇等)的限制指标提高了 100 倍,个别的如氰戊菊酯甚至达 200 倍。因此,徽茶农药残留虽与我国其他省份相比相对较低,但距欧盟新标准要求仍相差甚远。"十二五"期间安徽茶叶产业发展迅速,出口价格不断上升,在 2014 年,安徽茶叶出口量达 5.2 万吨,出口额 2.04 亿美元,对安徽省的经济发展起到了极大的带动作用,但欧洲市场的出口量仍然较低。

发达国家复杂的环保技术要求,不仅影响了中国茶叶的出口,而且对中国许多产品出口产生了重大影响,如皮革中五氯酚残留量问题、裘皮服装中含砷(As)问题,以及蜂蜜等一些食品农药残留问题,这些农副产品不符合西方工业国家环境安全标准要求的情况也时有发生,它们都严重影响了中国的对外贸易。

4. 环境污染

一方面,发展中国家许多产品因达不到国际标准和某些国别标准而减少了出口;另一方面,因发展中国家的环境标准低或无标准,发达国家使其未能达标的某些产品,甚至"洋垃圾"(如殡仪馆死者旧衣物)进入发展中国家。

更为"阴险"的是，发达国家还通过跨国公司向发展中国家大量转移能耗大、污染严重的污染性产业（如电镀行业、含磷洗衣粉的生产），"嫁祸"他人，对发展中国家生态环境造成了严重影响，最终形成一种新形式的殖民主义——"生态殖民"。

5. 有利影响

从长远来看，绿色贸易壁垒对发展中国家推行可持续发展战略、实现贸易与环境的良性互动又有一定的积极意义。众所周知，大部分发展中国家长期以来忽视绿色产业的发展，盲目开发出口产品，放松了对产业安全和防污标准的监督检验工作，没有形成无公害的环境管理体系，造成对环境的巨大破坏。

由于绿色壁垒多是硬性的条文规定，因此发展中国家除了在世贸组织多边贸易框架内开展贸易协调和环境外交外，更为现实的就是苦练内功，努力提高环境管理水平。强大的国际市场的压力将使得出口企业不得不提高资源使用效率，改善生产工艺，减少排污，实现贸易和环境的双赢。

二、绿色贸易

据海关统计，2018年，中国外贸进出口总值30.51万亿元人民币，比2017年增长9.7%。其中，出口16.42万亿元，增长7.1%；进口14.09万亿元，增长12.9%；贸易顺差2.33万亿元，收窄18.3%。按美元计价，2018年，我国外贸进出口总值4.62万亿美元，增长12.6%。其中，出口2.48万亿美元，增长9.9%；进口2.14万亿美元，增长15.8%；贸易顺差3517.6亿美元，收窄16.2%。在这种贸易格局中，一些国家与中国的贸易摩擦不可避免，"绿色壁垒"仍将长期存在。为了消除绿色壁垒的不利影响，应当积极研究对策，大力发展绿色贸易。

1. 确立绿色贸易的思想与制度

面对绿色壁垒的"难隐之苦"，绿色贸易的当务之急，是建立绿色贸易制度，推进绿色生产活动，提倡绿色生活方式，发展绿色生态产业，把绿色贸易、绿色经济、绿色生活的思想贯穿到我国经济社会发展的全过程。

建立绿色贸易制度，就是把绿色贸易思想融入我国的基本贸易制度之中，成为开展国际、国内贸易的一个基本思想和原则。这样应既可以推动我国产品的绿色化，既有利于冲破国际各国间的绿色贸易壁垒，又有利于促进我国的经济适应全球一体化浪潮以及与国际贸易制度接轨。

2. 积极推进国际环境标准认证

国际环境标准是国际上绿色贸易的通行证，因此要在实施环境认证制度的基础上，建立和完善我国自己的环境标准和技术法规体系，逐渐提升自己的环境标准要求，早日与国际标准接轨，并积极参与国际标准互认，签订多边或双边互认协议，以便从制度上消除贸易摩擦。

同时，要充分利用《贸易技术壁垒协议》给予发展中国家的优惠待遇和WTO的贸

绿色化学通用教程（第2版）

易争端解决机制，以保护我国企业的公平贸易机会。总之，要理性对待环境标准化工作的双重效应，推动资源合理使用，降低产品成本，提高国际竞争实力。

3. 推进绿色生产活动

是促进企业实施清洁生产，由末端治理转向全过程控制，通过提高企业管理水平和技术创新，节约资源能源，减少污染物排放——提高产品的质量，降低对环境和人体的负面影响程度；增强其产品的绿色度，适应国际上绿色贸易的需要。

例如，前面提及的徽茶出口问题——茶叶农药残留过高，主要是因为茶园的病虫害防治全部依赖农药。因此，如不解决及时农药残留超标问题，不仅影响这个产茶大省的出口创汇，甚至会波及 500 万茶农的生存。

4. 提倡绿色生活方式

引导公众改变传统的大量消耗资源能源、不关注环境的生活习惯和生活方式，建立绿色消费观，提倡绿色生活方式，鼓励消费那些不污染环境、不损害人体健康，对改变环境状况、提高环境质量有利的产品，使绿色贸易融入每一个人的生活中去。

5. 发展绿色生态产业

发展绿色生态产业就是大力发展有利于自然生态保护和恢复，改善和提高生态环境的产业，以绿色生态产业代替污染严重的产业，从而实现产业结构的调整，按照工业生态学的全局思想，建立起我国的循环经济结构体系。

6. 开展绿色公关活动

针对绿色壁垒的严峻形势，有人还提出了进行"绿色公关"的新策略，即面对环境保护与绿色消费这一严肃问题，企业在目标与经营战略的调整中，对肩负重任的公共关系必须赋予其绿色使命，如制定绿色目标、进行绿色宣传、赞助绿色事业、塑造绿色形象等，以便冲破绿色壁垒，实现绿色贸易。

第三节　绿色经济与绿色 GDP

在我们的工作领域，从资源利用到产品设计，从厂家生产到公司贸易，它们被"绿色化"。所有这一切实践活动和有关学者进行的"环境意识是一种消费需求"等环境意识的经济学理论分析，都向我们昭示着绿色经济的时代来临。

一、绿色经济

所谓绿色经济（Green Economic），是指对生态系统不产生消极影响（或者减少消极影响）的可持续发展型经济。它是伴随 20 世纪 60 年代以来西方工业化国家的社会生态运动而兴起，并成熟于 90 年代的一种清洁型经济形式。

绿色经济既能最大限度地提高经济效益，又能保证生态系统的良性循环与恢复；既能够使人类得到温饱安全保障，又能使人类环境得到生态安全保障，使人与自然和睦相处。

绿色经济的重点在于大力发展绿色产业和绿色产品。

绿色产业包括绿色工业、绿色农业、绿色服务业；绿色产品包括绿色工业品、绿色农产品、绿色服务产品等。我国绿色经济20世纪90年代以来迅速兴起，绿色产业和绿色产品都有较快的发展，成为我国绿色经济的重要组成部分。

二、绿色 GDP

（一）绿色 GDP 的含义

所谓绿色GDP，是指一个国家或地区在考虑了自然资源与环境因素之后经济活动的最终成果。绿色GDP是绿色国民经济核算体系的核心指标，同时也是经济社会可持续发展的重要指标。【微课视频】

绿色 GDP

它是在现有GDP的基础上计算出来的，即将经济活动中自然资源耗减成本与环境污染代价从GDP中予以扣除，进行资源、经济综合核算，形成的一套能够描述资源环境与经济活动之间的关系、能够提供资源环境核算数据的核算体系。

因此，绿色GDP也称绿色国民经济核算体系或资源环境经济综合核算体系（System of Integrated Environment and Economic Accounting，简称 SEEA）。

（二）传统 GDP 的弊端

绿色GDP核算的提出，是因为传统的GDP核算只反映了经济运行的过程与结果，未体现经济活动对自然资源的消耗和对环境造成污染的代价，主要表现在两方面：

1. 未考虑自然资源消耗成本

经济活动要开发利用自然资源，传统的GDP只核算了经济活动对自然资源的开发成本，却没有计算自然资源本身的价值，即自然资源耗减成本，造成自然资源无价或低价，这种核算方法的结果从一定意义上高估了当期经济生产活动新创造的价值。

2. 未考虑环境降级成本

经济活动往往造成环境污染，引起环境质量的下降，亦称环境降级成本。传统的GDP核算，一方面没有扣减环境降级成本，即环境污染的代价；另一方面，将环境保护支出作为生产活动来反映。故传统GDP核算的结果是从两个方面增加了GDP。

因此，污染物排放越多，GDP越大；环境保护支出越多，GDP也越大。可见，传统GDP的核算方法诱导对自然资源的过度消耗和对环境的严重污染，导致自然资源与环境状况恶化，人类的生存条件受到威胁，经济发展不可持续。

（三）绿色 GDP 的提出

虽然许多"绿色"名词是近年来涌现的，但事实上从20世纪70年代开始，联合国和世界银行等国际组织就在绿色GDP核算的研究和推广方面做了大量的工作。

1973~1982年，联合国开始研究环境统计的方法，编写了《环境统计资料编制纲要》。1983~1988年，联合国统计署与世界银行环境局、美国环保局合作，正式开展环境与资源核算的研究工作，初步讨论了资源与环境核算同国民经济核算体系的关系问题。

1989 年以后，联合国统计署、环境署与世界银行等国际组织合作，研究界定环境资源核算的概念，并于 1994 年正式出版了《综合环境与经济核算手册》（简称 SEEA1993），实现了综合经济环境核算的开创性研究工作，提出了经济环境核算的基本框架。

若干年之后，随着国际上对综合经济环境核算的研究和实践进展，经过认真总结和修订，2001 年 6 月《综合环境与经济核算手册》修订版（SEEA2000）正式出版，初步确立了综合经济环境核算的实施步骤。

2003 年，联合国统计署再次修订出版《综合环境与经济核算手册》（SEEA2003）。与前两个版本相比，该版本在实践应用成果总结的基础上更加侧重方法上的指导。2004 年 9 月，联合国成立了环境经济核算委员会，指导和推动各国环境经济核算工作。

2012 年 5 月，联合国环境与经济核算委员会正式颁布了《环境经济核算体系中心框架》，简称 SEEA2012 中心框架，现已被确认为环境经济核算的第一个国际统计标准。

在联合国大力推动下，许多国家和组织也开展了环境经济核算的实践活动。挪威是最早开始进行自然资源核算的国家。1987 年，挪威公布了"挪威自然资源核算"研究报告，随后，芬兰和法国也建立了自然资源核算框架体系。欧盟提出了包含环境核算的国民经济核算矩阵（NAMEA），德国、美国等国发布了绿色 GDP 核算报告。日本建立了较为完整的环境经济综合核算实例体系，并公布了 1985~1990 年日本的绿色 GDP 数值。环境经济核算正在逐步成为世界各国实施绿色和可持续发展的重要战略依据。

（四）绿色 GDP 的核算

中国的环境经济核算工作起步相对较晚，但是发展较快，成果丰富且引人注目。早在 20 世纪 80 年代初，有关研究人员就提出了环境污染和生态破坏经济损失的概念，从此开始了中国环境经济核算的探索性研究。中国环境规划院（即现在的生态环境部环境规划院），作为原国家环保总局最重要的环境经济核算技术支持单位，一直致力于推动中国环境经济核算的研究。早在 2004 年，中国环境规划院就联合中国环境监测总站、中国人民大学、清华大学、原国家环保总局政策研究中心等单位，开展了绿色国民经济核算（绿色 GDP）的研究。

我国绿色 GDP 核算体系有狭义和广义之分。狭义的很简单，就是从 GDP 中扣除掉环境污染造成的损失，即基于环境的绿色国民经济核算；广义的还要把自然资源消耗放进去。把两部分都放进去的广义方法，才叫完整的绿色 GDP 核算（图 13-3）。目前，以中国环境规划院为代表的技术组

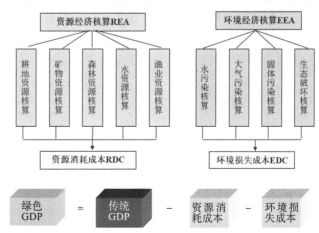

图 13-3　中国绿色 GDP 核算体系框架示意图

已经完成了从 2004～2010 年共 7 年的全国环境经济核算研究报告。连续 7 年的环境经济核算结果表明，尽管我国的资源节约和污染减排取得了很大进展，但是我国的经济发展仍处于环境成本的上升阶段。

（五）中国的绿色 GDP 现状

我国环境污染和生态破坏经济损失计量的研究，开始于 20 世纪 80 年代初，20 年来取得了一些成果。由于缺乏统一方法和完善的数据支撑，目前我国的研究大多集中在对于环境经济核算的理论与方法的探讨或是单一某个方面的探索发展。除此之外，不同学者研究的内涵、方法和依据不尽相同，再加上不同程度的不完全计算和低估，造成了计算结果有较大的差异。

尽管如此，但是已经表明我国的环境污染和生态破坏经济损失是巨大的——我国环境污染的不完全经济损失大约占当年 GDP 的 2.1%~7.7%；中国生态破坏的经济损失占 GDP 的 5%~13%，两者之和为 7%~20%。

实际的损失可能要比上述数字更大，但这些数据已经清楚地告诉我们：中国的环境污染和生态破坏严重，环境污染和生态破坏造成的经济损失在经济和环境决策中不容忽视。随着计量内容和方法的扩展和改进，这个结论将会出现更多的证据。

因此，在将来的研究和实践中，需要抓好切入点和时机，加快在典型地区和典型领域推进力度，争取用 10~15 年时间基本建立适合我国国情的综合环境经济核算制度。具体要做到以下几点：

（1）逐步完善环境经济核算技术方法体系；

（2）推进地方环境经济综合核算试点示范；

（3）推进简历系统哟欧晓的国家环境经济综合核算制度；

（4）积极与国际环境经济核算发展接轨。

党的十八大报告鲜明提出："把资源消耗、环境损害、生态效益纳入经济社会发展评价体系，建立体现生态文明要求的目标体系、考核办法、奖惩机制。"为了更好地落实党的十八大及十八届三中全会提出的"用制度保护环境""探索编制自然资源资产负债表，对领导干部实行自然资源资产离任审计"等要求，环保部启动了"绿色 GDP2.0"版本研究（10 年前开展的重点针对污染损害成本的绿色 GDP 研究称为"绿色 GDP1.0"版本），该研究将致力于建立环境容量资产和生态系统生产总值核算体系，更全面地反映经济发展的环境代价和生态效益，这也预示着新一轮的环境经济核算热潮即将展开。

思考题

一、判断题

1. 在绿色设计中，产品周期为"生产到再生"，着重点是再生而不是坟墓。

2. 工业生态学正式诞生的标志为 1997 年由耶鲁大学和麻省理工学院合作出版了全球第

一本《工业生态学》杂志。

3.丹麦卡伦堡生态工业园是世界上最成功的生态工业园，其著名在于园内企业间从 1975 年就开始形成的"工业互利合作"关系。

4.环境意识是一种消费需求。

二、选择题

1.绿色壁垒的特征有（　　　　）。

A.表现内容上具有合理性　　　　　　B.保护对象上具有广泛性

C.保护方式上具有隐蔽性　　　　　　D.实施效果上具有歧视性

2.下列有关绿色经济说法正确的有（　　　　）。

A.绿色经济是指对生态系统不产生消极影响的可持续发展型经济

B.绿色经济的重点在于大力发展绿色产业和绿色产品

C.绿色产品包括绿色工业品、绿色农产品、绿色服务产品等

D.绿色产业包括绿色工业、绿色农业、绿色服务业

三、写出下列化学物质的名字，并写出与其性质、用途等相关的一句话

1.Pb　　　　　　　　2.As

四、问答题（贵在创新、言之成理）

1.如何理解绿色企业的内涵？如果你是企业老总，你将了解哪些领域的知识，招揽哪些方面的人才？为什么？

2.如何理解"3R+1D"的绿色包装原则？结合你身边的实际，从消费者的角度谈谈你的个人体会。

3.如何理解生态工业园区？调查你所在的城市或地区生态工业园区的建设、发展情况，并撰写小论文介绍它们的成果（请注意尊重知识产权）。

4.如何理解绿色壁垒的双重性？如果你是政府公务员，你将如何决策和行动，以帮助当地农民（企业）致富？

5.什么是"生态殖民"？如果你是地方领导，谈谈对该问题的看法。

6.什么是绿色公关？如果你是贸易公司总裁，你如何看待绿色公关？

7.你认为绿色 GDP 的提出有必要吗？为什么？

8.如果你是经济、管理、金融等专业（或有志于类似研究领域）的同学，请查找资料，并撰写小论文介绍绿色经济、绿色 GDP 的研究进展（请注意尊重知识产权）。

第十四章 绿色水处理技术

第一节 绿色水处理技术的含义

一、绿色水处理技术的意义与范围

水是生命之源，随着工业的高度发展，全球性的环境污染和生态破坏导致世界性的水资源危机日益严重。而冷却水用量在工业水中居首位，占 70%~80%。为了节约宝贵的水资源，工业冷却水的循环再利用已成为当今世界工业发展的必然趋势。因此，循环水处理技术的诞生，本身就蕴涵着重要的"绿色"思维。

然而，在水的循环再利用后，水中有害离子浓度成倍增加，这使循环冷却水系统的结垢、腐蚀和滋生菌藻等现象进一步加剧。为解决循环冷却水问题，必须进行水质处理。同时，又要避免水处理过程引入的二次污染。这些使得循环水处理技术具有一定的复杂性，也使得循环水处理行业需要各种学科知识的综合应用。

因此，在绿色水处理技术涉及的绿色工作中，充分体现了各种"绿色"观念。狭义地说，绿色水处理技术包括：（1）水处理药剂作为目标产物的绿色化；（2）水处理药剂生产工艺的绿色化。广义而言，绿色水处理技术也体现在其他的非循环水处理过程中。目前，它们都是 21 世纪水处理工作者、化学工作者所面临的一次重大挑战。

二、绿色水处理剂的概念与发展

（一）水处理剂的种类

水处理剂是工业用水、生活用水、废水处理过程中所需使用的化学药剂。经过这些化学药剂的使用，使水质达到一定的质量要求。各种水处理剂的主要作用是控制水垢、污泥的形成，降低与水接触的材料的腐蚀，除去水中悬浮固体和有毒物质，除臭、杀菌抑菌、脱色、软化和稳定水质等。

因此，不同的水处理剂具有不用的功能，根据其功能可分为缓蚀剂、阻垢剂、清洗剂、杀菌灭藻剂等。其中，缓蚀剂是为了减缓金属设备腐蚀、延长金属设备寿命，必须加入的一类用量较大的水处理剂。根据缓蚀剂的化学组成，可将缓蚀剂分为无机缓蚀剂和有机缓蚀剂两大类。

阻垢剂是能控制产生各种无机盐水垢和其他污垢的物质，可以分为有机膦酸盐、聚合物和共聚合物三大类。杀菌剂是为了防止水在使用中带入微生物，对设备造成危害，

绿色化学通用教程（第2版）

常对水进行处理，以杀死微生物，这种用于杀灭和抑制微生物的水处理剂称为杀菌剂。杀菌剂根据杀菌机理的不同，可以分为氧化型杀菌剂和非氧化型杀菌剂。

因此，所谓绿色水处理剂，是指其制造过程是清洁的，在使用这些药剂时对人体健康和环境没有毒性，并可以生物降解为对环境无害的水处理剂。水处理剂的绿色化、水处理剂生产用原料和转化试剂的绿色化、水处理剂生产反应方式的绿色化、水处理剂生产反应条件的绿色化已经成为当今水处理剂技术领域的重点研究开发方向。

（二）水处理剂的绿色化发展

随着工业的发展及环境标准对水处理剂要求的提高，在一个阶段内被认为对环境无害的水处理剂，到了一个新的发展阶段可能就被认为是对环境不友好的。例如，在水处理技术中的无机铬酸盐、亚硝酸盐等能在金属表面形成钝化膜而具有很好的缓蚀作用，但由于其环境毒性已被限制使用，甚至在密闭系统里也很少应用。

又如，聚羧酸阻垢分散剂，具有良好的阻垢作用，过去一直被认为污染小而被广泛应用。但近来发现它们无法生物降解，或者只能少量地被生物降解。因此，若在水中长期富集，也将对环境造成污染。还有，磷系配方的各种无机磷和有机磷水处理剂，它们的缓蚀效果很好，但其富营养化作用会导致排放水域的菌藻繁殖，引起"赤潮"公害。

因此，面向 21 世纪，绿色化学毫无疑问将是未来水处理产品的评价标准。其中，选择或重新设计对人类健康和环境安全的水处理剂是水处理绿色化的关键，它涉及水处理剂的重新评估、新水处理剂的设计合成和原有水处理剂的改性（第二节介绍），以及水处理药剂生产工艺的绿色化（第三节介绍）。

第二节　绿色水处理剂的开发

一、绿色的缓蚀阻垢剂

（一）金属系绿色缓蚀阻垢剂

20 世纪 40~50 年代，在美国等西方发达国家主要使用铬酸盐、亚硝酸盐作为缓蚀剂抑制金属设备的腐蚀。但由于它本身具有毒性，逐渐被近期开发的低毒钼酸盐和钨酸盐缓蚀剂所替代。

其中，开式循环水系统由于钼酸盐毒性低而代替铬酸盐，但其价格较贵且药剂用量大，故使用受到限制。为了减少钼酸盐使用浓度，降低运行成本，提高缓蚀效果，20 世纪 80年代以来，国内外对钼酸盐的缓蚀机理、缓蚀性能以及钼（Mo）系的复合配方展开了研究，并在工业装置上投入使用，获得良好的缓蚀效果。

我国还开发了钨酸盐复合配方。钨（W）是我国独特的丰富自然资源，我国钨的储藏生产和出口量均占世界第一，具有资源优势，而且钨酸盐属低毒物质（LD_{50} 大于 2000mg/L），具有很好的环境优势，目前已在使用中，并由国家环保局评为 1998~2002 年环保转化项目。

（二）非金属系绿色缓蚀阻垢剂

20 世纪 60 年代，环境的要求促使冷却水配方完成了从铬（Cr）系到磷（P）系的转变，以聚磷酸盐为主要缓蚀剂的磷系配方占主导地位。但由于其本身结构不稳定，易水解出正磷酸根生成磷酸盐垢，而且使用浓度高，容易造成水体富营养化，形成赤潮，因此聚磷酸盐逐步被磷含量低的有机多元磷酸酯和有机多元膦羧酸所取代。

20 世纪 80 年代，随着环境法规的日趋严格，磷也将列入限制排放之列。例如，德国已要求磷的排放小于 1 mg/L，磷系配方面临使用受限而被淘汰的命运。在此形势下，低磷及无磷绿色水处理剂的开发和应用就日益成为国内外关注的焦点，如 2- 膦酸基 -1,2,4- 三羧酸、2- 羟基膦基乙酸和烷基环氧羧酸盐（AEC）等。

其中，AEC 由 Betz Dearborn 公司生产，具有无毒、耐氯、耐高温且有特别优良的碳酸钙阻垢性能，是可以取代有机膦酸的无磷阈值阻垢剂。当其与少量无机盐（磷酸盐或锌盐等）复配时，对碳钢具有缓蚀作用，因而可组成低磷或低锌配方，用于高 pH、高碱度、高硬度、高浓缩倍数的冷却水系统，并为环境所接受。

20 世纪 90 年代以来，国内外各种具有生物降解性能的无磷绿色阻垢缓蚀剂的开发层出不穷，典型的有聚天冬氨酸（第十一章与本章第二节）和聚环氧琥珀酸（PESA）等。PESA 是一种无磷、非氮且生物降解性能良好的绿色阻垢缓蚀剂，被国家经贸委 2001 年第 5 号公告列入《当前国家鼓励发展的节水设备（产品）目录》第一批。

二、绿色的杀生剂

（一）杀生剂的重要意义与绿色化要求

冷却水系统温度一般为 35~36℃，pH 控制在 6~8，开式循环系统直接与大气和阳光接触，是微生物适宜的繁殖环境。随着循环水浓度倍数不断提高，水中微生物赖以生存的营养物质的浓度增加，导致了循环水中的微生物繁殖迅速。

微生物在新陈代谢过程能产生致密的黏液，它能黏附水中细小的悬浮物，以及其他霉菌、藻类和原生动物，使管道和设备壁面形成黏泥。生物黏泥的积聚导致小管道堵塞，大管道流量变小，流速降低。如果黏附在换热器水侧表面，则直接影响其换热效果。

不仅如此，有些微生物，如好氧硫细菌，可把水中的硫和硫化物氧化成硫酸；而厌氧硫酸盐还原菌，则在繁衍过程产生硫化氢。这些都会导致金属材质的腐蚀。另外，生物黏泥附着金属壁面，也会造成垢下腐蚀。

军团菌（Legionlla）是一个大的菌属，为革兰氏阴性菌，它在自然界抵抗力很强，在天然水和土壤中可长期存活，广泛分布，尤以水中为最。当水温在 31~37℃，水中又含有丰富的有机物时，这类菌可长期存活。

循环冷却水系统不仅温度和 pH 适宜，还因为塔盘上的污泥、水中的无机质（如钙、镁、铁）以及细菌、原虫、藻类构成的共生关系均可为军团菌生存繁殖提供养料，使其最适宜军团菌生长和繁殖。

冷却塔不仅为军团菌提供了理想的生存环境，而且满足了另一个传播条件——形成气溶胶而悬浮在空气中。带菌气溶胶随着空调吹风散布到人群中，可通过呼吸道使人染上军团菌病。比利时一家护理院，20多人死于空调循环水中军团菌的感染。因此，杀灭和抑制水中微生物的药剂是水处理剂的一个重要组成部分。

优良的杀生剂在性能上应对菌藻的杀灭具有广谱性，能对黏泥有较好的剥离性，投加药量少，与其他水处理剂有很好的相容性，有较宽的 pH 适用范围。除此之外，毒性低，对环境友好，即其残留物、氧化产物、氧化副产物有较高的 LD_{50} 值，残留物在环境中易分解。

（二）常见杀生剂的种类

常见的杀菌灭藻剂按其杀生机理不同，可分为氧化型和非氧化型两大类。

1. 氧化型杀菌剂

（1）氯气。氯气（Cl_2）是一类最早使用的杀菌剂，它与水作用生成具有杀生作用的次氯酸和次氯酸根，反应式如下：

$$Cl_2 + H_2O \rightleftharpoons HClO + HCl$$

$$HClO \rightleftharpoons H^+ + ClO^-$$

它们对水环境中的微生物有较好的杀菌作用，但它们容易受水体环境的影响。当水的 pH > 6.5 时，开始分解成 H^+ 和 ClO^-，后者的杀生能力是 HClO 的 1%~2%。随着水的 pH 升高而杀生效果迅速降低。

氯的氧化能力过强，能分解其他水处理剂。例如，有机膦酸在氯的氧化下分解，其分解产物正磷酸盐与水中的钙、镁离子产生难溶的磷酸钙垢和磷酸镁垢。更为糟糕的是，氯会和水中的有机物反应产生与人类癌症发病率有关的三氯甲烷（$CHCl_3$），甚至与酚类生成剧毒的二噁英类化合物（第五章）。

（2）次氯酸盐、氯化异氰尿酸及其盐。次氯酸钠（NaClO）、次氯酸钙、三氯异氰尿酸盐（TCCA）和二氯异氰尿酸盐（DCCNa）等为固体氧化型杀生剂，溶解于水中产生次氯酸而起杀生作用（反应式如下）。其中，次氯酸钠除了可用于生活饮用水的杀菌消毒外，还因其具有剥离黏泥的作用而用于工业循环水系统清洗。

$$NaClO + H_2O \rightleftharpoons HClO + NaOH$$

$$Ca(ClO)_2 + 2H_2O \rightleftharpoons 2HClO + Ca(OH)_2$$

$$+\ 2H_2O \rightleftharpoons 2HClO\ +$$

（DCCNa）

氯化异氰尿酸及其盐（TCCA、DCCNa）是新型的强氧化型杀生剂，商品名为优氯净、强氯精，其杀生效果为氯的 100 倍，水解产物异氰尿酸基本无毒（小鼠经口 LD_{50} 为 7700 mg/kg），对皮肤和眼睛无刺激性。

氯化异氰尿酸及其盐最大的作用，是它可防止紫外线对有效氯的破坏，是次氯酸的稳定剂。氯化异氰尿酸及其盐除了对各种细菌均有杀生作用外，还对藻类有特别好的杀生作用，且携带方便，是工业冷却水处理中广泛使用的杀生剂。

（3）二氧化氯。二氧化氯（ClO_2）是一种环保型绿色杀生剂（第五章），在水中释放出初生态氧（用 [O] 表示）而起杀生作用，反应式如下：

$$ClO_2 + H_2O \longrightarrow 3[O] + 2H^+ + Cl^-$$

二氧化氯在水中的扩散速度快，渗透力强，对水中的各种异氧菌、铁细菌、硫酸盐还原菌，甚至病毒芽孢等的杀生效果好，且持效时间长，水的 pH 对其杀生效果影响小，pH 在 6~10 范围内均有很强的杀生作用。

二氧化氯的半致死量 LD_{50} 为 8600 mg/kg，且不与水中的有机物生成有致癌作用的三氯甲烷，还可以将有致癌作用的 3,4- 苯并吡降解成无致癌作用的物质，因此对人体健康无危害。目前，二氧化氯是联合国世界组织（WHO）确认的 A1 级消毒剂。

在国外，二氧化氯经美国农业部和美国环保局确认为食品消毒剂，美国食品与药品管理局（FDA）批准为食品添加剂；日本、澳大利亚及西欧各国相继立法，将其确定为替代氯系消毒剂的第四代安全消毒剂和食品添加剂。

（4）溴系杀生剂。溴系杀生剂主要有溴素、次溴酸及其盐、氯化溴、活性溴和溴代海因等。溴素、次溴酸及其盐具有低毒（溴的无毒剂量比氯高 10~40 倍）、低残留（溴与水中的有机物反应生成的三溴甲烷能迅速分解，其危害远低于三氯甲烷）、杀生活性高、对生物黏泥的剥离效果好、水的 pH 对其杀生活性影响不大等优点，因而有取代氯系杀生剂的趋势。

| 5,5- 二甲基海因 | 溴氯二甲基海因 | 二溴二甲基海因 |

溴代海因及其衍生物的有效卤素含量高，稳定性好，在水中的溶解度小于氯化异氰尿酸盐。将其制成固态片剂，投放到水中，可缓慢地释放出次卤酸和初生态氧，杀灭水中的各种细菌和藻类，而且它的气味和刺激性都小于强氯精，能与很多水处理剂相配伍，所以近年来发展很快，已取代或部分取代氯化异氰尿酸类产品。

（5）臭氧。臭氧（O₃）是一种氧化性极强、功能多样化、极具开发价值的气体。它可在气相条件下发挥独特的作用，也可溶解在水中形成臭氧水溶液，产生氧化能力极强的羟基和单原子氧等活性粒子。臭氧可将有害物质氧化为二氧化碳、水或矿物盐，自身又极易分解为氧气，不会对环境造成二次污染，因此臭氧被称为"理想的绿色强氧化药剂"。

在国外，早在1906年法国尼斯就将臭氧用于商业用途。经过100多年的发展，臭氧已深入社会各个领域，如水处理、工业、农业、医疗卫生事业、食品工业，极大地促进了社会和经济的发展。在我国，臭氧的应用还处于起步阶段。

臭氧作为一种强氧化性气体，主要通过释放初生态氧起广谱杀生作用（反应式如下）。臭氧的杀生效果好，杀生速度快，较氯快300~600倍，杀生过程中生成的产物是氧，无任何公害，没有残留污染问题。其杀生能力受pH影响小，在碱性条件下仍有很好的杀菌作用。西方国家主要利用臭氧进行生活用水的消毒。

$$O_3 \longrightarrow O_2 + [O]$$

1970年，Mogden首先提出了臭氧作为循环水中的杀生剂。试验表明，臭氧有十分优良的杀菌能力，可在高浓缩倍数（30~50倍）下甚至零排污下运行。同时，还兼有缓蚀阻垢作用。但和其他氧化无机杀菌剂一样，臭氧的氧化性很强，对常用的水处理剂尤其是有机药剂有一定的分解作用。

（6）过氧化氢。过氧化氢即双氧水（H₂O₂），是环境最可接受的杀生剂（第五章），因为其分解产物是氧和水，对环境无害。它的杀生作用主要是依赖其分解放出的原子态氧（反应式如下），能破坏微生物的细胞膜及原生质使之死亡。

$$H_2O_2 \longrightarrow H_2O + [O]$$

过氧化氢的氧化能力比氯强，对常见的细菌、霉菌和藻类都有较强的杀生作用。它在酸性或中性介质中较稳定，在强碱性介质中迅速分解，细菌在pH为5~8的范围内容易繁殖，而过氧化氢在此范围内就有很强的杀菌率（75%~95%）。

（7）过氧乙酸。过氧乙酸（CH₃COOOH）的杀生作用是通过氧化微生物细胞中的蛋白质、类脂质等细胞组成中巯基（—SH）、二硫键（—S—S—）和双键结构而破坏了细胞膜的化学渗透与运输机能而进行的。

杀生过程中，过氧乙酸不会产生有毒副产物，其分解产物乙酸（CH₃COOH）、水和氧气是无害的和环境可接受的，是一类具有发展前景的绿色水处理杀生剂。

但是，由于其强氧化性、腐蚀性、刺激性，在使用过氧乙酸过程中，如使用不当就可能对人体健康产生威胁，对人体造成化学性烧伤，还会出现喉干、胸闷、呼吸困难等过敏现象。

2. 非氧化型有机杀菌剂

这种杀菌剂有较好的杀菌活性，而且还有较好的剥泥作用，杀菌持续时间长，对系统无腐蚀性，但容易产生抗药性，有些非氧化型有机杀菌剂的残留物与分解产物对环境有污染作用。

（1）季铵盐。常见的季铵盐类杀生剂主要有氯化十二烷基二甲基苄基铵（1227）、溴化十二烷基二甲基苄基铵（新洁尔灭）、氯化十四烷基二甲基苄基铵、氯化双辛基二甲基铵等。它们都是阳离子型表面活性剂，有机阳离子可被带负电荷的细菌吸附，并渗透到细胞内部使其变性，长链的油性基团能溶解细菌表面的脂肪壁，破坏细胞原生质膜，加速了细菌的死亡，因而具有广谱杀生性。

$$\underset{\underset{CH_2C_6H_2}{|}}{C_{12}H_{25}\overset{+}{N}(CH_3)_2Cl^-}$$

1227

$$\underset{\underset{CH_2C_6H_5}{|}}{C_{12}H_{25}\overset{+}{N}(CH_3)_2Br^-}$$

新洁尔灭

$$CnH_{2n+1}\underset{\underset{CH_3}{|}}{\overset{\overset{CH_3}{|}}{\overset{+}{N}}}-CH_2\underset{\underset{OH}{|}}{CH}CH_2-\underset{\underset{R}{|}}{\overset{\overset{R}{|}}{\overset{+}{N}}}-R$$

双季铵盐

$$\underset{\underset{CH_3}{|}}{C_{12}H_{25}\overset{+}{N}CH_2CH_2OSO_2^-}$$

十四烷基二甲基-（2-亚硫酸）-乙基铵

$$(C_8H_{17})_2\overset{+}{N}(CH_3)_2Br^-$$

氯化双辛基二甲基铵

$$\underset{\underset{CH_2CH_2OH}{|}}{C_{14}H_{29}\overset{+}{N}(CH_3)_2Cl^-}$$

十四烷基二甲基-（2-羟基）-乙基氯化铵

表面活性剂的去污和分散作用，对生物黏泥和污垢有剥离作用。当外层的生物黏泥被剥离后又可进一步渗入黏泥深层，杀灭深层的细菌并剥离黏泥。但是，冷却水系统长期使用季铵盐类杀生剂，微生物易产生抗药性，导致药剂使用量越来越大，运行成本随之增大。为了克服这些药剂的缺点，急需开发新的季铵盐，如氯化双辛基二甲基铵（结构式如上）等，使用浓度低，药效持续时间长，泡沫少。

但氯化双辛基二甲基铵的溶解性和生物降解性差，故人们又对季铵盐进行了改性，即在分子中引入醚基、酯基、酰胺基和羟基等水溶性基团，增加了水溶性和生物降解性。例如，十四烷基二甲基-(2-羟基)-乙基氯化铵（结构式如上）在浓度为10mg/L时，对硫酸盐还原菌的杀菌率>99%。

我国还研制了季铵内盐杀菌剂十二烷基甲基-（2-亚硫酸）-乙基铵，其杀菌灭藻效果显著。近年来还研制了双季铵盐（结构式如上），其用量少、杀菌效率高（与1227相比），有极好的水溶性，且对碳钢有较好的缓蚀作用，与其他药剂交替使用不仅能抑制硫酸盐还原菌（SRB）产生抗药性，而且还能降低处理成本。

（2）异噻唑啉酮。曾获美国总统绿色化学挑战奖的异噻唑啉酮杀生剂，是2-甲基-4-异噻唑啉-3-酮和5-氯-2-甲基-4-异噻唑啉-3-酮的混合物（结构式如下），这是一种具有广谱杀生作用的有机硫杀菌剂。

2-甲基-4-异噻唑啉-3-酮

5-氯-2-甲基-4-异噻唑啉-3-酮

它在低浓度下对异氧菌、铁细菌、真菌和藻类等都有很好的抑制能力，热稳定性好，pH在5.5~9.5范围内均能发挥杀生作用，且药效持续时间长，与其他水处理剂的相容性好，能渗入生物黏泥内部杀灭菌藻，因此可阻止黏泥的形成，使用过程不产生泡沫。该药剂毒性低，易降解生成对环境无害的乙酸，是环境友好的杀生剂。

（3）戊二醛。戊二醛（$OHCCH_2CH_2CH_2CHO$）是一类广谱杀生剂，对硫酸盐还原菌有特效，在极低剂量下就可以抑制微生物的生长，在碱性条件下杀生效果更好，且药效持续时间长。对金属材质无腐蚀性，毒性低，无致畸性，在被稀释到实用浓度以下，就可以自然降解为无毒物质，不污染环境。

（4）二溴次氮基丙酰胺。二溴次氮基丙酰胺（$NCCBr_2CONH_2$）即 DBNPA，这是一种新型高效的杀菌灭藻剂和水处理剂。该物质具有高效广谱、容易降解、无残留残毒、对环境无污染等优点，同时兼有杀菌灭藻、黏泥剥离、除垢和缓蚀等一剂多效的功能，符合杀菌剂和水处理剂的发展趋势。

DBNPA 与其他水处理剂有良好的协同性能，如与其他含氯杀菌剂组成复配药剂，具有良好的协同作用，能提高其他含氯杀菌剂的效果，且能降低含氯杀菌剂对设备的腐蚀速度。作为高效低毒、环保型的水处理剂和杀菌灭藻剂，DBNPA 具有广阔的应用前景和开发价值，越来越受到人们关注，用量逐年增加。

（5）高铁酸钾。高铁酸钾（K_2FeO_4）是一种集氧化、吸附、絮凝于一体的非氯新型高效多功能水处理剂，具有极强的氧化性，其分解产物为铁锈，不会对人和环境产生有害影响，成为真正意义上的绿色无机试剂，因此具有很大的应用潜力。【微课视频】

目前，由于高铁酸钾制备方法比较复杂，操作条件苛刻，产品回收率低，稳定性差，仍停留在实验室研究中，未能有理想的商品面世。

高铁酸钾的制备与在水处理中应用

（6）非氧化型高分子杀菌剂。它们主要是天然高分子杀菌剂或者是改性天然高分子杀菌剂。比如，将胺类化合物与淀粉分子羟基起反应生成的阳离子淀粉具有氨基的醚衍生物，其氮原子上带有正电荷。阳离子淀粉主要有叔胺型阳离子淀粉、交联阳离子淀粉、季铵型阳离子淀粉等。其中，季铵型阳离子淀粉不仅有优异的絮凝效果，还有一定的杀菌和缓蚀能力，是一类多效的水处理剂。

另外，甲壳胺和活性炭、离子交换树脂合用，可以除去或减少自来水中的 Cl_2、COD、Fe 和细菌。甲壳质的无毒无味、可生物降解等优点使其被大量应用于食品工业水处理上。近年来，甲壳素的应用研究已取得巨大发展，并且有相当部分已进入实用阶段或实现商品化。日本每年用于水处理的甲壳素约 500 t。

三、其他水处理剂

（一）絮凝剂

在絮凝剂方面，高效低毒或无毒的元素有机高分子絮凝剂正逐步替代传统絮凝剂。近年来，随着水质污染状况加剧，用水质量标准提高要求絮凝剂不仅有高效除垢功能，同时还应具有去除 COD、磷、氯以及杀菌灭藻、氧化还原多种功能。因此，无毒、高电荷、高分子量阳离子有机絮凝剂、天然高分子絮凝剂和微生物絮凝剂将是今后产业发展的重点和趋势。

（二）生物合成多功能剂

采用生物化工高新技术可合成无污染的"绿色"水处理剂，如壳聚糖的甲壳胺，是一种用途较多的生物多糖，除可应用于医药、食品、化妆品、胶黏剂等行业外，在环保领域也可作为工业废水和生活污水用的废水絮凝剂、重金属离子的脱除剂等，有极好的应用前景。其处理方法一般都是用虾壳、蟹壳通过强碱处理后获得，制备过程较复杂，受地域和时间的影响，且容易造成对环境的污染。北京化工大学利用生物发酵法生产的壳聚糖，对环境无污染，已用于工业废水中重金属离子的吸附分离，是高效率的生物环保型水处理剂。同时，采用独特的模板印记法，制得具有模极空穴的球形交联壳聚糖树脂，该树脂对特定金属离子具有"记忆性"，能选择吸附与模板中金属离子及结构类似的离子，达到使饮用水、工业废水、生活污水净化的目的。

四、绿色水处理剂的发展方向

由上述绿色水处理剂的开发历程，我们可以发现，人类环保意识增强的过程也是水处理剂发展的一个过程，水处理剂已经从片面讲效果发展到既要效果又要环保的绿色水处理剂。

目前，绿色水处理剂越来越成为水处理行业研究和应用的热点，今后对此类药剂的研究应从以下几个方面着手：

一是注重药剂的合成、结构与性能之间的基础研究，搞清楚水处理剂（尤其是聚合物类）结构与性能间的关系，只有这样才能使水处理技术有所创新、有所突破；

二是正确理解绿色水处理剂的概念，不能一味追求水处理药剂的无磷、非氮等的纯粹绿色概念，要把绿色水处理剂与国内当前行业水平结合起来，以市场规律、性能 / 价格比来推动绿色水处理剂的研究和应用。

例如，某些含磷的水溶性共聚物或低磷、微磷的水处理药剂配方，只要其排放符合国家标准，对水环境影响甚微，就可以称为"绿色水处理剂"或"准绿色水处理剂"，并适当鼓励其使用，实现经济与环境的协调发展。

第三节　水处理剂生产工艺的绿色化

一釜多步串联反应和一釜多组分反应（第四章第九节）是近年发展起来的一类绿色化学反应方式。这两种绿色化学反应方式最显著的优点，都是无废弃物产生，实现了绿色化学零排污的理想。因此，近来它们在水处理剂的绿色化生产中得到了广泛的应用。

一、聚天冬氨酸的绿色化生产

聚天冬氨酸天然存在于软体动物和蜗牛类的壳中，是由天冬氨酸（Aspartic acid，简称 ASP）单体的氨基和羧基缩水而成的聚合物，具有类似蛋白质的酰胺键结构（第十一章），可完全生物降解成对环境无害的终产物，是一类对环境友好的绿色聚合物。

研究证明，水溶性聚天冬氨酸具有阻垢、缓蚀、分散、螯合、保湿等多种功能，是良好的缓蚀剂、阻垢剂。美国 Donlar 公司因开发热缩聚天冬氨酸获得了 1996 年首届总统绿色化学挑战奖，其合成反应式如下：

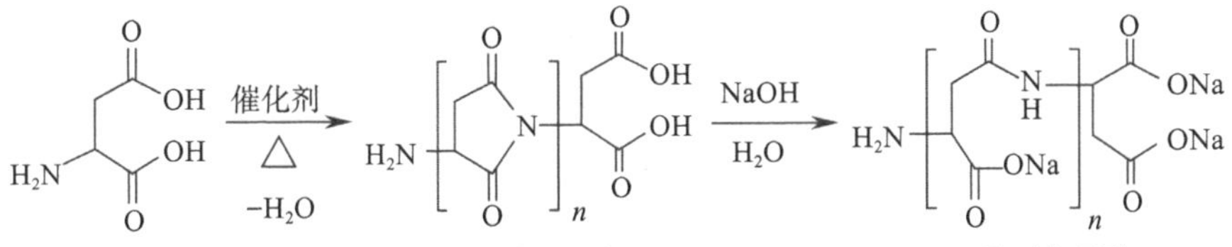

具体过程是，天冬氨酸于 350～400℃，在催化剂存在下进行热缩合得聚琥珀酰亚胺；再将聚琥珀酰亚胺用氢氧化钾（KOH）（NaOH、NH_4OH，或其他碱金属、碱土金属氢氧化物）进行水解来制备。反应过程生成水和产物，没有废气、废液和废渣生成。

二、四羟甲基硫酸䏢的绿色化生产

四羟甲基硫酸䏢（THPS）是一种新型季膦盐类杀生剂，对环境友好，被广泛地应用于冷却水系统和油田水处理中。在美国 Cyanamid Company 申请的专利中，采用磷化氢气体、甲醛水溶液和硫酸在一个多级反应器中连续逆流接触反应的工艺生产 THPS。

这一工艺实现了连续生产，属一釜多步串联反应，无须分离中间物，无废弃物产生。正因为如此，该公司获得了 1997 年度总统绿色化学挑战奖。

三、水解聚马来酸酐的绿色化生产

传统的水解聚马来酸酐（HPMA）的合成，以马来酸酐（MA）为原料，过氧化苯甲酰（BPO）为引发剂，在甲苯或者二甲苯等有毒的有机溶剂中聚合。反应先聚合，再分离、精制，最后水解，为多步骤合成反应，并且存在副产物分离问题。

因此，传统的合成工艺对环境的危害较为严重。采用 HPMA 的清洁生产工艺后，以 H_2O_2 取代 BPO 作为引发剂，以水取代有毒的有机溶剂，并且溶解、聚合和水解等反应连续进行，为一釜多步串联反应，符合绿色合成工艺。

四、聚环氧琥珀酸的绿色化生产

聚环氧琥珀酸（PESA）的合成以马来酸酐为原料，用水和碱使之生成马来酸盐，加入对环境危害极小的过氧化物催化剂和钒系催化剂生成环氧琥珀酸，然后以稀土为催化剂使之聚合生成 PESA。

该反应属于一釜多组分反应，整个反应无副产物生成。由于该合成最大限度地利用了原料分子的每一个原子，并且使之结合到目标分子中，符合绿色化学生产。

五、两性聚丙烯酰胺的绿色化生产

水处理剂两性聚丙烯酰胺目前有两条合成路线。一条合成路线是使用挥发性的有机溶剂采用反相乳液聚合，虽然得到的产品分子量高，但存在有机物污染的问题，不符合绿色化学的评定标准，该合成路线值得商榷。

另一条合成路线是以水为溶剂聚合，虽然反应条件难控制，但它避免了使用有害的有机溶剂，而且无废液排放问题，符合绿色化学的合成思路，属于绿色化学中的溶剂绿色化，有利于实现清洁生产，故该合成路线值得应用和推广。

第四节　其他绿色水处理技术

理想的绿色技术能够同时满足技术经济指标先进、无毒和不污染环境三项基本要求，这是科学家们不懈努力的方向，在绿色水处理技术中也不例外。因此，除前面的探索外，人们还在下列领域进行绿色水处理技术的研究与实践。

一、零排污水处理技术

理想的绿色技术是零排污或者零排放的。零排污水处理技术是以"绿色化学"为基础的新概念，从始端、终端和中间过程杜绝污染产生的新思路，能够最大限度地节水和彻底解决水污染的新技术，代表了 21 世纪水处理技术的发展方向。

循环冷却水零排污技术的研究，始于 20 世纪 70 年代。发展到今天，发达国家循环冷却水系统的浓缩倍数一般都在 5 以上，甚至达到 10，个别系统已达到零排污。美国开发的废水零排污技术，可使废水处理后的水质达到饮用水标准，并全部利用。

于 2003 年 7 月投产的美国 750MW High Dessert 电力工程项目，是南加州 10 多年来第一个主要发电厂建设项目，也是第一个使用微过滤——反渗透技术的零排放（ZLD，Zero Liquid Discharge）处理的电厂。

国内研究开发的热水锅炉零排污技术可避免再生废盐水、煮炉水、启用冲洗水、停用排水、停用冲洗水、连续排污水、定期排污水等废水排放，实现了零排污。蒸汽锅炉零排污技术的研究亦在进行。

徐州徐钢焦化厂通过改造蒸氨塔、废水除油系统、氨气分缩器、洗氨软水系统，将外排废水回配入生化系统后闭路循环，最终全部作为熄焦补充用水，实现了焦化废水零排放。

青海山川铁合金有限责任公司通过向循环水系统中投加有机膦酸盐、分散剂作为阻垢剂，达到了零排污、零污染、设备连续、平稳运行的目的，从而为减少停炉损失、提高经济效益提供了保障。

零排污水处理技术往往是多项高新技术的集成，由于涉及的学科门类多，技术难度大，科研投入高，故目前的成功例子还不多。但这些例子已足以说明，零排污技术不仅可消除污染，而且可开辟新的水资源，对解决全球性的水资源枯竭和水污染问题具有十分重大的意义。

二、绿色膜分离技术

膜技术是 20 世纪 60 年代后迅速崛起的一门分离技术，它是利用特殊制造的具有选择透过性能的薄膜，在外力推动下对混合物进行分离、提纯、浓缩的一种分离方法。膜分离过程大多无相变，可在常温下操作，具有能耗低、效率高、工艺简单、投资小和污染轻等优点，在水处理应用中发展相当迅速。

膜分离技术包含微滤（MF）、超滤（UF）、渗析（D）、电渗析（ED）、纳滤（NF）和反渗透（RO）、渗透蒸发（PV）、液膜（LM）等。其中，RO、NF 技术尤为引人注目。反渗透膜技术的大规模应用，主要是苦咸水和海水淡化，以及难以用其他方法处理的混合物处理。

现在，采用反渗透膜淡化海水制取饮用水已成为最经济的手段，同样它也是苦咸水淡化最经济的方法。2000 年，在国家科技部重点科技攻关项目"日产千吨级反渗透海水淡化系统及工程技术开发"的支持下，1000 t/d 级的反渗透海水淡化示范工程先后在山东长岛、浙江嵊泗建成。

反渗透膜在城市污水深度处理方面的应用，尤其是污水处理厂二级出水回用及中水回用等，已受到高度重视。早在 1976 年，日本就通过管式反渗透处理系统实现了水产品（主要是鱼、蟹、贝类等）加工有机废水的回收利用。

2000 年，悉尼奥运会体育场馆将经序批式活性污泥工艺（SBR 工艺）处理的生活污水和经沉降和水生植物氧化塘处理的雨水混合后送到 0.2 μm 的微孔过滤系统进行净化，得到可冲厕所用的中水；中水再经过反渗透处理用于场馆绿化。这样既节约了自来水，又减少了市政污水处理量，实现了绿色奥运。

纳滤技术是目前世界膜分离领域研究的热点之一，可用于脱除溶剂、农药、洗涤剂等有机污染物、异味、色度和硬度，目前在工业上主要的应用是对苦咸水脱盐软化及脱除水中有害物质。美国已有 40 万 m^3/d 规模的纳滤膜装置在运转，其中最大的一套在佛罗里达州，规模为 3.8 万 m^3/d。

三、绿色中和技术

因为氢氧化镁 [$Mg(OH)_2$] 缓冲性好、有活性、吸附能力强、无腐蚀性、安全、无毒、无害，所以被称为"绿色水处理剂"，近年来广泛应用于工业废水的处理，主要用作酸性废水中和剂、重金属离子脱除剂等。【微课视频】

氢氧化镁在水处理中的应用

正因为如此，美国、日本、西欧诸国竞相发展氢氧化镁生产。1998年这些国家氢氧化镁总产量已超过 140 万吨，仅次于镁砂、轻烧氧化镁，是排序第三位的镁化学品。目前，日本、美国仍在不断扩大其生产能力以适应各方需要。

由于氢氧化镁的独特功能和广泛的应用领域，一些国家（诸如澳大利亚、意大利、墨西哥、荷兰、以色列和约旦等）均有新建和规划发展氢氧化镁的计划。我国氢氧化镁生产近几年刚刚起步，规模较小，品种也不齐全。

四、绿色絮凝技术

絮凝剂又称沉降剂，作为一类可使液体中不易沉降的固体悬浮微粒（粒径 $10^{-3} \sim 10^{-7}$ m）凝聚、沉淀的物质，在废水处理、发酵工业后处理、食品加工、土木疏浚工程等领域应用广泛。

早期的絮凝剂一般都是铝盐或者铁盐。在絮凝技术发展史上，无机盐类絮凝剂如铝盐具有毒性，高浓度的铁会对人体健康和生态环境产生不利影响。人工合成的高分子絮凝剂也有一定毒性，如聚丙烯酰胺的单体有神经毒性。

聚合无机盐絮凝剂（如聚合氯化铝、聚合硫酸铁等）处理效果虽然良好，但用量大，对环境有二次污染。近年来，不同种类的生物絮凝剂相继得以开发，絮凝法处理废水的技术也随之绿色化。

利用絮凝剂产生菌可产生生物大分子絮凝物质，已报道的微生物产生的絮凝物质有糖蛋白、黏多糖、蛋白质、纤维素、DNA 等大分子物质。这些大分子物质称为生物絮凝剂。生物絮凝剂絮凝范围广泛，高效无毒，易于生物降解，可消除二次污染。

早在 20 世纪 50 年代初期，美国科学家从活性污泥中筛选出絮凝剂产生菌以来，生物絮凝剂的研究逐步深入；80 年代后期，日本的仓根隆一郎等从日本的旱田土壤中分离筛选出具有良好絮凝效果的红平红球菌 S-1 菌株；90 年代，国外开始了微生物絮凝剂的商业化生产。

在中国，微生物絮凝剂发展起步较晚，目前尚处于试验室阶段。20 世纪 90 年代以来，国内有关的报道也日渐增多，但大多数还停留在菌种筛选阶段，成功投入生产的报道尚很少。

五、高级氧化技术

高级氧化技术，又称深度氧化技术，是 20 世纪 80 年代开始形成的，运用氧化剂、电、光照、催化剂生成的活性极强的自由基（如·OH）等来降解有机污染物的技术。

这些活性极强的自由基可使难降解有机污染物发生开环、断键、加成、取代、电子转移等反应，使大分子难降解有机物转变成小分子易降解物质，甚至直接氧化成 CO_2 和 H_2O，达到无害化处理的目的。

高级氧化技术经济指标先进、无毒、无污染，是典型的绿色水处理技术。目前，研究较多的高级氧化技术，主要有湿式催化氧化、超临界水催化氧化、光催化氧化等。

（一）湿式催化氧化

湿式氧化法（Wet Air Oxidation，简称 WAO）是 20 世纪 50 年代发展起来的一项在高温高压下处理废水的技术。该技术是在高温高压下，利用氧化剂将废水中的有机物氧化成二氧化碳和水，从而达到去除污染物的目的。50 多年来，WAO 被广泛地应用于高浓度难降解有机废水和城市污水厂污泥的处理。

但是，由于传统的湿式氧化法需要较高的温度与压力，相对较长的停留时间，尤其是对于某些难氧化的有机化合物反应要求更为苛刻。因此，自 20 世纪 70 年代以来，人们在传统的湿式氧化法的基础上发展了湿式催化氧化处理技术，使反应能在更温和的条件下和更短的时间内完成。

湿式催化氧化指高温、高压下，在液相中用氧气或空气作氧化剂，在催化剂作用下，氧化水中的有机物或无机物，使他们分别氧化分解成二氧化碳、水以及氮气等无害物质的一种处理方法。湿式催化氧化能够对高浓度、有毒有害废水进行有效处理的一个决定性因素就是催化剂。

根据催化剂的状态，可分为均相催化剂和多相催化剂。一般来说，均相催化剂比多相催化剂活性高，反应速率快，反应设备简单。但是均相催化剂混溶于废水中，造成了催化剂流失和环境的二次污染；而多相催化剂以固态存在，催化剂与废水的分离比较简单，可使处理流程大大简化。

由于多相催化剂具有活性高、易分离、稳定性好等优点，因此从 20 世纪 70 年代后期，湿式氧化研究人员便将注意力转移至高效稳定的多相催化剂上。北京东方化工厂于 1996 年建成的 200t/a 的多相湿式催化氧化设施，催化剂已使用 5 年以上仍保持良好的催化活性。

但是，目前湿式催化氧化技术所采用的催化剂的成本普遍都比较高。对催化剂的催化效率还需要进一步的研究。另外，湿式催化氧化对设备的要求比较高，应加强湿式催化氧化反应器和换热器及其结构材料的研究。要改进反应器结构和操作方式，确定腐蚀性小又能完全消除污染物的操作条件，防止盐类在反应器表面沉积。

（二）超临界水氧化技术（SCWO）

超临界水氧化（Supercritical Water Oxidation，SCWO）技术就是利用超临界水的良好的溶剂性能和传递性能，使有机污染物在超临界水中迅速有效地氧化降解。这是 20 世纪 80 年代初由美国学者提出的一种新型的污染控制技术。

超临界水氧化技术具有反应速率快、分解效率高的特点，在很短的反应停留时间内，99.99% 以上的有机污染物被迅速氧化成 CO_2、H_2O、N_2，不产生二次污染，可达到彻底净化的目的。

该技术所使用的反应容器简单，体积小。通过简单地调节温度和压力，就可以达到选择性控制反应产物的目的。有机污染物在氧化过程中释放出大量热，当有机物含量超过 2% 时，就可以实现自热，不需要额外供给热量。

早在 1985 年，美国公司就建成了第一个超临界水氧化中试装置，处理能力为 950L/d，用于处理含 10% 有机物的废水和含多氯联苯的废变压器油，各种有害物质的去除率均大于 99.99%。1995 年，在美国建成一座商业性的装置，处理几种长链有机物和胺，去除率可达到 99.9999%。

目前，美国将 SCWO 主要用于处理含有推进剂、爆炸品、毒烟和核废料等有害物质的国防工业废水。德国、瑞典、日本等也建立了利用 SCWO 的污水处理厂。但在我国，超临界水氧化技术尚处于起步阶段，大多为处于实验阶段，还没有见工程实例报道。

但是，超临界水氧化技术也存在着一定的不足，即超临界水氧化法需要高温高压的操作环境，故对反应器的材质要求较高，需要找到一种耐腐蚀、耐高温高压的材料作为反应器。

同时，由于溶解度的变化，沉淀出来的某些盐的黏度较大，有可能会引起反应器或管路的堵塞。另外，催化剂、腐蚀和热量传递等问题都有待解决，对其热力学和动力学亦缺乏深入研究，使得工程设计和过程开发难以进行。

（三）光催化氧化技术

光催化氧化法是高级氧化技术中最为经济的，因而成为研究的热点。研究过的半导体光催化剂有 TiO_2、ZnO、CdS、WO_3、Fe_2O_3、PbS、SnO_2、In_2O_3、ZnS、$SrTiO_3$ 和 SiO_2 等十几种。其中，纳米 TiO_2（二氧化钛）的综合性能最好，可望应用于废水中表面活性剂、清洁剂、酚类、氰化物、染料等污染物的光降解和脱除。【微课视频】

光催化氧化技术在
水处理中的发展

思考题

一、判断题

1. 循环水处理技术的诞生，本身就蕴涵着重要的"绿色"思维。

2. 所谓绿色水处理剂，是指其制造过程是清洁的，在使用这些药剂时对人体健康和环境没有毒性，并可以生物降解为对环境无害的水处理剂。

3. 聚羧酸阻垢分散剂，具有良好的阻垢作用，污染小而被广泛应用，是理想的绿色水处理剂。

4. 磷系配方的各种无机磷和有机磷水处理剂，它们的缓蚀效果很好，是理想的绿色水处理剂。

5. 二氧化氯是 FDA 等国外政府机构批准的食品添加剂和安全消毒剂。

6. 某些含磷的水溶性共聚物或低磷、微磷的水处理药剂配方，只要其排放符合国家标准，对水环境影响甚微，就可以称为"绿色水处理剂"或"准绿色水处理剂"，并适当鼓励其使用，实现经济与环境的协调发展。

7. 一釜多步串联反应和一釜多组分反应无废弃物产生，实现了绿色化学零排污的理想，可应用于水处理剂的绿色化生产。

8. 反渗透膜是苦咸水淡化最经济的方法。

9. 氢氧化镁缓冲性好、有活性、吸附能力强、无腐蚀性、安全、无毒、无害，所以被称为"绿色水处理剂"，主要用作酸性废水中和剂、重金属离子脱除剂等。

10. 高级氧化技术，又称深度氧化技术，是运用氧化剂、电、光照、催化剂生成的活性极强的自由基（如·OH）等来降解有机污染物的技术，其经济指标先进、无毒、无污染，是典型的绿色水处理技术。

二、选择题

1. 下列属于绿色阻垢缓蚀剂的是（　　　　）。

A. 铬酸盐　　　　　　　　B. 亚硝酸盐　　　　　　　C. 钼酸盐　　　　　　　　D. 钨酸盐

E. 烷基环氧羧酸盐　　　　F. 聚天冬氨酸　　　　　　G. 聚环氧琥珀酸

2. 下列属于绿色杀生剂的是（　　　　）。

A. 高铁酸钾　　　　　　　B. 二氧化氯　　　　　　　C. 臭氧　　　　　　　　　D. 过氧化氢

3. 下列属于绿色水处理技术的是（　　　　）。

A. 零排污水处理技术　　　B. 反渗透膜淡化海水技术　　　　　C. 生物絮凝剂技术

D. 湿式催化氧化技术　　　E. 超临界水催化氧化技术　　　　　F. 绿色中和技术

G. 光化学催化氧化技术　　H. 符合国家排放标准的低磷水处理剂复配技术

三、写出下列化学物质的名字，并写出与其性质、用途等相关的一句话

1. Mo　　　　　2. W　　　　　3. Cl_2　　　　　4. $CHCl_3$　　　　　5. NaClO

6. ClO_2　　　　7. O_3　　　　8. H_2O_2　　　　9. CH_3COOOH　　　　10. CH_3COOH

11. 1227　　　12. K_2FeO_4　　13. $OHCCH_2CH_2CH_2CHO$　　　　14. KOH

15. $Mg(OH)_2$　　16. TiO_2

四、问答题（贵在创新、言之成理）

1. 水处理技术有何意义？为什么要发展绿色水处理技术？

2. 查阅文献资料，就纯水的制备方法（至少5种），撰写一篇小论文（注意格式与尊重知识产权）。

3. 查阅文献资料，了解我国21世纪以来新开发的缓蚀阻垢剂，撰写一篇小论文（注意格式与尊重知识产权）。

4. 查阅文献资料，了解我国21世纪以来新开发的杀生剂，撰写一篇小论文（注意格式与尊重知识产权）。

5. 查阅文献资料，了解光化学催化氧化技术在水处理方面的研究与应用情况，撰写一篇小论文（注意格式与尊重知识产权）。

6. 查阅文献资料，了解羟基自由基（·OH）的形成、性质与应用，撰写一篇小论文（注意格式与尊重知识产权）。

第五部分

绿色娱乐与绿色反思——
绿色化学的外延拓展与应用之三

第十五章　绿色娱乐

生活、工作之余离不开娱乐，因此绿色娱乐也应运而生。计算机是当代人工作、娱乐的主要工具，绿色计算机不可不关注。旅游、休闲是一种时尚，生态旅游追求天、地、人之间的一种和谐与宁静，更是一种境界。剧烈的运动、集体的娱乐，也不忘环保精神，这就是绿色奥运。

第一节　绿色计算机

随着科学技术的发展，计算机使用日趋普及。网络时代的来临，计算机在工作和娱乐领域占着日益重要的地位。绿色计算机是对环境无不良影响的新型计算机，与目前广泛使用的普通计算机相比，它有以下几方面的显著特点。

一、节能性

节能是对绿色计算机提出的最重要的要求，也是最早的要求。绿色计算机能大幅度地节能，在某种程度上缓解电能紧张的问题，达到节约能源的目的。经过大量研究，人们已取得了普遍共识：未来的计算机主机和显示器的耗电功率应该分别低于 30W 和 15W。最近研制的绿色计算机的实际耗电量仅为现在个人计算机的 1/4。

自 1946 年世界上第一台计算机"埃尼阿克"在美国诞生起，人们展开了对计算机运行速度极限的追逐，计算机产品的功耗也随之节节攀升。一块高档显卡所耗费的能量，甚至令 CPU 也望尘莫及；为了给计算机散热，机箱里挤满了大大小小的风扇……到今天，计算机的耗电量，已经远远超过了普通家用电器的耗电量。

据测算，早期的一台奔腾 4 计算机平均耗电量是每小时 $0.2kW \cdot h$，以每天 5h 工作时间计，一天的耗电量就是 $1kW \cdot h$。目前，一台台式计算机估算功率为 300W，一天开 24h，耗电 $7kW \cdot h$。如果 $1kW \cdot h$ 电 0.6 元，一天就是 4.2 元，一月是 126 元，一年能消耗半个计算机的费用。大概粗算一下主要计算机配件的耗电量，CPU35~95 W，主板 5~15W，硬盘 15W，显卡 35~135W，液晶显示器 35~50W，那么算下来功率大概为 130~280W。加上音箱等外设，将近 300~350 W。以每天工作 5 h 计算，一天的耗电量为 $1.5kW \cdot h$，全年耗电量甚至高达 $540kW \cdot h$。

2000 年，我国 PC 保有量为 1790 万台，居世界第八；2004 年底，我国 PC 保有量约为 5300 万台；到 2012 年，我国已超过美国，成为全球最大的 PC 用户市场。按照 2017 年 1.3 亿计算机使用量数据计算，一年全国耗电量为 700 亿 $kW \cdot h$，占了三峡水电站年总发电量的 2/3。

绿色化学通用教程（第 2 版）

与此同时，目前办公用计算机真正的工作时间，平均一天还不足 20%，大部分时间处于闲置状态。因此，绿色计算机通过对计算机"全速运行""打盹""睡眠"等多种状态的自动调整，从而达到省电功能，使计算机耗电量大大减少。另外，用彩色液晶显示取代阴极射线管显示屏，可以节电 60%~80%。

二、可回收性

计算机这种高科技产品更新换代异常迅速，平均两年半就更新一代。全球每年废弃的计算机数以百万计，造成严重的废弃物污染问题。因此，积极发展采用易回收利用的配件制造的环保型绿色计算机具有重要意义。

目前计算机及其他电子类产品的废弃物中，只有少部分贵金属与半导体芯片可以再利用，大部分都难以再生。仅美国企业及个人废弃旧计算机主机、个人计算机就达 100 万台。全世界每年废弃 1000 万台计算机及外部设备。面对如此庞大数目的垃圾家族中的新成员，如何有效而妥善地处理已成为刻不容缓的问题。

绿色计算机的出现，恰恰解决了这个问题。首先，绿色计算机在淘汰废弃之后应便于回收，并具有高的利用率。例如，IBM 从 1992 年先后开发出 12 种型号的易于分解低电耗的家用计算机，每个机器上仅有 3 个螺钉，拆卸格外方便，还提高了产品的档次。

同时，机身用再生塑料制成，待计算机废弃后仍可再生制作其他物品，并将从旧机器上拆卸下来的贵重金属零部件翻新后组装在新机器上出售，余下的零部件则卖给玩具制造商，用来制造儿童高科技玩具，这既增加了经济效益，又避免了旧机器被用户扔进垃圾堆污染环境。

三、无污染性

无污染性要求在制造绿色计算机的各种元器件的过程中，不会对环境造成污染。传统计算机制造业中，大量氟氯化合物被应用于组装后的印制电路板和零件的清洗。新加坡研制出一种取代氟氯化合物的新溶剂，其清洗效果更出色，不仅降低成本，而且避免了氟利昂泄漏，减小了对臭氧层的破坏。

四、舒适性

绿色计算机要求在计算机使用过程中，安全无辐射、符合人体工程学原理，使用方便。

长时间利用传统计算机进行办公的工作人员常会有这样的感受：手臂、手指麻木，肩部肌腱酸痛；办公室打印机的工作噪声、计算机显示器的不停闪烁使人疲劳烦躁，不能维持正常的工作效率。这都是设计人员在设计传统式计算机时，没有对其舒适性进行充分的考虑而造成的。

现在，在绿色计算机的制造过程中引入了人体工程学的概念，加入了打印机静音处理技术、显示器的逐行扫描技术，防止荧幕闪烁不定，不但使计算机外观日趋人性化，使用起来更加舒适、合理，而且也彻底解除了计算机工作人员对电子办公设备的不适感，从而提高办公效率。

总之，随着计算机的广泛应用，计算机的绿色革命也越来越多地受到各国计算机生产厂商的注意。美国是计算机绿色革命先驱。自从 1993 年"能源之星"计划公布之后，欧美众多计算机厂家便积极响应，力争使自己的产品贴上"能源之星"的标签（图 15-1）。

图 15-1 "能源之星"标签

为了避免废旧计算机造成环境污染，我国台湾的环保人士曾将计算机主板等材料制成时装。在美国和德国，绿色计算机不仅材料可以再利用，而且大幅度节省电能。提倡绿色计算机，进行计算机的绿色革命，已是不可阻挡的世界性潮流！

第二节　绿色旅游

一、生态旅游

作为绿色旅游的一个重要方面，生态旅游是当今世界旅游的一个主要方向。中国把 1999 年确定为生态旅游年，著名风景名胜区桂林在这方面做了努力，并且于 1998 年 9 月 25 日举行了桂林环境资源保护与旅游业可持续发展理论研讨会。

生态旅游的基本原则是自然保护。旅游者参加生态旅游应约束自己的行为，树立环保意识。一方面，旅游景区不随地扔垃圾，不污染环境，垃圾应放在指定位置（垃圾箱中）；另一方面，要爱护景区资源，不打野生动物，不采摘花草。

生态旅游有一句口号："除了脚印，别留下任何东西；除了照片，别带走任何东西！"——充分说明对游客的严格要求。因此，旅游者应努力争做一个高素质的生态旅游者，为自然资源的保护做贡献。

2019 年，中国举办世界园艺博览会。在园区开展"无痕游览　美好世园"的活动，践行生态文明思想。2019 北京世园会是贯彻国家生态文明思想，建设美丽中国的生动实践，也是展现中国社会经济发展成果、推动世界园艺技术交流的重要平台。"生态优先"理念贯穿于北京世园会的规划设计、建设阶段以及后期运营和后续利用的各个环节。

但是，在思想观念的深层次方面，如何体现生态旅游值得深思，尤其是对于开发生态旅游的管理者和建设者。例如，韩国的生态旅游建设的观念，与中国的山顶"非我莫属"的建筑观有着强烈的反差。

影岛是著名滨海山城釜山市的一个小半岛，凭海临风，头枕波涛，可鸟瞰层层叠叠的釜山城，是釜山一个山、海、城交相辉映的小名胜，但在半岛的山腰上却围了一层铁丝网，铁丝网里面是生态保护圈！

在中国，许多地区在开发旅游资源时，缺乏深入的调查研究和全面的科学论证、评估与规划，便匆忙开发。开发者往往急功近利，盲目地进行粗放式的开发。重开发、轻保护，造成了许多不可再生的贵重旅游资源的损害与浪费。

例如，被誉为"童话世界"的黄龙，由于上游和周边森林砍伐，使原湖泊水位每年降低 6～30 cm，使钙化堤开始退化、变色。国内许多风景区内大造宾馆，严重破坏了景观的自然氛围；为了短期效益，竟允许在核心景区搭建电视剧外景棚。

另外，在我国，在名山上大量修建现代索道，甚至修几条，有的名山相对高度不到百米，也修建索道。索道不仅破坏了自然风景区的原貌，而且使游人大量集中于容量有限的山顶，导致景观和生态的破坏。

但在国外，作为国家公园的名山上修建索道都是严格控制的，其中美国、日本是明令禁止的。日本富士山海拔 3776 米，公路只修到 2000 多米，游人再多，也是自己一步步登上去的，目的就是使保护区内脆弱的生态系统尽可能地得到保护。

二、绿色旅游消费

绿色旅游不仅仅是对美好生态环境的享受和感悟，更加需要在环保和节约资源方面对绿色行动的理解支持和身体力行。

例如，在德国、芬兰等国的旅游饭店中，都已经从环保出发不再统一提供牙刷、牙膏、梳子、拖鞋、洗发液等一次性用品，泰国也是如此。这至少是一种绿色旅游消费的导向，你习惯吗？

我们的近邻韩国，同样是筷子文化圈，大大小小就餐处就是看不见一双一次性筷子——因为韩国人知道，一次性筷子在带来方便的同时，背后砍下了多少森林！

但在中国，不仅自己使用一次性筷子，而且用仅有的全国面积 23% 的森林向拥有国土面积 75% 森林的日本出口一次性筷子，赚取廉价的外汇，再高价进口筷子资源生产高档新闻纸！

三、绿色旅游认证体系

在旅游行业中，关于绿色旅游有三个绿色认证体系，即 ISO 14000 环境管理体系（第十二章）、"绿色环球 21"和绿色饭店标准。其中，后二者是本行业特有的。

（一）绿色环球 21

世界旅行旅游理事会——全球最大的旅行旅游行业首脑组织，基于人们对绿色的需求，在 20 世纪 90 年代初就开始倡导在旅游行业推行"绿色环球 21"认证。

目前，这一认证体系已得到联合国环境署、世界旅游组织（WTO）、国际航空联合会、亚太旅游联合会、国际旅馆饭店联合会等国际权威机构和行业部门的正式承认。"绿色环球21"亚太地区总部设在澳大利亚首都堪培拉。

"绿色环球21"环境可持续管理认证体系包括五方面的内容：

（1）制定环境和社会可持续性政策；

（2）相关法规；

（3）重点环境与社会管理问题；

（4）环境管理制度；

（5）宣传"绿色环球21"的宗旨。

"绿色环球21"环境可持续认证体系适用于旅游各产业部门，包括旅行社、航空公司、机场、铁路系统、游船码头、旅馆、饭店、高尔夫球场、旅游度假村、会议中心、风景区、森林公园、自然保护区等。

（二）绿色饭店标准

绿色饭店标准将绿色饭店分为 A 级到 AAAAA 级共五个等级，分别用具有中国特色的银杏叶作为标志。其中，A 级表示饭店符合国家环保、卫生、安全等方面的法律法规，而最高级 5A 表示饭店的生态效益在世界饭店业处于领先地位。

绿色饭店标准的核心是在为顾客提供符合安全、健康、环保要求的绿色客房和绿色餐饮的基础上，在生产过程中加强对环境的保护和资源的合理利用。

例如，客房要放置对人体有益的绿色植物，光线要充足，封闭状态下要无噪声、无异味。要求饭店、餐饮行业禁止出售农药残留超标、重金属含量超标的蔬菜等食品；要有绿色菜谱，至少能提供 10 道美食。

绿色饭店的资格由企业自愿申报，由中国饭店协会组织成立的中国绿色饭店指导委员会评审，评为"绿色饭店"的有效期为 4 年，期间可根据情况申请晋级。

第三节　绿色奥运

奥运会是全人类最大的"集体娱乐"项目。澳大利亚人追求 2000 年悉尼奥运会绿色化，用公交车解决汽车废气污染，场馆建设考虑环境问题。为了及时回收垃圾，在所有的地方都设立了垃圾箱，且距离很近，被许多媒体誉为"1 秒钟环保""绿色奥运"名不虚传。其实，奥运绿色化的思想与行动由来已久。

一、环保居民的反对——奥运绿色化的起点

1994 年，第 17 届利勒哈默尔冬季奥运会时，新闻记者在住进他们下榻的宾馆客房时，都发现了一张卡片："尊贵的客人，您能想象每天世界各地的旅馆要洗多少吨不必要洗的毛巾，以及所需的惊人数量的洗衣粉吗？您知道这些洗衣粉最终会污染我们的用水吗？……让我们一道来保护环境！"

该卡片要求记者们为举办首次"绿色"冬奥会提供合作。它只是第 17 届冬奥会在环

保工作中的一个小插曲，却反映了挪威人举办冬奥会的宗旨，正如冬奥会组委会的环境负责官员奥斯蒙德·尤兰所说："我们努力想使本届冬奥会取得第三种成功：奥林匹克宪章里早就包含了体育与文化，而现在我们想把环境加进去。"

为了实现这一宗旨，本次冬奥会专门建立了一个"环境友好奥运会工程"组织，负责监督涉及环境的任何冬奥会开发项目。例如，劝说组委会改变在一个沼泽地带修建滑冰场的计划，以保护沼泽地中鸟类的生存环境；劝说组委会将雪橇赛场和跳台滑雪场地一样，修建在远离城镇的地区，并尽量与周围的地形协调。

另外，在本届冬奥会上，组委会在保护自然环境和使用天然能源方面所做的其他工作也引起了人们的注意。例如，对所有冬奥会比赛场馆进行例行环境审计、使用以电池制冷的制冰机等。那么，是什么促使挪威人萌生举办"绿色"冬奥会的设想，并把它付诸实施呢？

挪威人的这种环境意识，起源于早些时候一些人试图阻止在这个地处挪威南部的宁静安详的地区举办冬奥会。反对者不赞成举办冬奥会，是因为担心可能对环境造成破坏。结果是：大多数人赞成采取新的战略，即建立一个环保组织，参加冬奥会组委会的工作。可以说，这次冬奥会是当地居民环境意识的一次胜利。

二、环境保护——奥林匹克精神的第三方面

与此同时，环保意识也越来越受到国际奥委会的重视——1991年对奥运宪章作了修改，新宪章要求争办奥运会的所有城市从2000年起必须提交一项环保计划；在1992年的世界环境会议上，当时的国际奥委会主席萨马兰奇，首次提出了自己在环境保护方面的主张。6个月后，他提出要把环境保护作为奥林匹克精神中仅次于体育和文化的第三个方面。因此，1994年的利勒哈默尔冬季奥运会，就是环境保护已成为奥林匹克精神的第三个方面的体现。萨马兰奇认为，"现在，如果不考虑环境问题，就不可能举办这种大规模的运动会。"

1995年7月15日晚，在瑞士洛桑闭幕的关于体育和环境问题的首次会议确认：国际奥林匹克委员会将把保护环境作为奥林匹克精神的支柱之一；今后，申请举办奥林匹克运动会的城市，必须首先检查自己在尊重越来越严格的环保标准的情况下举办奥运会的能力。

1996年，在亚特兰大举行的国际奥委会会议决定成立环境委员会，以便拟定出举办奥运会的环境"招标细则"，亚特兰大、长野、悉尼和盐湖城等奥运会的新经验将对这一细则做出补充。从此，所有申办奥运会的城市都必须考虑到奥林匹克运动与环境之间的这种至关重要的联系。

三、环境保护——奥运计划不可缺少的主题

现在，环境保护已是奥运计划中一个不可缺少的主要部分。事实上，"环境"已经逐

渐成为 20 世纪 90 年代以后奥运会的主题之一。例如，亚特兰大自愿在 1996 年奥运会时执行新宪章，提出了自己有关垃圾、能源消耗和大气污染的计划。占地 $8.5 \times 10^4 m^2$ 的奥运百年公园、新建的节能水上中心和交通系统就是其环保努力成功的证明。

耗资 2100 万美元的水上中心是一个节能样板，那里有世界上最大的屋顶太阳能系统，其用于发电和保持池水水温，每年可节省近 3 万美元的开支。组委会的另一大成就是五六百辆接送运动员和观众的可使用替换燃料的车辆，这些车辆因不烧汽油，大大减少了大气污染。奥运百年公园是 30 年来美国修建的最大的城市公园。

此外，亚特兰大在环境保护方面所做的努力还包括：一个非营利性组织在奥运会前筹集了 450 万美元，在亚特兰大种了 3 万棵树，目的是为了改善亚特兰大的空气质量和给人们提供一片片浓浓的绿荫。

四、垃圾场上起场馆——2000 年悉尼奥运会

悉尼在筹办 2000 年奥运会的过程中，也在环保方面投入了较大的力量。有人认为，悉尼之所以能战胜竞争对手北京，一个重要原因就是它标榜要搞"绿色的奥运会"——官方宣称："悉尼将是全球对环保最敏感的运动会地点。"因此，悉尼奥运会场馆的建设采用了尖端环保技术，如利用太阳能发电、安装可动式座位等。

不过，场地却曾经是废弃物品堆积如山的垃圾场。修建主运动场的地方位于悉尼市中心以西 16 km，面积约为 760 万平方米（760 公顷），属新南威尔士州管辖。比赛场馆建在流往悉尼湾的一条大河的岸边。在这一带，有数个废弃物堆成的小山，高度在 13 m 至 28 m 不等，地下却埋着大量的工厂废弃物。

1993 年决定在悉尼举办奥运会后，政府斥资 1.37 亿澳元用于环保方面。如果搬动废弃物，可能会扩散污染。于是，人们用 1 m 厚的黏土覆盖在废弃物堆上进行了密封，并在上面植树造林。在一家煤气工厂旧址上，堆积着 23 万吨沥青状废弃物，人们在其周围挖了 12 m 深、3 m 宽的大沟，再填入黏土，以免有毒物质渗出。

同时，为了保护一种生活在沼泽地中的濒临绝种的青蛙，悉尼组委会修改了原定将该沼泽地迅速填土以修建奥运会场的计划，并投资 40 万澳元建设保护措施（相当于奥运会工程总开支的 0.02%）。奥运会协调局环境与规划干事格兰特说："这类青蛙是我们要保护的动物的强有力象征。"

五、绿色奥运——2008 年北京行动

（一）施工按照环保指南

按照可持续发展思想，实践绿色奥运理念，北京奥组委组织有关专家结合奥运工程进展，先后研究编制了《奥运工程环保指南》和《奥运工程绿色施工指南》，使奥运场馆及相关工程对环境的影响降至最低（图 15-2）。

太阳能　　　　　　　　　　　风能

图 15-2　绿色奥运——2008 年北京奥运会的一些环保措施

《奥运工程环保指南》分建筑节能、绿色建材、水资源保护和园林绿化等几个部分，是对奥运场馆和工程建设的环保基本要求。在规划、设计等过程中除应严格执行国家、地方的相关标准和规定外，还要符合《奥运工程环保指南》提出的环保要求。

《奥运工程环保指南》已经被纳入《奥运工程设计大纲》和奥运项目法人招标的文件中，送交各场馆业主和设计单位实施。同时，奥组委环境活动部参与了各投标方案环保部分的审核，为后续设计阶段的工作中贯彻环境保护与"绿色奥运"理念奠定了扎实的基础。

《奥运工程绿色施工指南》从施工管理和施工技术等方面，对奥运场馆的施工提出了具体的环保要求。例如，2003 年 12 月底开工的 4 个奥运场馆的工地采取了有效的抑制扬尘、美化环境的措施，不仅严密地覆盖了裸露地面，而且制定了具体可行的工地环境保护的规章制度，在工人生活区采取了环保措施。

（二）设计体现环保理念

奥组委环境活动部在审核奥运场馆设施的设计方案、初步设计、深化设计过程中，积极推动建设单位贯彻可持续发展的设计理念和技术策略。在 2008 年奥运会的国家体育场工程设计中，体现的环保理念有以下几个方面：

（1）先进的环保节能设计。观众席等处充分利用自然通风和自然采光，尽量减少人工的机械通风和人工光源带来的能源消耗，优化保温、隔热设计，全面提高节能水平。

（2）合理的供水、排风、保暖系统。部分区域采用清洁能源（如天然气）和可再生能源；采用直接数字式控制系统，实现能源的调节和计量，并合理进行排风热回收；采用高效环保的变频暖通空调系统，并可根据需要实现全新风运行和分区调节。

（3）合理利用水资源。充分利用雨洪资源和高质量的再生水，最大限度地减少污染物排放；景观绿化采用微灌或滴灌头，体育场草坪设置适度感应探头，实现高效节水。

（4）使用洁净能源。在室外照明中尽可能地采用太阳能光伏发电照明系统；在暖通空调、消防设施等处采用绿色环保的无氟工作介质，积极实施保护臭氧层的各种措施。

（5）选用环保建材、优化废弃物回收。建筑材料、装修材料及制成品均选用节能环保型产品；设置充分的固体废弃物收集、处理设施，达到优化的废弃物回收利用水平。

另外，为迎办奥运，奥组委还拟规划建设一个绿色生态地带——奥林匹克森林公园，成为北京市区与外围边缘集团之间绿色屏障的一部分，以改善城市的环境和气候，供广大市民娱乐和休憩，为北京留下一份环境遗产。

2003 年，北京奥林匹克森林公园及中心区规划设计评选结束，从应征设计方案中选出了 3 个优秀方案。各投标方案都把"绿色奥运"理念作为设计的重要指导原则之一，重视自然生态环境的系统设计，体现出较高的可持续发展的环保设计水平。

六、绿色中国——我们的未来不是梦

为了迎接北京 2008 年奥运会，北京开办了"绿色北京"网站。他们在网站上对"绿色北京"有一个全面的美好憧憬：

视觉上的绿色北京，北京不再仅是一片高楼、皇城和光秃秃的黄土地，而是绿草覆地、绿树成荫和深厚文化底蕴的皇城与现代气息的高楼交相辉映。天空也不再是灰色的，而是一片明亮清新的天空。夜晚，小朋友们能坐在城市中心的草坪上数星星。

听觉上、嗅觉上、感觉上的绿色北京，我们会在城市里享受鸟语花香，听到小鸟婉转的歌声和潺潺流水，感受空气中弥漫的树木花草的清香，我们感受到与大自然是那么的协调和融为一体。

生活上的绿色北京，环境和资源意识得到普及，市民热爱大自然，提倡绿色生活方式，公共交通成为出行的首选，布袋取代一次性塑料袋，人们拒绝购买非生态友好的产品，自觉地合理利用水、电、气等各种资源，垃圾分类和资源循环利用得到广泛和积极的支持与参与，资源循环型的社会得以确立……

同时，他们也认识到：环境保护不仅仅是一个口号、一个话题，它更是一门系统的科学，更是一种意识、一种理念、一种生活方式。绿色北京的建立，不但需要政府的努力，也需要专家学者、产业界以及公众的广泛参与……

其实，绿色奥运、绿色北京的建设过程，只是绿色中国建设过程中的一个缩影和样板。他们对绿色北京的美好憧憬，也是我们对绿色中国的美好憧憬。借绿色奥运的东风，只要大家一起努力，我们的绿色未来不是梦！

绿水青山，就是金山银山！绿色中国指日可待！

思考题

一、判断题

1.绿色旅游就是看漂亮风景、住干净旅馆、用一次性旅游用品。

2.第一次绿色奥运是国际奥委会主动发起、推动并实施的。

二、选择题

1.绿色计算机的特点有（　　　　）。

A. 节能性　　　　　　　　B. 可回收性　　　　　　　C. 舒适性　　　　　　　D. 制造过程无污染

2.绿色旅游中的三个绿色认证体系是（　　　　）。

A. ISO 14000　　　　　　B. 绿色环球21　　　　　　C. ISO 9000　　　　　　D. 绿色饭店标准

3.奥林匹克精神中的三个方面是（　　　　）。

A. 和平　　　　　　　　　B. 体育　　　　　　　　　C. 文化　　　　　　　　D. 环境保护

三、问答题（贵在创新、言之成理）

1.一次性筷子有何缺点和优点？中国应该禁用一次性筷子吗？为什么？

2.如何理解生态旅游？结合你的旅游活动，谈谈你的看法。

第十六章　总结与反思

生活——工作——娱乐——思想，这是一个完整的人一生（甚至一天）离不开的几个部分。对绿色化学的全面了解，及其外延拓展与应用的方方面面，同样也少不了总结与反思这个环节。

第一节　绿色思维中没有废料

一、基本的化学品"五R原则"

总的来说，世间万物皆为化学品，而绿色化学提倡的，不过是基本的化学品"五R原则"，即：无论是目标产物，还是制造、合成目标产物的原料、试剂、溶剂、催化剂、能源等，所涉及的化学品遵循——

①拒用危害品（Reject），能离开危害品多远就多远；

②减少用量（Reduce），即使不是危害品，减少用量也可以节约资源、能源；

③循环使用（Recycle），通常指涉及化学过程的再利用；

④回收再用（Reuse），通常指仅涉及物理方法处理的再利用；

⑤再生利用（Regenerate），通常指涉及生物、生态方面的再利用，包括利用再生资源，如能源方面，利用太阳能进行化学反应。

绿色化学品的
5R原则

其中，前二者是前提。如果非用不可，则在前二者的指引下尽可能地遵循后三者，尽可能地追求"绿色化"。【微课视频】

二、绿色思维中没有废料

上述基本的化学品"五R原则"中，后三者有相通的地方，这就是常说的"物尽其用，人尽其才"——实际上，有步骤地将废料当作资源利用，这一想法正是工业生态学今天发展的起因。

福罗什和加劳布劳斯在《科学美国人》杂志上的文章是这么表述的："能源和原材料的消耗应该得到优化，应尽量减少废料。每道工序的废弃材料，如石油工业的催化剂、热电厂的气体或固体废料，或以聚合物为基础的大众消费品包装物料，应作为别的工业部门的原料来使用。"

这一想法看起来十分普通，但在经济界却似乎不被接受。在经济界，人们仍在广泛地鼓励，甚至强制使用新产品和新材料。很少有企业把自己的废料视为浪费。然而，企业，特别是那些不具备污水处理能力的中小企业，排放的污水经常伴有大量的金属，其含量超过天然矿砂的含量！

因此，企业与政府应开始用完全不同的另一只眼睛来审视垃圾堆放场堆积如山的废料——不要再将其视为需想方设法处理掉的垃圾，而是要将其视为有一天可以使用的真正的原料矿藏。从工业生态学的视角看，垃圾场不是别的什么，而是人造的矿脉！

第二节　循环使用、回收再用的可行性

虽然说绿色思维中没有废料，提倡"循环使用、回收再用"，但其中现实的可行性如何，也许是一个实实在在的困惑。【微课视频】

循环可再生的前景

一、循环使用会减少物流吗？

废料再利用肯定会有益于稳定，甚至减少物质的流动，但不一定必然降低其速度。甚至相反，废料重新利用有可能加速物质的流通，这会产生恶性循环效应。

比如，许多汽车制造商的广告宣传都突出自己的汽车近90%的部件是可以回收再利用的材料（顺便指出，这并不意味着他们会真的回收），其目的是替驾车者开脱负罪心理，引导他们更快地换新车。

因此，真正的结果是：即使废旧汽车被有效地回收利用（事实远不是如此），与汽车工业关联的物质流的速度，甚至规模，都将进一步增加。

二、回收再用就没有消耗吗？

以目前方式进行的回收利用，本身往往是一种污染比较严重的处理活动，需要耗费能源，将许多物质排放到环境之中。以塑料为例，着色剂、稳定剂及其他添加剂，一般来说都在回收利用过程中完完全全地被消耗掉。

于是，对工程师们提出了一个挑战，即如何同样封闭回收利用的循环。换言之，就是使回收利用在物质上成为"不泄漏"的循环过程。理想的是，尽管目前而言在技术上还很难想象，工业回收利用应具有自然循环的基本特征——能量的自我供给。

生物地球化学循环，实际上，因有太阳能的贡献而得以往复进行，与我们社会中的回收利用完全不同——我们的回收利用为"回收"需要消耗矿物能源，为处理废料需要消耗水、电及其他许多物资。

三、循环、回收后性能如何？

与有机物和生态系统的再循环相反，工业再循环使物质质量下降，性能退化。比如，

217

旧汽车的废钢铁，不能用来生产新汽车，只能用来生产建筑盘条。因此，实际上工业再循环呈螺旋形性能递减，越循环使用性能越低级。

又如，塑料回收利用需要将其碾碎，然后加热模压，这必然降低其机械性能。因此，从汽车上回收过来的塑料，最多只能用来做做葡萄架的小桩或各种管子，显然前景不是十分广阔……三次四次的再循环之后，聚合塑料只能用作焚烧炉的燃料了。

因此，致力于简单地收集废料是不够的，更需要致力于再循环过程中保持物质的特性，即发展那样的材料与技术，它们能使物质成分处于稳定状态，长期存放，即使再循环也不会改变——设想很好，难啊！氟利昂就是这样的一个东西，结果……

四、循环、回收技术困难吗？

废钢铁、塑料和废料的分拣一般而言成本很高，特别是收集与运输的成本很高。分拣以及在某些必要情况下的拆卸，都应该自动化，这就要求产品在生产过程中做出必要标记，甚至设计时就考虑到易于拆卸回收。

分离则难度更甚，因为许多新材料在生产过程中绝没有从回收利用的角度来设想过！许多合金，比如铝锂合金、钛合金，特别是复合材料（含有硼、锗、碳等的纤维）等，目前因无法分离而完全不能回收利用。

即使是金属，回收的难度也越来越大，因为各种各样的产品中，各种各样的金属越来越多，从气相物理化学沉淀制成的超薄涂层及各种电磁合金，到半导体、超导体等不一而足。但是，材料不复杂，性能能好吗？在矛盾中前进吧……

五、循环、回收大众支持吗？

资源循环、回收的一个基本前提，就是垃圾分类回收的推广如何。只有大众对资源循环、回收给予充分的支持与配合，才能大大降低成本；否则，不用说上述的技术成本，单简单分类的人工成本就足以令人却步。

第三节　绿色技术的复杂性与动态性及绿色的根本前途

一、绿色技术的复杂性与动态性

（一）绿色技术的复杂性

从前面的一些实例可以看出，要想实现绿色的技术（比如说循环回收），存在很多的困难和矛盾，这就是绿色技术本身的复杂性。概括地讲，绿色技术的复杂性表现在两个方面：

在广度上，技术改进往往会引发多种效应，如环境效应、经济效应、社会效应，产生的综合影响是复杂的；在深度上，技术改进与环境效应之间的联系，不能只看表面，需要进行深入研究。

（二）绿色技术的动态性

与此同时，绿色技术还存在动态性。技术因素的演变是客观条件作用的结果，包括经济、自然、社会、技术发展等各个方面。因此，在不同的条件下，绿色技术有不同的内容，这就是绿色技术的动态性。

把握绿色技术的复杂性和动态性，有助于认识技术因素演变的内在规律，及其对环境的影响；更有助于采取合适的技术对策，在加快经济发展的同时，减轻对环境的不利影响。或许下面的一些实例可以加深对它们的理解。

（三）绿色技术的复杂性与动态性的其他实例

1.关于电动汽车的评价

电动汽车采用蓄电池代替汽油或柴油作为动力源，行驶中不排放 NO_x、CO 等有害废气。从这个方面来说，它是一项绿色技术。

但是，把评价的范围扩大一些，发现在蓄电池的生产过程中，需要耗用石油或煤炭等不可再生能源，生产过程中排放出大量废水废气——即存在污染转移问题，把行驶过程中的污染集中到了生产过程中。

另外，还有废旧蓄电池的处置问题。更进一步，国外学者曾对电动车与汽油车的行驶情况做了比较，电动车启动性能弱于汽油车，容易造成路口堵塞。可见，对是否属于绿色技术的判断不能只看一个方面而不及其余。

2.关于一次性尿布的使用

为了方便，现代人爱上了一次性用品，包括一次性尿布。有人认为，其浪费资源，还会加重垃圾填埋场的压力。因此，20 世纪 80 年代，美国的一个州曾颁布了禁止使用一次性婴儿尿布的法令，促使当地居民开始多次使用普通尿布。

意想不到的是，这导致了清洗尿布用的水量大幅度增加；而这个州恰恰是美国最干旱的州之一，水资源非常紧张。但是，该州人口稀少，幅员辽阔，垃圾填埋场根本没有任何压力。于是，该州重新审议了有关法令，恢复使用一次性尿布。

3.关于含磷洗衣粉的争议

"禁磷"起源于 1964 年美国和加拿大对五大湖区富营养化原因及其与含磷洗衣粉关系的调查，1972 年两国规定该湖区市售洗衣粉的含磷量低于 0.5%。随后的 20 世纪 70~80 年代，"禁磷"行动开始扩大到其他国家，90 年代末传入中国。

实践表明，"禁磷"以后，相关水域的磷浓度显著降低，并保持在稳定水平。在一些湖泊中，生物多样性指数提高，藻类构成发生了有利于水质改善的变化。然而，随着对富营养化研究的深入，人们对"禁磷"措施的有效性和科学性提出质疑。【微课视频】

例如，绿色和平运动委员会主席琼斯采用生命周期法对含磷洗衣

含磷洗衣粉的争议
——绿色技术的复杂性和动态性

粉和无磷洗衣粉的环境影响进行综合评估后认为，含磷洗衣粉与无磷洗衣粉对环境的负面影响大体相当，甚至后者还稍大于前者。

又如，荷兰环境科学研究院生态部主任肖顿博士通过实验发现：在良性生态结构水域中加入无磷洗衣粉后，水体中藻类的生长较加入含磷洗衣粉水域中的藻类生长更加旺盛，表明含磷洗衣粉对浮游动物捕食藻类能力的抑制作用较无磷洗衣粉小，"禁磷"并不能起到防治富营养化的作用。

还有人认为，洗涤剂中的磷占总磷排放量的一小部分，人类和动物的排泄物是河流中磷含量高的主要原因，因而最重要的是水处理系统的完善。太湖和西湖禁磷后，研究机构对湖中磷含量的检测表明，在1~2年时间里，没有发现磷的含量有明显变化。

因此，虽然目前是无磷洗衣粉在流行，但反对"禁磷"的声音依旧存在。在中国，有学者认为：即使含磷洗衣粉可能带来水体富营养化，但也不必全国一致"禁磷"，因为西北干旱地区土壤贫瘠，适量使用含磷洗衣粉甚至有利于土壤肥沃，应根据不同地区的具体情况实行禁限磷。

总之，许多事例都涉及绿色技术的复杂性与动态性这一个充满哲学韵味的话题，它还有待于我们在更高的层次上挖掘和理解（参见下一章有关绿色化学中的哲学的讨论），以便指引我们的抉择。

二、绿色的根本前途

在本章的讨论中，我们经历了由理想（第一节：豪言壮语——绿色思维中没有废物！），到现实（第二节：循环使用、回收再用的可行性，难！），最后得到的是选择的痛苦（第三节：绿色技术的复杂性与动态性），那我们究竟该如何实现绿色呢？

或许，使用可自然再生的资源与能源，尤其是生物材料与太阳能，参与自然界的循环，是绿色的根本前途。这是上策！——这不是自然界的生存方式吗？这不是自然界的哲学吗？我们不是"人定胜天"吗？我们究竟该如何理解绿色与绿色化学？

思考题

一、判断题

1. 绿色思维中没有废物！

2. 从工业生态学的视角看，垃圾场不是别的什么，而是人造的矿脉！

3. 绿色技术存在复杂性与动态性。

二、选择题

1. 基本的化学品"五R原则"有（　　　　）。

A. Reject　　　　　　B. Reduce　　　　　　C. Return　　　　　　D. Recycle

E. Reuse　　　　　　F. Regenerate　　　　　G. React　　　　　　H. Recreate

三、写出下列化学物质的名字，并写出与其性质、用途等相关的一句话

1. CO   2. P   3. NO_x

四、问答题（贵在创新、言之成理）

1. 查资料了解一次性尿布材料的化学成分，从中分析其使用有何缺点和优点？如果你是年轻的父母，你会选择一次性尿布吗？为什么？

2. 如何理解绿色技术的复杂性与动态性？结合你身边的一些事例，谈谈你的看法。

第六部分

绿色伦理与绿色科技观——绿色化学的哲学精髓

第十七章　绿色化学的哲学精髓
——化学只是"双刃剑"之一

第一节　一氧化二氢的危害——我们有多蠢

一、一氧化二氢的危害——化学不可怕，观念最可怕

这是一个很流行的现代"寓言"：

伊格洛克中学的一名学生，于 4 月 26 日赢得大爱达荷瀑布市科学大会的一等奖。

他试图向人们说明，我们已经被搞假科学的奇谈怪论者所吓倒，他们在社区到处散布恐慌。他在论文中呼吁人们签署一项请愿书，要求对"一氧化二氢"化学物进行严格控制，或者完全予以废除，理由还非常充足：

（1）它有可能引发过多出汗和呕吐；

（2）它是酸雨的主要成分；【微课视频】

（3）处在气体状态时，它能引发严重灼伤；

（4）发生事故时吸入也有可能致命；

（5）它是腐蚀的成因；

（6）它会使汽车置动装置效率减低；

（7）在不可救治的癌症病人肿瘤中已经发现该物质。

酸雨的危害——
不仅仅是一氧化
二氢的恶作剧

他问过 50 个人，想了解他们是否支持禁止使用这种化学物质。43 人说支持，6 人说尚不能决定，只有一人说这种化学物质是水。

他赢得大奖的论文题目是《我们到底有多蠢？》——他觉得，他的结论是显而易见的！

"毒性无处不在，任何物质都有毒，是毒药还是良药完全取决于剂量。"被世人尊称为现代医学之父的 Pracelsus 在 1564 年发现了这个问题。

许多化学物质，包括水（以及前面提及的 Se、CO 等），既有对人类健康有利的一面，也有有害的一面，是弊是利通常由剂量所决定。其中，既有量变到质变的哲理，也有物质两面性的辩证。

从这个简单的常识测试"寓言"，足见错误观念误导的可怕，也足见了我们需要加强对化学物质（化学、科技乃至自然界）中的辩证思维理解的必要——而它们在绿色化学的骨髓中得到了很好的体现。

二、中国源远流长的绿色哲学——天人合一

事实上，这种辨证的绿色哲学，很早就存在——中国的环保思想源远流长，传统的"天人合一"思想，推崇天、地、人的和谐共处，反对竭泽而渔，主张网开一面、休养生息，反映了古人朴素的环保思想。

这种思想不仅保护了中华民族的薪火相传，同时也为今天的我们留下了大量宝贵的资源——因此，虽说"长江后浪推前浪"，但我们有时候的确应该向古人学习！

第二节　绿色伦理——人文领域的反思

一、绿色伦理的起因与概念

针对全球绿色浪潮的反思，有关哲学工作者从人文社会的角度提出了绿色伦理，他们的观点很值得人们深思。有趣的是，提出绿色伦理观点的学者，来自长春科技大学找矿哲学研究所，其文章发表于《吉林地质》。

绿色伦理

【微课视频】

他们在分析问题起因的基础上，提出了绿色伦理的概念——"绿色"问题之所以成为当代最热门的话题，是因为人们日益感到人口膨胀、资源匮乏、环境污染、生态失衡等全球性危机，已越来越严重地威胁到人类的生存与发展。

当人们究其原因时发现，所有这些危机的出现，并不是地球本身的背信弃义，而是我们人类的自身行为所致——它们是自然对人类无节制行为的报复和惩罚，它们警示世人：必须善待地球，尊重自然，照拂环境，在人与自然之间建立起一种同生、共养、和谐的新型关系——这就是绿色伦理。

二、绿色伦理的四个特征

他们认为，绿色伦理具有如下的四个特征：

第一，它是对以往人地关系的否定，要求人类在自然面前彻底改变统治者、征服者的狂妄姿态，就像 1996 年清洁珠峰的中国志愿者站在世界屋脊上所发出的宣言那样："我们对自然的关系，不再是征服而是和谐。"

第二，绿色伦理是传统伦理的拓展，它认为不但人与人、人与社会之间的关系具有伦理性质，而且强调人对自然的关系也具有伦理道德性质，尊重地球就是尊重人类本身。

第三，绿色伦理是人类认识的一次飞跃，是人类精神境界的一次升华，它延长了人类的目光，它不仅是对当代人共同利益的考虑，而且是对后代人长远利益的关注。

第四，绿色伦理具有最广泛的普遍性，它是基于全人类的共同利益而提出，因此不

分阶级、不分民族、不分国界、不分行业、不分组织，是地球上所有公民都应该树立的伦理观念和遵守的伦理准则。

第三节　绿色科技观——科技界的指南

一、"新的科盲"

同样有趣的是，提出在科技界要"建构21世纪绿色科技观"的学者来自于天津师范大学政法系，文章发表于《道德与文明》；而且，同样面对迅猛发展的高科技，有人针对"科技外行人"撰写了一本"现代高科技社会的生存指南"——《科技大反扑》，提醒非从事科技工作的普通民众思考"为什么会出现大反扑"的问题。

因此，面对环境保护和可持续发展，作为科技工作者更应深思"科技异化"的威胁，并且深入体会和坚持"绿色科技观"。广而言之，如果不知绿色科技观，不论什么人，就应是"新的科盲"。

二、"科技异化"

在阐述绿色科技观之前，提出者先分析了"科技异化"现象：

近代以来，科技以无坚不摧的力量，确立了人在人与自然的关系中的绝对优势地位。但科技的发展就像一元二次方程总是一正一负的两个根：一方面，借助科技理性工具，人类在探索、开发大自然中创造了高度的物质文明。另一方面，大自然又以物种灭绝、环境污染、气候异常、生态失衡等威胁人类生存和发展的全球性危机反扑已用现代科技武装全身的人类。面对这一严峻的现实，有人把它归咎于科技，认为是"科技异化"现象。

三、绿色科技观

基于对"科技异化"的认识，他们提出的绿色科技观的主要观点是：

【微课视频】

第一，科技是中性的，它是一把"双刃剑"，本身无对错，功过全在人，于人类有利还是有害全在人类自己；

绿色科技观

第二，人类应该以协调人与自然之间的关系为最高准则，以不断解决人类发展与自然界发展之间的矛盾为宗旨，利用科技与自然和平相处、和谐发展，努力避免负效应。

顺便需要指出的是，戴立信院士等在《化学学报》新千年特稿《创造更美好的生活和更清洁的环境——化学的回顾与展望》一文中，也有类似的说法："化学和所有其他科学一样是一把双刃剑。"

因此，随着时代的变迁和绿色时代的来临，科学家的思想必须与时俱进，让绿色科技观成为行动的指南。对于大众，我们也应该以绿色伦理和绿色科技观为准绳，擦亮眼睛观察世界（图17-1）。

图 17-1　美丽的背后有没有危险?

第四节　争议与思考——以基因食品为例

一、基因食品的类型

到目前为止，基因食品大致可以分成以下几种类型：

（1）增产型：农作物增产与其生成分化、肥料、抗逆、抗虫害等因素密切相关，故可转移或修饰相关的基因达到增产效果。

（2）控熟型：通过转移或修饰与控制成熟期有关的基因可以使转基因生物成熟期延迟或提前，以适应市场需求。

（3）高营养型：许多粮食作物缺少人体必需的氨基酸，为了改变这种状况，可以从改造种子贮藏蛋白质基因入手，使其表达的蛋白质具有合理的氨基酸组成。现已培育成功的有转基因玉米、土豆和菜豆等。

（4）保健型：通过转移病原体抗原基因或毒素基因至粮食作物或果树中，人们吃了这些粮食和水果，相当于在补充营养的同时服用了疫苗，起到预防疾病的作用。

（5）新品种型：通过不同品种的基因重组可形成新品种，由其获得的转基因食品可能在品质、口味和色香方面具有新的特点。

（6）加工型：由转基因产物作原料加工制成，花样最为繁多。

二、基因食品的现状

世界上第一种转基因食品，是1993年投放美国市场的转基因晚熟西红柿。在我国，有6种转基因植物已被批准商品化，进入市场的转基因食品有柿子椒和西红柿（小个）。

美国是转基因技术采用最多的国家。自20世纪90年代初将基因改制技术实际投入农业生产领域以来，美国农产品的年产量中55%的大豆、45%的棉花和40%的玉米（图17-2）已逐步转化为通过基因改制方式生产。

进入21世纪后，很可能美国的每一种食品中都含有一定量基因工程的成分。据估计，美国基因工程农产品和食品的市场规模将从20世纪末40亿美元逐渐扩大，2019年可达750亿美元。

阿根廷是大量采用转基因技术的第二个国家，现如今也是全球第三大转基因作物种

图 17-2　某些基因作物

植国家(第一为美国,第二为巴西)。我国的转基因研究也有较大的发展,并且在基因药物、转基因作物、农作物基因图与新品种等方面具有相对比较优势。

我国的农业基因工程研究于 20 世纪 80 年代初期开始启动,并于 80 年代中期开始将生物技术列入国家 "863" 高科技发展计划。据不完全统计,我国目前正在研究的转基因植物种类已超过 100 种, 涉及动物、植物、微生物等各类基因 200 多个。2009 年, 农业部批准了我国拥有自主知识产权的两种转基因粮食作物的商业化种植。这两种转基因粮食作物就是转植酸酶基因玉米和转 Bt 基因水稻。这被认为是我国生物技术应用的显著进步。

三、基因食品的利益之争

关于基因食品, 一直存在争议。有人认为基因食品于人类不利的原因, 可能是经济原因, 也可能是生态原因。但经济原因的争议, 明显地反映了不同人群的利益之争。

在西方国家, 许多食品公司积极地走在抵制转基因队伍的前列, 它们不惜使用不准确的数据和夸大的宣传误导消费者对转基因作物的安全性产生疑虑, 有时甚至故意营造一种恐怖气氛以达到营利的目的。

例如, 全球最大的一家天然食品公司 Whole Foods Markets 就不遗余力地攻击转基因作物, 并通过互联网站号召消费者进行一场 "食品斗争", 反对转基因食物, 鼓励食用天然食品。

然而, 在这些勇士形象的背后隐藏的是其巨大的经济利益——1998 年 Whole Foods 公司的食品销售量仅增加了 24%, 而纯收入却增长了 70%。

正如 20 世纪 80 年代初, 石油危机的夸大宣传使原油价格由 1973 年的每桶 2 美元涨到 1981 年的每桶 40 美元一样, 这部分收入大部分来自于人为恐慌而从消费者身上赚取的额外利润。

还有, 由于各个国家对基因食品研究的投入不同, 为了收回成本, 某些态度也不同, 或国内外有别。

四、基因食品的安全忧虑

同时, 基因食品本身的安全也扑朔迷离, 这涉及健康、环境、伦理等不同领域的挑战。例如, 对于前二者, 由于转基因食品是一个新技术产品, 目前的科学水平还不能确切地回答它是否对人类健康和环境生态有不良影响。

（一）健康方面

过去 20 多年的研究和应用，并没有发现它与一般食品有明显的差别。但人们对以下一些方面仍有些不放心：

（1）外源基因是否安全？

（2）基因结构是否稳定以及会不会产生有害人体健康的突变？

（3）基因转入后是否产生新的有害遗传性状或不利健康成分？

（4）在有的转基因过程中使用具有抵抗临床治疗用抗生素的基因，它是否会通过转基因食品使人群产生对抗生素的抗性？

（5）是否会增加食物过敏？

（二）环境方面

基因食品对环境的潜在威胁，这是最有争议的一个问题。

（1）关于能抗虫害的作物，比如说现在美国栽种的玉米和棉花，它们包含的风险是可能加快出现一些更难对付的害虫。这类作物的所有分子都能分泌出一些微量的杀虫剂，这对环境不能不说是一种特殊形式的污染。更有人怀疑，这类作物会助长新的病毒的出现。

（2）转基因作物释放到环境后，成为杂草的有两种可能：转基因植物本身成为杂草；使某种杂草变得更加难以控制。

五、基因生物的伦理困惑

转基因生物的生产不合乎伦理，这主要体现在转基因动物方面。从自动掉毛的绵羊、快速生长的猪，到无羽毛的家禽——也变成了疾病缠身（如患类似于人的关节炎、糖尿病、溃疡等病症）的家畜，而且还易于"中暑"和"不育"。

欧洲动物保护协会披露，有些国家用动物来做实验，这是残忍的，而且是危险的。因为，改变基因，不仅使动物躯体变形，而且还改变了它的特性和繁殖能力，并增加了传播疾病的可能性，这有悖于伦理。为此，该协会要求对转基因生物工程进行国际监督和控制。

为此，法国农业部部长也认为："有些界限是不可逾越的。我支持生物工程的研究，但如果有人想培育出 6 条腿的羊以便得到更多的'羊后腿'，或想培育出 10 倍于正常体重的鳟鱼，我就要说是'危险之举'，因为那超出了哲学和伦理的极限。我们绝对不能把事情弄得不可收拾，我们应该把伦理重新纳入政治的范畴。"

六、基因食品的未来

转基因食品作为高科技食品，进入普通百姓家是不可逆转的趋向，人们对它提出种种质疑，这是对人类自身健康和利益负责的态度，这只会使科学家保持更加清醒的头脑，坚持正确的研究方向，以使转基因食品扬长避短，更好地造福于人类。

目前，在北美、欧洲等通常标明是否为基因食品，让消费者自由选择。同时，经常有欧洲环保人士抗议种植、用推土机碾压转基因庄稼的新闻。也有美国向非洲灾民投放基因食品，非洲国家政府不要，国际绿色组织抗议的新闻。

思考题

一、判断题

1. 一氧化二氢是有害的化学物质。

2. 科技的发展就像一元二次方程总是一正一负的两个根。

3. 科技是中性的，它是一把"双刃剑"，本身无对错，功过全在人，于人类有利还是有害全在人类自己。

4. 化学和所有其他科学一样是一把双刃剑。

二、名词解释

1. 绿色伦理　　2. 科技异化　　3. 绿色科技观

三、问答题（贵在创新、言之成理）

1. 如何理解"科技异化"？真的是科技本身出了问题吗？谈谈你的个人意见。

2. 作为高科技食品的转基因食品进入普通百姓家，真的是不可逆转的趋向吗？你吃过基因食品吗？还打算继续吗？谈谈你的个人意见。

3. 如何理解"伦理"？难道只有人类本身有"道貌岸然"的伦理吗？谈谈你的个人意见。

4. 如何理解"科技是一把双刃剑"？试从你自己所学习的专业（学科），谈谈你自己的体会。

第七部分

绿色社会需要人人参与——
绿色化学，重在观念，贵在行动

第十八章　绿色社会需要人人参与

第一节　政府"绿色政策"

绿色观念的真正领悟，不仅仅只是人文社会领域与科技界的理论探讨与实践摸索，更重要的是政府"绿色政策"的提出与落实。

一、不同的政策导向，不同的结果

仍以"化学盲"们深恶痛绝的化学品——含磷洗衣粉为例：目前，中国的含磷洗衣粉已成为广泛的污染源，东南沿海的"赤潮"与滇池、洱海的"藻化"都与之在日常生活中的大量使用有关，所以现在无磷洗衣粉的开发与生产成为热门。

然而，据有关专家透露：20世纪80年代末发达国家发现此问题而开始禁磷，而我国恰在当时大量引进国外生产线，大量生产含磷洗衣粉；另外，当时国内无磷洗涤剂的研究已有初步进展，若大力支持一下，就会在一个"绿色化工"的新水平上发展。

因此，当时若有绿色政策的存在，适度的倾斜就会使我们不走弯路，就不会因富磷废水的排放带来水资源的破坏，人们津津乐道的"太湖美"就不至于变成疑惑不解的"太湖臭"了。

相反，正确的政策导向可以使企业头疼的环境污染变成挣大钱的环保产业。例如，德国曾经遭受严重的环境污染，但如今已是欧洲乃至全球环境保护最好的国家之一，同时也是环保产业最发达的国家之一，就是因为有机制有技术靠垃圾赚大钱。

目前，德国的环保业超过汽车制造业成为第一产业。因此，德国不少环境保护经验值得中国借鉴、学习。

二、关于绿色政策的一点建议

一个深谋远虑的政府，应从环境保护和可持续发展的眼光出发，制定一系列的、动态的绿色政策，它们应主要涉及：【微课视频】

（1）强化环境管理制度。目前，在环境执法过程中，执法不严的地方保护主义、"以罚代禁"的权钱交易行为尤为突出。

（2）推行绿色产品标准。以人们最熟悉的绿色食品为例，现在我国绿色食品往往被作为促销手段，真正的绿色食品标准体系还有待大力推行和不断完善。正因为如此，人们普遍还缺乏对绿色产品的信心。因此，

中国的绿色政策

政府应有明确的政策加强对绿色产品的宣传、推广和认证。

（3）制定绿色营销法规。目前，在全球领域，绿色产品因为成本更高，其价格普遍比一般产品高。因此，政府要扶持绿色产品，应在同样销售时对一般产品征收"环境税"，抵消与绿色产品的差价，或对绿色产品的销售实行退"环境税"政策，以鼓励绿色产品的生产与销售。

第二节　个人"绿色消费"

作为对绿色制造、"清洁生产"的延续，有人提出了"清洁生活"的理论，不仅对我们的日常生活行为提出了许多切实可行的建议，而且提出了包括"环境财富"和"人体健康财富"的"新财富观"。

因此，于个人而言，人人自我开始绿色行动的宣传与实践也刻不容缓，人人都应该为建立绿色家庭、绿色社区出力。例如，为了保护野生资源，不以穿裘皮大衣为时尚，不以食山珍海味为高贵；为了美化城市环境，实行公交优先和垃圾分类。【微课视频】

从环境的角度看
待现代消费

"绿色消费"中，特别要抵制消费主义的蔓延。随着中国经济的快速发展，人民生活水平迅速提高，占世界 1/5 人口的中国人民迈向消费时代，它对中国经济以及世界经济具有重大的推动作用。【微课视频】

从垃圾分类中看
绿色社会

但是，在物质主义消费的示范作用下，消费主义生活方式已经在一部分人中抬头。先富起来的人正在崇尚过量消费，一向以简朴著称的中华民族又多了一个讲奢侈的名声。这使全世界的奢侈品制造商不胜欣喜，纵然只有一小部分的中国人能够进行高消费，但是人口基数原因的存在，还是使他们的奢侈品市场拥有"广阔的前景"。

以中国目前的经济实力，必须注意进入消费时代后不能走西方"过量消费"的生活道路，必须警惕消费主义的种种表现——例如，名牌的男士西服，高档的女士首饰，上百元一块的香皂，成千元一件的 T 恤衫，数万元一套的时装，几十万元一块的金表，门庭若市。

广东某地家具城大张旗鼓地推销"黄金家具"，几十万元的金脚茶几，三十多万元的嵌金沙发，一百万元的镶金原木大睡床，很快就被订购一空。豪华宾馆饭店的餐桌上，黄金覆膜的菜肴没有增加任何营养价值，花数万元来消费的大有人在，摆阔气之风盛行，甚至某些经济越落后的地方越流行。

许多的大城市中洗浴业盛行的牛奶浴——用洁白的牛奶洗澡，想一想贫困地区的人们还有多少在为吃不饱饭而发愁，想一想那读不起书的孩子，这样的消费是不是过了头？国人绝不能认可这种畸形消费，应该拒绝和批评这种穷奢极欲的炫富行为。

崇拜高消费，崇尚金钱，见面和办事只认一个"钱"字，即使这种心态可以激励部分人去努力工作以增加收入，我们也要充分看到它足以令社会不安。因为它会滋长犯罪和道德的败坏：以权谋私、贪污受贿、弄虚作假、偷税漏税、抢劫杀人……这些腐败和犯罪行为对社会危害极大，必须加以防范和打击。

中国是发展中国家，按世界平均标准仍然是个穷国，特别是有 7000 万人口还没有脱贫。因此，中国人民的生活方式变革不是实行高消费，而是抑制已经抬头的消费主义，在广大人民中奉行简朴的现代生活，推广新的消费文化。

第三节　化学工作者实践"绿色化学"，消灭"化学盲"

于广大的化学化工工作者，以及涉及化学、化工的工作者而言，要积极推广、实践和宣传"绿色化学"，消灭"化学盲"。正如著名化学家、1981 年 Nobel 化学奖获得者洛德·霍夫曼（Roald Hoffmann），在化学科普名著《相同与不同》（The Same and not the Same）中关于消灭"化学盲"的名言所指出：

"化学……要吸引人，激发人的兴趣与好奇心。……针对有见识的公民，而不是针对专门人才。新的化学家，改造世界的优秀人才，……他们做他们能胜任的工作，做化学家要做的工作。但这有一个前提，那就是要教育他们的朋友和邻居。这些人中，99.9% 都不是化学工作者。"

因此，化学化工工作者（包括未来的和目前正在学习相关化学、化工课程的大学生）的以身作则、言传身教非常重要，尤其对于将来作教师的师范生更重要。鉴于此，在后面的章节中，一方面，从绿色化学教育的角度提供了一些绿色化学的经典之作；另一方面，为了方便大家与时俱进，还讲述了网络绿色化学资源的检索。

思考题

1. 试举出你身边所看到的环境污染的例子，并谈一谈保护环境如何从我做起。
2. 如何从环境的观点看待高消费？谈谈你的个人意见。

第十九章　绿色希望——化学教育的绿色化

我们不但要有能力去发展新的、对环境更友好的绿色化学，而且要让年轻一代了解绿色化学、接受绿色化学、为绿色化学做出应有的贡献。因此，把绿色化学融合于化学课程教材改革和课堂教学改革之中，使绿色化学成为大学化学教育以及中学化学教育的一个重要的组成部分，这是化学教育中的崭新课题。

第一节　绿色化学教育经典一览

化学教育的绿色化，是绿色化学以及全社会的绿色希望——只有具有绿色观念的人，才能建立绿色社会。因此，学习一些绿色化学教育方面的经典之作，对于了解绿色化学思想的起源，以及加深绿色化学学习和将来言传身教绿色化学，很有必要。

这一点，对于师范大学的不同专业的师范生，特别是化学与环境专业的学生，显得尤为重要，因为他们是"以传道为己任"的未来教育工作者——只有化学教育工作者树立可持续发展的绿色观念，才可能把绿色化学的理念贯穿到整个化学教育之中，才能培养出具有科学素养和科学发展观的公民。

一、《人口原理》（1798 年）

1798 年，T. R. 马尔萨斯在《人口原理》一书中，根据资源有限而人口按几何级数增长的情况，首次提出了人类应控制人口增长的思想——《人口原理》开创了西方可持续发展思想的萌芽。目前，《人口原理》成为世界各国，特别是发展中国家，制定计划生育制度的指南。

解放初，受《人口原理》的影响，北京大学校长马寅初教授在中国首次提出实施计划生育国策，但是直到 20 世纪 70 年代末才得以在全国实施，使中国错过了一次有效控制人口增长的良机。现在，世界人口即将突破 76 亿，中国人口也在 14 亿的大关边缘，重温《人口原理》，怎不令人掩卷沉思！

二、《西雅图宣言》（1851 年）

这篇动人心弦的演说，是 1851 年印第安索瓜米西族酋长西雅图所发表的，地点在美国华盛顿州的布格海湾。是时，美国政府要求签约，要以 15 万美元买下印第安人的 8.1×10^9 平方米（200 万英亩）土地——华盛顿州的州政府便以他的名字定名。【微课视频】

西雅图宣言

今天，我们对其朗诵时，蓦然回首人类的历史，150多年前酋长西雅图的悲戚竟是如此的真实、坦诚和先知，给人留下的是迷茫、悔恨、憧憬……

《西雅图宣言》的全文如下：

你怎能把天空、大地的温馨买下？

我们不懂。若空气失去了新鲜，流水失去了晶莹，你还能把它买下？

我们红人，视大地每一方土地为圣洁。在我们的记忆里，在我们的生命里，每一根晶亮的松板，每一片沙滩，每一撮幽林里的气息，每一种引人自省、鸣叫的昆虫都是神圣的。树液的芳香在林中穿越，也渗透了红人自亘古以来的记忆。

白人死后漫游星际之时，早忘了生他的大地。红人死后永不忘我们美丽的出生地。因为，大地是我们的母亲，母子连心，互为一体。绿意芬芳的花朵是我们的姊妹，鹿、马、大鹰都是我们的兄弟；山岩峭壁，草原上的露水，人身上、马身上所散发出的体热，都是一家子亲人。

华盛顿京城的大统领传话来说，要买我们的地。他要的不只是地。大统领说，会留下一块保护地，留给我们过安逸的日子。这么一来，大统领成了我们的父亲，我们成了他的子女。

我们会考虑你的条件，但这买卖不那么容易，因为，这地是圣洁的。溪中、河里的淙淙流水不仅是水，而且还是我们世代祖先的血。

若卖地给你，务请牢记，这地是圣洁的。务请教导你的子子孙孙，这地是圣洁的。湖中清水里的每一种映像，都代表一种灵意，映出无数的古迹、各式的仪式，以及我们的生活方式。

流水的声音不大，但它说的话，是我们祖先的声音。

河流是我们的兄弟，它解我们的渴，运送我们的独木舟，喂养我们的子女。

若卖地给你，务请记得，务请教导你的子女，河流是我们的兄弟；你对它，要付出爱，要周到，像爱你自己的兄弟一样。

白人不能体会我们的想法，这点，我知道。

在白人眼里，哪一块地都一样，可以趁夜打劫，各取所需，拿了就走。对白人来说，大地不是他的兄弟，大地是他的仇敌，他要一一征服。

白人可以把父亲的墓地弃之不顾。父亲的安息之地，儿女的出生之地，他可以不放在心上。在他看来，天、大地、母亲、兄弟都可以随意买下、掠夺，或像羊群或串珠一样卖出。他贪得无厌，大口大口吞食土地之后，任由大地成为片片荒漠。

我不懂！

你我的生活方式完全不同。

红人的眼睛只要一看见你们的城市就觉疼痛。

白人的城里没有安静，没地方可以听到春天里树叶摊开的声音，听不见昆虫振翅作乐的声音。

城市的噪声羞辱我们的双耳。晚间，听不到池塘边青蛙在争论，听不见夜鸟的哀鸣。这种生活，算是活着？

绿色化学通用教程（第2版）

我们确知一事，大地并不属于人；人，属于大地，万物相互效力。

也许，你我都是兄弟。等着看，也许，有一天白人会发现：他们所信的上帝，与我们所信的神，是同一位神。

或许，你以为可以拥有上帝，像你买一块地一样。其实你办不到，上帝，是全人类的神，上帝对人类怜悯平等，不分红、白。上帝视大地为至宝，伤害大地就是亵渎大地的创造者。

白人终将随风消失，说不定比其他种族失落得更快。若污秽了你的床铺，你必然会在自己的污秽中窒息。

肉身因岁月死亡，要靠着上帝给你的力量才能在世上灿烂发光，是上帝引领你活在大地上，是上帝莫名的旨意容你操纵白人。

为什么会有这种难解的命运呢？我们不懂。

我们不懂，为什么野牛都被戮杀，野马成了驯马，森林里布满了人群的异味，优美的山景全被电线破坏、玷污。

丛林在哪里？没了！

大老鹰在哪里？不见了！

生命已到了尽头，是偷生的开始。

三、《寂静的春天》（*Silent Spring*）（1962 年）

"是什么东西使得美国无以数计的城镇的春天之音沉寂下来了呢？这本书试探着给予解答。"

1962 年，瘦弱、身患癌症的美国女科学家蕾切尔·卡逊（Rachel Carson，图 19-1）第一次对人类长期流行于全世界的口号——"向大自然宣战""征服大自然"的绝对正确性提出了质疑。她注意到，化学杀虫剂的生产和应用，殃及很多有益生物，连人类自己也不能幸免。

尽管当时的工业界，特别是化学工业界，对她发起了猛烈的抨击，尽管当时的美国政府没有及时给予卡逊应有的支持，尽管《寂静的春天》出版两年后，卡逊终因癌症和遭受空前的诋毁、攻击而与世长辞，但卡逊惊世骇俗的预言，像是黑暗寂静中的一声呐喊，还是唤醒了人类。

《寂静的春天》用它深切的感受、全面的研究和雄辩的论点改变了历史进程。如果没有这本书，环境运动也许会被延误很长时间，或者现在还没有开始。

四、《动物解放》等（1962 年之后）

（一）《增长的极限》（*The Limits To Growth*）——罗马俱乐部关于人类困境的报告

1968 年，来自世界各国的几十位科学家、教育家和经济学家等聚会罗马，成立了一个非正式的国际协会——罗马俱乐部（The Club of Rome）。

罗马俱乐部的工作目标是关注、探讨与研究人类面临的共同问题，使国际社会对人类困境，包括社会的、经济的、环境的诸多问题有更深入的理解，并提出应该采取的能扭转不利局面的新态度、新政策和新制度。

受俱乐部的委托，以麻省理工学院丹尼斯·米都斯（Dennis L. Meadows）为首的研究小组，针对长期流行于西方的高增长理论进行了深刻反思，并于1972年提交了俱乐部成立后的第一份研究报告《增长的极限》，深刻阐明了环境的重要性以及资源与人口之间的基本联系。

图 19-1　人类环保的"普罗米修斯"蕾切尔·卡逊

报告认为，由于世界人口增长、粮食生产、工业发展、资源消耗和环境污染这五项基本因素的运行方式是指数增长而非线性增长，全球的增长将会因为粮食短缺和环境破坏将于21世纪某个时段内达到极限。继而得出了要避免因超越地球资源极限而导致世界崩溃的最好方法是限制增长，即"零增长"的结论。

由于种种因素的局限，其结论和观点存在十分明显的缺陷。但是，报告所表现出的对人类前途的"严肃的忧虑"，以及对发展与环境关系的论述，具有十分重大的积极意义。特别是它所阐述的"合理的持久的均衡发展"，为孕育可持续发展的思想萌芽提供了土壤。

（二）《只有一个地球》（Only One Earth）——对一个小小行星的关怀和维护

1972年6月5日，在瑞典斯德哥尔摩召开的联合国人类环境会议（United Nations Conference on the Human Environment），是世界环境保护运动史上一个重要的里程碑。它是国际社会就环境问题召开的第一次世界性会议，标志着全人类对环境问题的觉醒。后来，每年的6月5日被联合国确定为"世界环境日"。

《只有一个地球》一书，是受联合国人类环境会议秘书长莫里斯·斯特朗委托，为这次大会提供的一份非正式报告。虽说是一份非正式报告，但却起了基调报告的作用，其中的许多观点被会议采纳，并写入大会通过的《人类环境宣言》。因此，本书是世界环境运动史上的一份有着重大影响的文献。

本书的作者，芭芭拉·沃德是一位经济学家，勒内·杜博斯是一位生物学家，广博的知识背景使他们能够胜任编写本书的工作。【微课视频】

不仅如此，正像大会秘书长莫里斯·斯特朗先生所说，他们还应该被看成是一项合作事业的创造性组织者——因为本书是在由58个国家152位成员组成的通讯顾问委员会的协助下完成的，其中70多人写了详细的书面材料，对编写本报告的准备工作做出了直接的贡献。

《只有一个地球》

（三）《动物解放》——究竟解放的是谁？

《动物解放》一书1975年在英国出版，随后又有了德、意、西、荷、法、日和其他文种的译本。40 多年来，在促使读者严肃地思考我们应当如何对待非人动物的问题上，起了一种有益的作用。

《动物解放》一书在当前国际绿色思潮中有很大影响。其中的基本论点对于经历着经济快速发展，目前又面临"扩大内需"压力的中国消费者来说，当然有着重要的思考价值。

正如作者在《致中国读者》中所指出的，当西方人开始认识到素食的价值的时候，中国的肉、蛋、奶类食品消费量却在猛增。在中国经济发达地区和部分富裕人口中，肉食（含蛋、乳制品）过度消费现象肯定存在。

然而，问题还不止于此，吃喝风还造成了肉食和其他食品的大量浪费——人们用宝贵的资源和能源换得的食物甚至还没有被吃就被扔掉了。更有甚者，某些人已不满足于常规的肉食，而更钟情于"野味"，从而导致农村中对各种野生动物灭绝性的捕杀。

在今日中国，很有必要以环境和生态的眼光，对"脑满肠肥"和"食不厌精"者，以及"朱门酒肉臭"现象，做另一种诠释。

（四）《枪炮病菌与钢铁：人类社会的命运》

为什么是欧亚大陆人征服、赶走或大批杀死印第安人、澳大利亚人和非洲人，而不是相反？为什么小麦和玉米、牛和猪以及现代世界的其他一些"了不起的"作物和牲畜出现在特定地区，而不是出现在其他地区？在这部作品中，作者为许多大家熟悉以及想当然的答案赋予了截然不同的含义。演化生物学家、人类学家贾雷德·戴蒙德揭示了事实上有助于形成历史最广泛模式的环境因素，从而以震撼人心的力量摧毁了以种族主义为基础的人类史理论。【微课视频】

枪炮、病菌与钢铁：人类社会的命运

第二节　绿色化学与中学化学教学

绿色化学有利于保护人类赖以生存的环境、实现人类社会的可持续发展，化学教育必须体现绿色化学的新内容，要在课程教材中体现绿色化学的理念，使绿色化学的思想和内容贯穿于从基础教育到高等教育的始终。因此，作为基础教育的重点——中学化学教学，也必须重视。

一、绿色化学与中学课程的关系

作为化学教育工作者，特别是中学化学教育工作者，如何面对绿色化学新概念、新思想、新要求，在实际教学中，结合当前素质教育，把绿色化学教育贯穿于中学化学教学的全过程之中，是一个新的研究课题。

其中，首先必须明确绿色化学与中学新课程的关系。可以肯定的是，有关绿色化学的基本思想、最基本内容，已经见诸于新课程标准中和各种版本的新课标教材中。同时，教材中的许多地方都体现了绿色化学观，

中学化学与绿色化学

具体表现有以下几项。【微课视频】

（一）建立了与绿色化学相一致的概念

现在，初、高中化学教材从不同角度建立了与绿色化学内涵相一致的基本概念。例如，从减量、减废的角度介绍了循环操作、交换剂再生、催化剂中毒等概念。

又如，从环境保护角度介绍了环境污染、三废、大气污染物、酸雨、温室效应等概念，并且在介绍概念的同时，还分析了有关污染的成因和污染物的主要来源及危害，以及相关对策。

在高中化学新课标中，明确提出了化学与可持续发展的关系，高中新教材也第一次明确地提出"绿色化学"概念和"可持续发展"概念，如要求学生了解在化工生产中遵循"绿色化学"思想的重要性。

（二）渗透绿色化学观点于化学课程各模块内容中

化学课程中各模块内容的设计与编排，都非常注意合理地渗透绿色化学观点和可持续发展思想这些观点，这是在以往教材中的拓展与延续深化。这些观点主要体现在：

（1）为了节省资源、提高原料转化率和利用率，在氨催氧化制硝酸、接触法制硫酸、工业合成氨、侯氏制碱法等工艺流程中介绍循环操作；

（2）为了防止或减少环境污染的发生，在氨催化氧化制硝酸、接触法制硫酸工艺中都设立了尾气处理装置，并介绍了尾气回收的方法及回收物的利用；

（3）为了防止催化剂中毒，使催化剂重复使用，合成氨、氨氧化制硝酸、接触法制硫酸都要求对原料气、炉气进行净化。

（三）应用绿色化学原理设计实验内容

在中学化学课本的编制和修订过程中，有关实验内容安排也充分体现了绿色化学原理，并且不断深化绿色化学思想，例如：

（1）对常见实验的固液试剂的取用给出了限量要求；

（2）在教材修订时删除了有一定危险或危害的硫化氢和苯磺酸制备实验；

（3）介绍了闻气体的方法；

（4）强调了实验中常见的事故避免、应急处理等；

（5）介绍了特殊试剂的保存和使用原则及方法；

（6）在新编初中化学课本中引入了减量、减废的微型化学实验；

（7）NO、NO_2 等有危害的制备实验，只安排在实验室中进行；

（8）在氯化氢、氯气等制备实验中，强调了尾气的处理办法。

（四）有关物质的内容编排中考虑到了绿色化学中毒理学（Q值）因素

课本在有关元素化合物、有机化合物的内容编排中，从绿色化学角度有重点地介绍了有毒物质的性质、使用、保存等，例如：

（1）介绍了氯气、硫化氢、氟气、氟化氢、一氧化碳、一氧化氮、二氧化氮、硝基苯、白磷、偏磷酸等有毒、剧毒物质的毒性及使用方法，甚至用黑体字写出加以强调；

（2）深化内容中安排了臭氧空洞的形成、合成洗涤剂的功与过介绍等。

二、中学化学教学中绿色化学教育的体现

如何将绿色化学的新观点、新思想深入浅出地向中学生传播，如何在中学化学教育教学的过程中体现绿色化学思想，在潜移默化中对学生进行绿色化学观点的教育，也许下面的一些做法可以参考：

（一）在实验教学中贯彻绿色化学观点

实验教学与绿色化学联系最为紧密、最为直接，在实验教学中贯彻绿色化学思想最为重要。因此，为了适应绿色化学新要求，中学化学实验必须进行改革。

1.减量、大力推行微型实验

即要对常见实验仪器进行微缩，对常用试剂要给出限量，实验中除了可使用已研制成功的井穴板等微型仪器，还可以把容量瓶、烧瓶、启普发生器等微型化。在微型化带来实验现象不明显时，可借助现代化辅助教学手段把实验结果放大。

2.努力减少实验对玻璃仪器的依赖性

要努力改革实验方式，即要努力减少实验对玻璃仪器的依赖性。有些颜色变化明显的定性实验可放在点滴板中进行，如指示剂与酸或碱作用实验、Fe^{3+} 的显色实验等。有些定性实验可放在滤纸上完成，如电解饱和食盐水，检验醛基存在等。

3.删改有污染的实验

设法删改有关实验。现行化学课本中有些实验仍有危险性，需要进行删改。例如，考虑到硝基苯及苯的毒性，硝基苯、溴苯制备实验可以删去；考虑到 NO、NO_2、SO_2 的毒性，在 NO 与 NO_2 制备、Cu 与浓硫酸反应、C 与浓硫酸和浓硝酸反应等实验中可以连接尾气装置；考虑到安全性，对 H_2 和 O_2、Cl_2 与 H_2 等的爆鸣实验进行改进。

又如，在蔗糖与浓硫酸的反应实验中，会产生大量刺激性气体 SO_2，严重污染空气，学生咳嗽不止，影响课堂教学。如果采用在通风柜中进行实验，虽然可以避免 SO_2 扩散到教室里，但也不符合绿色化学的要求。这时，可以引导学生思考如何解决。最后，学生想出用大烧杯倒扣在反应烧杯上，并用氢氧化钠溶液吸收产生的气体（图 19-2）。

还有，利用图 19-3 所示装置可以将浓 HNO_3 与铜反应、稀 HNO_3 与铜反应、NO_2 的溶解性质、NO 的性质等实验合并在一起，使原本存在几次污染的实验变得没有污染。这样，既节约了时间，又减少了污染。

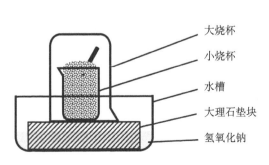

图 19-2　改进后的蔗糖与浓硫酸反应装置

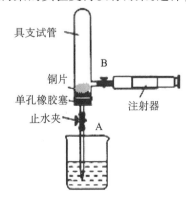

图 19-3　铜与浓硝酸反应的改进装置

目前，各种化学教学杂志都有化学实验改进专栏，老师们在平时多积累、多思考的情况下，还可发动学生，激发学生的创新意识，改进一些实验，出现更多、更好的实验改进方案。

4.妥善处理化学实验的废弃物

每次实验完成后，教师应要求学生将实验的废弃物分类回收，集中处理。通常实验室的废弃物是由实验室的老师来处理，这种做法的弊端在于其不利于培养学生的环保意识。如果将一些学生能够处理的废弃物交由学生自己来处理，将实验教学与培养学生的环保意识有机结合起来，则可收到良好的绿色化学教育效果。

5.利用计算机多媒体系统进行模拟实验

对于有些需要使用一些昂贵试剂、容易引起爆炸，或必须采用有毒、有害的试剂（如苯、苯酚、重金属等），并且在整个实验中排放较多的有毒气体、有毒废水，对环境造成较大破坏的实验，可采用改进实验或采用计算机多媒体系统进行仿真实验或播放实验录像，避免环境污染，避免对师生身体健康的影响。

（二）深入挖掘教材中的绿色化学知识

高中教科书中有许多与绿色化学相关的内容，如闻气体的方法、氯气的毒性、氯气用于自来水消毒的利弊、二氧化硫和二氧化氮对大气的污染、能源的合理开发与利用、废电池对环境的污染等，都包含绿色化学的知识。

教师只要在备课时能够充分地挖掘和思考教材内容所体现出来的绿色思想，在课堂上就能够适宜地体现绿色化学原则，并与学生共同探讨，一定会激发学生的学习兴趣，调动学生的学习积极性，让学生感受到"绿色化学"就在我们身边。

案例一：化学1 硫和氮的氧化物

[科学探究]

现给你一支装有二氧化氮的试管，其他药品和仪器自选。

（1）请你设计实验，要求尽可能多地使二氧化氮被水吸收。

（2）你的设计对工业上生产硝酸有什么启示？（从原料的充分利用、减少污染物的排放等方面考虑。）

[资料卡片]防治酸雨的措施

（1）调整能源结构,发展清洁能源,优化能源质量,提高能源利用率,减少燃煤利用率,减少燃煤产生的二氧化硫和氮氧化物等。

（2）加强环境管理，强化环保执法，严格控制二氧化硫的排放量。

（3）研究开发适合我国国情的二氧化硫治理技术和设备：①原煤脱硫技术；②改进燃烧技术；③对煤燃烧后形成的烟气脱硫。

[实践活动一] 分析空气污染的成因

在人们的日常生活、生产及各种活动中，有许多做法会对空气造成污染。请每位同学发现、分析、做出判断，然后讨论交流，以加强对家乡空气质量的关注，提高环境保护意识。讨论的内容可涉及"首选的污染物或污染原因是什么？有什么控制污染的办法？"等。

[实践活动二] 雨水 pH 的测定

（1）收集一些雨水，静置，观察雨水的外观与蒸馏水或自来水有什么不同。

（2）用 pH 试纸（或 pH 计）测其酸度并记录。

（3）连续测一段时间（如一周），将得到的 pH 列表或作图，确定你所在地区雨水的平均酸度。

（4）若是酸雨，请分析本地区酸雨产生的原因，并提出减轻酸雨危害的建议。

[习题] 上网查询我国酸雨的分布、影响、危害和采取了哪些防治措施等，增进对酸雨的了解。

案例二：化学 1 人类活动对自然界氮循环和环境的影响

[正文]

进入工业化社会以后，随着科学技术的进步和工农业生产的发展，人类开发和利用自然资源的规模越来越大，化石燃料的消耗量剧烈增加，化学合成氮肥的数量迅速上升，豆科植物的栽种面积也在陆续扩大，人类的固氮活动使活化氮的数量大大增加。

有的科学家担心，全球人工固氮所产生活化氮数量的增加，虽然有助于农产品产量提高，但也会给全球生态环境带来压力，使与氮循环有关的温室效应、水体污染和酸雨等生态环境问题进一步加剧。

氮氧化物是形成光化学烟雾和酸雨的一个重要原因。汽车尾气中的氮氧化物与碳氢化合物经紫外线照射发生反应形成的一种有毒的烟雾，称为光化学烟雾。光化学烟雾具有特殊气味，刺激眼睛，伤害植物，并使大气能见度降低。

另外，氮氧化物与空气中的水反应生成的硝酸和亚硝酸，是酸雨的成分。大气中的氮氧化物主要来源于化石燃料的燃烧和植物体的焚烧，以及农田土壤和动物排泄物中含氮化合物的转化……

[交流·研讨]

（1）如何减少人类活动对自然界中氮循环的影响？

（2）如何减少氮氧化物对环境的影响？

[概括·整合]

（1）形成并完善本节知识结构图，总结归纳氮及其化合物的主要性质。

（2）人类生产和生活中的哪些活动会对自然界中的氮循环和环境产生影响？

[练习]

（1）下列环境问题与二氧化氮的排放有关的是（　　　　　　）。

A、酸雨　　　B、光化学烟雾　　　C、臭氧空洞　　　D、温室效应

（2）硝酸生产过程中排放出来的一氧化氮是大气污染物之一。目前有一种治理方法，是在 400℃ 左右且有催化剂存在情况下，用氨把一氧化氮还原成无色无毒气体直接排入空气中。请写出有关反应的化学方程式＿＿＿＿＿＿＿＿＿＿＿＿＿＿＿＿＿。

案例三：化学 1　绪言　写给同学们的话

高中课程的学习，我们将进一步领悟化学博大精深的科学思想，理解化学与人类文明的密切关系，学到更多有趣、有用的化学。

化学是什么？著名科学家 R. 布里斯罗在就任美国化学会会长期间撰写了一部经典的著作，名为《化学的今天和明天》。在该书的副标题中，化学被神圣地定义为"一门中心的、实用的、创造性的科学"。

与人类已知的几百万种生物相比，已知的化合物已达数千万种，近来化学家每年创造的新化合物就达 100 万种以上。

……

为了保卫地球、珍惜环境，化学家们开创了绿色时代。"绿色化学"正在努力并且已经能够做到：使天空更清洁，使化工厂排放的水与取用时一样干净。

……

案例四：化学 1　专题 4　硫、氮和可持续发展　硫酸型酸雨的形成与防治

［你知道吗］

由于空气受到污染，现在不少地区雨水的 pH 小于 5.6。当雨水的 pH 小于 5.6 时，我们就称它为酸雨。你知道空气中哪些物质溶解在雨水中会形成酸雨？

……

硫酸型酸雨是如何形成的呢？

［观察与思考］实验探究二氧化硫的性质和硫酸型酸雨的形成过程

……

［交流与讨论］

（1）你已经知道硫酸型酸雨的组成和形成过程，请结合已学知识，并通过查阅资料，总结酸雨在文物保护、植物生长、水中生物的生存和人类生活与健康方面造成的影响。同学间进行交流讨论。

（2）查阅资料，了解目前人类是如何防治硫酸型酸雨的，哪些化学方法能防治硫酸型酸雨。将你获得的信息与同学共享。

……

［拓展视野］　烟道气中二氧化硫的回收

由于我国煤炭的含硫量较高，导致燃煤烟道气中含有大量的二氧化硫。因此，烟道气脱硫是减少我国二氧化硫排放量的重要途径。烟道气脱硫的方法很多，如石灰石—石膏法、氨水法、活性炭法、氧化镁法等。

……

上述过程中，既可消除烟道气中的二氧化硫，同时还可得到副产品 $CaSO_4 \cdot 2H_2O$（石膏）和 $(NH_4)_2SO_4$（一种化肥）。

……

［练习与实践］

（1）下列物质中，不属于"城市空气质量日报"报道的是（　　　　　）。

A、二氧化硫　　　　B、氮氧化物　　　　C、二氧化碳　　　　D、悬浮颗粒

（2）你认为，减少酸雨产生可采取的措施有（　　　　　）。

①用煤作燃料；②把工厂烟囱造高；③把化石燃料脱硫；④在已酸化的土壤中加石灰；⑤开发新能源

A、①②③　　　　B、②③④⑤　　　　C、③⑤　　　　D、①③④⑤

（3）在英国进行的一项研究结果表明：高烟囱可以有效降低地面的二氧化硫的浓度。在 20 世纪 60~70 年代的 10 年间，某发电厂排泄的二氧化硫增加了 35%，但由于建造高烟囱的结果，使工厂附近地面的二氧化硫的浓度降低了 30% 之多。请你从全球环境保护角度，分析这种方法是否可取，并简述理由。

案例五：化学 2　第四章　化学与可持续发展

第一节：开发利用金属矿物和海水资源

［资料卡片］　自然资源与可持续发展

……它包括经济可持续发展、社会可持续发展、资源可持续发展、环境可持续发展和全球可持续发展。

［正文］　金属矿物的开发利用

……

地球上的金属矿物资源是有限的，我们必须学会合理开发和利用这些矿物资源，有效地使用金属产品、材料。主要的途径有提高金属矿物的利用率，减少金属的使用量，加强金属资源的回收和再利用，使用其他材料代替金属材料等。

［思考与交流］　通过调查访问和查阅资料，了解回收废旧钢铁、铝制品等在节约能源、保护环境、降低成本等方面的意义。

［正文］　海水资源的开发利用

……海水淡化同化工厂生产结合、同能源技术落后结合，成为海水综合利用的重要方向。……在工业生产中，海水提溴可以同其他生产过程结合起来，如需要一定的温度，利用在火力发电厂和核电站用于冷却的循环海水，以实现减少能耗的目的；再如海水淡

化的副产物中，由于溴离子得到了浓缩，以此为原料也同样可以提高制溴的效益。

[科学视野]　自然资源的开源和节流

……仿制和开发一个与植物光合作用相近的化学反应系统，是解决能源问题的研究方向之一。……科学技术是推动人类可持续发展的不竭动力。

第二节　化学与资源综合利用、环境保护

煤、石油和天然气的综合利用

……

环境保护与绿色化学

[思考与交流]

硫氧化物和氮氧化物（NO_x）是形成酸雨的主要物质，工业上常利用它们与一些廉价易得的化学物质发生反应加以控制、消除或回收利用。请举例说明这些方法的化学反应原理和类型。

……

我们可以设想，实现清洁生产既能满足人们的物质需求又可以合理使用自然资源，同时还可以保护环境。绿色化学的核心就是利用化学原理从源头上减少和消除工业生产对环境的污染。简单而言，化学反应就是原子重新组合的过程。

因此，按照绿色化学的原则，最理想的"原子经济"就是反应物的原子全部转化为期望的最终产物，这时原子的利用率为100%……

我们只有一个地球,环境问题已经成为全球性的问题,需要各国政府和人民共同努力,创造一个清洁、美丽的生活环境,也为我们的子孙后代留下一个良好的生存空间和更加美好的未来。

案例六：化学与生活

主题1　呵护生存环境

课题1　关注空气质量

[联想质疑]　空气质量报告为什么特别关注空气中二氧化硫、二氧化氮和可吸入颗粒物的含量?

[交流研讨]　与同学们讨论为减少居室空气污染应采取的有效措施。

[学以致用]　调查并讨论燃烧化石燃料对环境可能造成的污染与治理途径，了解学校所在地区大气污染及防治情况，提出你认为可行的进一步改善空气质量的建议。

课题2　获取安全的饮用水

……

污水治理与环境保护

[交流研讨]　请调查本地水污染的状况，分析主要的污染物及其来源。根据污染物的组成和性质，讨论治理水污染的有效措施。

课题 3 垃圾的妥善处理与利用

［活动探究］ 关注宝贵的再生资源

……

要使垃圾中宝贵的再生资源得到充分利用，必须对垃圾进行分类。垃圾的再生利用是垃圾资源化的最佳途径，主要包括以下几个方面：

直接回收利用，如重新使用啤酒瓶等玻璃仪器；循环利用，如利用废纸造纸、利用废塑料为原料制造塑料制品或其他产品等；综合利用，如利用垃圾中的有机物进行垃圾堆肥，利用垃圾中的可燃性物质燃料产生热能实现供热、供电等。

……

垃圾的资源化是随着科技的进步而发展的。对没有回收利用价值的垃圾或一时不能进行回收的垃圾，应进行无害化处理如卫生填埋、焚烧和堆肥等。

案例七：化学与技术 第一单元 走进化学工业

一个生产工艺的实现，涉及许多问题，如化学反应原理、原料选择、能源消耗、设备结构、工艺流程、环境保护，以及综合经济效益，等等。……在生产中还应考虑许多实际问题，如原料的净化、反应条件及设备的选择、废热的利用等。

在工业生产中，选择原料除依据化学反应原理外，还有许多因素要考虑。……

三废处理或将三废消灭于生产过程中，是近年来化工技术发展的方向之一。除在设计工艺与选择原料时应优先考虑环境保护因素外，创造性地使废料变为生产原料、实现废弃物的零排放应当是绿色化学技术的目标之一，化学将对这一目标的实现提供最有力的支持，并且在某些化工生产中得以实现。

［实践活动］ 通过查阅图书、上网、参观访问等方式进行调查，了解一些化工厂是如何充分利用"废热"的。

［思考与交流］ 使没有起反应的物质从反应后的混合物中分离出来，并重新回到反应器中，是一种循环操作过程，在化工生产中经常采用。为什么要进行这样的操作？

……

随着环境保护意识的增强，以及相关的法律、法规的严格实施，合成氨生产中可能产生的固体、液体和气体废弃物的处理越来越成为技术改造的重要问题。

……

联合制碱法：我们已经知道，合成氨工艺中需要将 CO 转化为 CO_2 除去，排空的二氧化碳使原料的利用不尽合理，还会对大气造成一定的影响。为了解决这一问题，我国化工专家侯德榜提出了将氨碱法与合成氨联合生产的改进工艺，这就是联合制碱法，也称侯氏制碱法。

［思考与交流］ 根据联合制碱法生产原理示意图，分析比较它与氨碱法的主要区别在哪里？有哪些优点？

[练习与实践] 按照绿色化学的原则，理想的"原子经济"就是反应物的原子全部转化为期望的最终产物，实现废弃物的零排放。根据氨碱法总反应的化学方程式：

$$CaCO_3 + 2NaCl = CaCl_2 + Na_2CO_3$$

计算该反应的原子利用率是多少？并思考侯氏制碱法的原子利用率有何变化？

（三）宣传和使用环境友好产品

教师在化学课堂上可以利用合适的时机，向学生宣传不使用难降解的一次性饭盒，少使用塑料袋，不乱扔废旧电池等；向学生介绍重大的绿色化学研究成果，如醇化汽油、环境友好柴油等，以及现在的绿色环保筷子；要求学生留意生活中具有绿色环保标志的产品，如绿色电冰箱、无磷洗衣粉、绿色空调器、太阳能热水器等。

另外，还可以鼓励大家多骑自行车、乘坐公共汽车或地铁，少用机动车。这样，久而久之，在学生的心里就会留下绿色化学的烙印，形成自觉地保护环境、使用环保产品的习惯和品性。

（四）绿色化学习题教学

习题教学是课堂教学的重要环节，它不但可以帮助学生掌握和巩固所学的知识技能，而且可以开发学生的智力，能使学生在练习的同时了解科技动态，学以致用，培养良好的科学素质。教师可以在习题课教学中结合"绿色化学"方面的知识进行教育，使学生更加了解绿色化学的重要。

在新课程中，教师应充分结合各专栏中的调查实践活动与探讨交流的主题，以及练习活动中的习题，进行多方位的对学生绿色化学思想的熏陶。

[例1] 1996年美国罗姆斯公司G. L. Willingham等人研制出对环境安全的海洋生物除垢剂——"海洋9号"，用于阻止海洋船底污物的生成，而获得了美国"总统绿色化学挑战奖"设计更安全化学品奖。"海洋9号"的结构简式如下：

试回答下列问题：

① "海洋9号"的化学式为＿＿＿＿＿＿＿＿＿＿＿＿＿＿＿；

② 4,5位碳原子上连接的两个氯原子能否发生取代反应？＿＿＿＿（填"能"或"不能"）。如能发生，请举一例，用化学方程式表示＿＿＿＿＿＿＿＿。

[例2] 为了降低汽车尾气对大气的污染，有关部门拟用溶有甲醇的液化石油气代替汽油作为公交车的燃料。甲醇作为燃料，它的优点是燃烧时排放的污染物少。在一定条件下可以利用一氧化碳和氢气合成甲醇。请你写出此反应的方程式，并从质量、体积、物质的量、微粒数等定量的角度谈谈对化学反应的认识。

[例3] 某金属氧化物在光照下可生成具有很强氧化能力的物质，能用来消除空气或

水体中的污染物。下列有关该金属氧化物应用的叙述不正确的是（ 　　　）。

A. 将形成酸雨的 SO_2 氧化为 SO_3

B. 将家居装修挥发出的甲醛分解为 CO_2 和 H_2O

C. 将医药废水中的苯酚氧化成 H_2O 和 CO_2

D. 将电镀废水中的氰根离子 CN^- 氧化成 CO_2 和 N_2

[例4] 往有机聚合物中添加阻燃剂，可增加聚合物的使用安全性，扩大其应用范围。例如，在某聚乙烯树脂中加入等质量特种工艺制备的阻燃型 $Mg(OH)_2$，树脂可燃性大大降低。常用阻燃剂主要有三类：A、卤系，如四溴乙烷；B、磷系，如磷酸三苯酯；C、无机类，主要是 $Mg(OH)_2$ 和 $Al(OH)_3$。从环保的角度考虑，应用时较理想的阻燃剂是什么？理由是什么？

[例5] 水污染问题是当前全世界关注的焦点问题。我们每一个人都应该自觉地保护水资源，防止污水的随意排放。化学实验过程中往往会产生污水，污水中的重金属离子如 Cu^{2+}、Ba^{2+}、Ag^+ 对水的污染作用很强。某次化学实验后，回收的废液中可能含有 Cu^{2+}、Ba^{2+} 和 Ag^+。

（1）请你用实验的方法检验该废液中是否含有这些离子，写出你的实验方案及相关反应的离子方程式。

（2）你认为该废液应该进行怎样的处理后才能够倒掉？写出你设计的废液处理方案及相关反应的化学方程式。

通过这样的练习，不仅让学生了解了一些绿色化学方面的科技动态，也使他们的解题能力、保护环境的意识得到了提高。

总之，为了营造一个共同的家园，为了美好的明天，需要将"预防化学污染"的绿色化学融合到化学课堂之中，深入开展各个层次的绿色化学教育，推动我国各行各业高素质人才的培养。

科学技术是靠人才来推动的。不同领域的化学工作者是呵护蓝天绿水的自然之友，但更寄希望于全球的每一个人！

绿色化学——生命的绿色，化学的福音！

思考题

一、判断题

1.《人口原理》开创了西方可持续发展思想的萌芽。

2. 人类环保的"普罗米修斯"是美国科学家蕾切尔·卡逊，名著为《寂静的春天》，发表于 1962 年。

3.《西雅图宣言》是 1985 年在西雅图召开的联合国人类环境会议通过的会议文件。

二、选择题

1.《人口原理》一书的作者是（ 　　　）。

A. 马寅初 　　　　　　　B. 蕾切尔·卡逊 　　　　C. 马尔萨斯 　　　　D. 丹尼斯·米都斯

2. 标志着全人类对环境问题觉醒的、国际社会就环境问题召开的第一次世界性会议召开于（　　　　）年，它是世界环境保护运动史上一个重要的里程碑。

A.1968 　　　　　　　　B.1972 　　　　　　　　C.1975 　　　　　　　　D.1978

3. 每年的（　　　　）被联合国确定为"世界环境日"。

A. 6 月 5 日 　　　　　　B. 7 月 7 日 　　　　　　C. 8 月 15 日 　　　　　　D.9 月 18 日

4. 有利于绿色化学的实验教学改革有（　　　　）。

A. 推行微型实验 　　　　　　　　　　B. 在保证实验效果的前提下，实验药品减量化

C. 删改有污染的实验 　　　　　　　　D. 妥善处理化学实验的废弃物

三、问答题（贵在创新、言之成理）

1. 阅读《寂静的春天》，谈谈你对作者蕾切尔·卡逊被誉为环保的"普罗米修斯"的理解？

2. 如果你是师范专业的学生，请你谈谈你对绿色化学教育的认识，提出你自己的设想（如果您是中学教师，请结合您的教学实践，介绍您的经验与体会）。

第二十章 绿色畅游——绿色化学网上资源

作为一种新的理念，绿色化学从内容、形式、理论到具体的实践都在快速地发展变化着，互联网作为当今世界上最丰富的知识资源库和更新最快速的新型媒体，正是我们学习、交流、传播和更新绿色化学知识的最佳平台。

第一节 绿色化学网上资源的分布和检索技巧

一、检索关键词及资源分布情况

（一）搜索引擎检索结果分析

互联网的最佳检索工具是网络搜索引擎，为了初步了解互联网上绿色化学资源的数量，我们分别使用"Green Chemistry"和"绿色化学"作为关键词在几大搜索引擎上进行检索，检索结果如图 20-1 所示（数字表示搜索返回的结果数）。

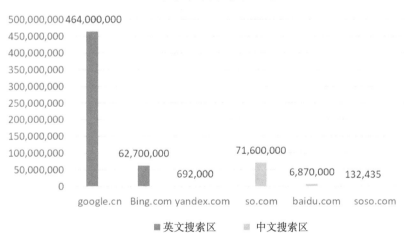

图 20-1 几大搜索引擎的检索结果比较

从上图可见，英文绿色化学网络资源数量已经相当庞大，2019 年的数量差不多是 2006 年时的 600 倍，国内百度搜索的网络资源也比 2006 年增加了一百多倍。这说明，无论是国外还是国内，对绿色化学是相当重视的，而且进行了具体的探索、实践和推广。

与英文的网络资源相比，中文的网络资源要逊色很多，而且认真比对检索的结果可以发现，中文与绿色化学有关的网络资源基本还停留在介绍"什么是绿色化学"上，进一步的工作很少，网络资源重复率极高，因此可利用资源相当有限。

基于上述的两个具体情况，本部分主要以介绍英文网站为主，并主要使用 Google 搜索引擎进行检索。

（二）检索关键词的选择

要检索绿色化学网络资源，首先要确定检索关键词，即要检索什么。最简单做法当然是像前面介绍的一样以"Green Chemistry"和"绿色化学"在搜索引擎上进行检索，但这显然是非常不精确的，因为绿色化学网络资源应该指所有与绿色化学内涵有关的内容。这就要回答什么是绿色化学和绿色化学究竟包括哪些方面内容的问题。不幸的是，这是一个没有答案的问题，即使有一个答案也会很快被新的一个所取代。

为了解决这个问题，笔者通过分析研究网络上已经存在的与绿色化学相关的网络资源和各种绿色化学的定义，得出表 20-1 所列的常用关键词表。

表 20-1　绿色化学常用检索关键词

中文关键词	英语关键词
绿色化学	Green Chemistry, Greenchem, greening
环境的	Environmental
可持续的	Sustainability
资源	Resources
污染防治	Pollution Prevention
清洁生产	Clean Production, Clean Technology, Cleaner Production
减少排放	Eliminating, Minimize
可再生能源	Renewable Energy, Energy Efficiency
废物利用	Waste, Waste Management, Resource Recovery
化学品安全	Chemical Safety, Toxic Substances
绿色设计	Green Design
绿色合成	Greener Synthesis
绿色溶剂	Solvent Alternatives
超临界	Supercritical
离子性液体	Ionic Liquid
催化	Heterogeneous Catalysis, Homogeneous Catalysis, Biocatalysis
光化学	Photochemistry

（三）绿色化学网络资源类型与分布

由于网络资源数量太大，对其进行归纳分类是一个简单而有效的处理方法。表 20-2 是笔者对互联网上的绿色化学网络资源进行的分类，这个分类有些过于简单，但基本能够涵盖主要的绿色化学网站。至于材料、医药健康、饮食卫生、农业和环境污染（大气、水、固体）等由于属于其他大的学科方向，则不归类到绿色化学的内容中。根据网络资源的分布情况，本书将资源分成两大类，暂时称为集中资源和分散资源（表 20-2）。

表 20-2　绿色化学网络资源分类

较集中的资源	较分散的资源
综合性网站 教育网站 协会和组织 研究机构（主要是大学） 其他通用网站（与环境、能源、材料、生物等相关）	期刊 新能源 资源利用 化学品安全 绿色溶剂 工程 / 过程设计 污染预防 清洁生产 催化和光化学 企业 / 商业应用

之所以出现资源的分布不一的情况，其实是很容易理解的。

绿色化学的提法起源于一部分科学家并得到相关国家政府的大力支持，因此建立了几个大型的综合性网站，对这方面的工作进行指引。随后，一部分大学、研究机构和组织开始了绿色化学的研究工作。接着，作为推广介绍绿色化学理念、内容和进展的教育类网站也大量出现。

至于其他的分类，其实是绿色化学具体内容和实践的体现，由于出现比较迟，而且要实现这个理念并不容易，因此从数量上就显得比较有限，分布也比较分散，但内容比较专业。

二、利用搜索引擎检索绿色化学网络资源的技巧

利用搜索引擎检索网络资源的最基本技巧，首先，是关键词的选择和组合，只有正确的选择合适的关键词才能得到期望的结果；其次，就要使用所谓的"高级功能"。关于检索关键词前面已经探讨过，本部分主要讨论高级检索技巧的问题。

（一）逻辑操作

这个功能主要用在多关键词组合方面。计算机首先是一个逻辑工具，因此作为一种人机对话，检索关键词之间也必须有一个逻辑关系，即所谓的 AND（和）、OR（或）、NOT（非）的关系，这也是所有搜索引擎都必须支持的。

例如，在 Google 中检索，由于"Green Chemistry"通常也缩写成"GreenChem"，为了不漏检，应该用 OR 操作，即输入 Green Chemistry OR GreenChem；而在百度中检索，为了避免太多重复的绿色化学的介绍性资源，可使用 NOT 操作，即输入 绿色化学　简介　什么是　又称　是指 。

在 Google 和百度中，多关键词之间用空格，默认表示逻辑 AND，组合使用可大大减少检索结果以提高准确度（查准率）。

另外，大部分搜索引擎都支持使用双引号作为词组检索。例如，检索"清洁生产"，虽然输入"Clean Production"的检索结果要比输入 Clean Production 的结果少，但只有前者才是我们的检索目标。

（二）位置操作符

Google 和百度都支持在检索时使用各种位置操作符以提高目标准确率，常用的包括 intitle、allintitle、inurl、site，这些检索技巧相当有用，解释如下：

◆ intitle：检索关键词必须出现在网页或文档的标题，由于标题是"摘要的摘要"，即全文最关键的信息，因此相关度极高，如 intitle："Green Chemistry"。

◆ allintitle：所有检索关键词都必须出现在标题。

◆ inurl：检索结果的网址出现指定关键词。例如，在百度中输入 inurl: blog 绿色化学，表示检索的结果网址要出现 blog 这个词，即检索到的主要是博客网站。

◆ site：限定搜索范围，如 site:.gov "Renewable Energy" 表示搜索美国政府网站的内容；site:.edu、site:.org、site:.edu.cn 分别表示检索美国的大学、非营利组织和中国教育网的内容。也可使用更具体的，如 site:www.epa.gov 则只检索 EPA（美国环保局）网站的内容。

（三）文档类型操作符

filetype 操作用于限定返回结果的文档类型，一方面可以缩小检索范围以提高准确度，另一方面也因为网络上的信息的可信性并没有一个太好的评判标准，而通常专业文档、地址中含有 .gov、.edu 和 org 的结果是比较可信的。各种类型的文档解释如下：

◆ filetype:pdf：表示返回 PDF 文档，这类文档通常是学术论文、政府或企业的报告或内部资料、说明书等，其参考价值是相当高的。

◆ filetype:ppt：表示返回 Power Point 文档，这类文档通常是教学授课的课件、学术报告、政府或企业报告和信息演示，参考价值也非常高。

◆ filetype:doc：表示返回 Word 文档。

（四）网页快照操作

网络上的信息瞬息万变，很多时候在搜索引擎上检索到的结果是自己想要的，但真正访问该网站时却发现内容已经改变或甚至已经不存在。为了解决这个问题，必须使用网页缓存即所谓网页快照的功能。方法是在 Google 输入 cache: 目标网址的 URL。

第二节　大型综合性网站简介

一、EPA Green Chemistry

这个网站的内容虽然不是最丰富但却最权威，因为它是美国环保局（EPA）的官方网站，所以是学习和了解绿色化学的最佳起点。网址：https://www.epa.gov/greenchemistry。

网站内容包括著名的绿色化学挑战奖（Green Chemistry Challenge Awards）、绿色化学的介绍，如历史和目标、有关的教育活动、相关项目的基金支持、国际交流合作、相关工具（专家系统和数据库）等，并提供了大量的相关网络链接。

二、Green Chemistry Institute（GCI）

绿色化学学会（GCI）成立于 1997 年，是一个非营利性组织，并于 2001 加入美国化学会（ACS），目前已经在 20 多个国家设立分会。学会的主要目的是促进和联合各国企业界、政府和学术科研机构在绿色化学方面进行协作和实践。网址：https://www.acs.org/content/acs/en/greenchemistry.html。

本网站内容极其丰富，而且相当权威，涉及与绿色化学相关的研究、教育、资源、会议、新闻、基金、奖励和国际协作等诸多方面。特别要强调的是，其绿色化学教育方面很有特色，不但提供了丰富的教程，而且按读者的水平分成了小学、中学、大学、研究和教师几大类，是学习绿色化学的极好网站。

三、Green & Sustainable Chemistry Network

该网络于 2000 年在日本建立，利用国际间交流活动、信息交换、教育和相关的基金项目来促进绿色和可持续化学的研究和开发。相对于美国和英国，这个网站的内容比较少，并且侧重于日本有关的绿色化学信息，网址：http://www.jaci.or.jp/english/gscn/。

四、绿色化学网络资源共享网

由我国台湾地区化学研究院维护的一个绿色化学网络资源网站，学术味很浓，链接的资源也大多比较专业，但内容确实很丰富，是绿色化学相关学术研究人员应该访问的网站。网址：http://gc.chem.sinica.edu.tw/。

绿色化学网络资源共享网把绿色化学的网络资源分为介绍、教育、合成、催化、溶剂、能源、生物质能、分析、毒物、工业、杂项等几大类。个别类别还有详细分类，如新溶剂还再分为离子液体、超临界等。

在每个类别下，则又把资源细分为图书、论文、实例、新闻、会议、网站、数据库、专家系统、演讲稿、杂志、教学、公司、组织、研究中心等类别。由于这些资源是经有关研究人员精心选择的，因此大多具有很好的参考价值。

需要说明的是，以上介绍的网站网址记忆不易，准确抄写到地址栏上也经常有困难，而且网址经常发生变动，因此更好的办法是直接在搜索引擎上检索网站的名称（标题）。

第三节　精选网络资源分类简介

一、教育类资源

（1）美国化学会绿色化学教育资源：https://www.acs.org/content/acs/en/greenchemistry/students−educators/online−educational−resources.html

具体内容参见本章第二节内容。

（2）斯克兰顿大学绿色化学教育资源：https://www.scranton.edu/faculty/cannm/green−chemistry/english/index.shtml

如何把绿色化学的理念真正融入大学化学课程中？本网站提供了多个非常好的实例，覆盖课程包括普通化学、有机化学、无机化学、生物化学、环境化学、高分子化学、高等有机化学、毒物化学、化学工业等，每个模块内容完整，提供相关课件演示和教学指导。

（3）美国化学教育杂志：https://pubs.acs.org/journal/jceda8

讨论如何在课程和教学活动中加入绿色化学的内容。

二、期刊类资源

（1）《绿色化学》（*Green Chemistry*）：https://www.rsc.org/journals−books−databases/about−journals/green−chemistry

RSC 主办，本领域相当重要的一本杂志。

（2）《清洁技术和环境政策》（*Clean Technologies and Environmental Policy*）：https://link.springer.com/journal/10098

（3）《超临界流体期刊》（*The Journal of Supercritical Fluids*）：https://www.journals.elsevier.com/the−journal−of−supercritical−fluids/

（4）《工业生态学期刊》（*The Journal of Industrial Ecology*）：https://onlinelibrary.wiley.com/journal/15309290

（5）《环境监测》（*Journal of Environmental Monitoring*）：https://pubs.rsc.org/en/journals/journalissues/em?issnprint=1464−0325#!issueid=em014012&type=archive&issnprint=1464−0325

（6）《环境监测与评价》（*Environmental Monitoring and Assessment*）：https://link.springer.com/journal/10661

（7）《环境科学和污染研究》（*Environmental Science and Pollution Research*）：https://link.springer.com/journal/11356

三、研究机构与组织

（1）ACS 绿色化学学会主页：https://www.acs.org/content/acs/en/greenchemistry.html

（2）EPA 可持续发展部分：https://www.epa.gov/sustainability

（3）全球可持续发展联盟：http://globalsustainability.org/

（4）密歇根大学可持续发展系统中心：http://css.snre.umich.edu/

（5）美国国家污染防治中心：http://www.p2.org/

（6）加拿大绿色化学网络：http://www.greenchemistry.ca/

（7）加拿大污染防治中心：http://www.c2p2online.com/

（8）零废弃联盟：http://www.zerowaste.org/

（9）美国国家环境技术学会：http://www.umass.edu/tei/neti/

（10）毒物减少使用学会：http://www.turi.org/

（11）清洁合成研究组：http://www.chem.leeds.ac.uk/People/CMR/

（12）资源回收利用：https://www.rit.edu/sustainabilityinstitute/center-remanufacturing-and-resource-recovery

四、化学溶剂

（1）科学技术中心：https://www.nsf.gov/

（2）西太平洋国家实验室：https://www.pnnl.gov/

（3）德国的离子性液体技术：http://www.iolitec.de/

（4）离子性液体研究组：http://www.chem.monash.edu.au/ionicliquids/

五、能源利用

（1）美国国家可再生能源实验室：http://www.nrel.gov/

（2）能源效率与可再生能源中心：https://www.energy.gov/eere/office-energy-efficiency-renewable-energy

（3）能源与环境研究中心：http://www.eerc.und.nodak.edu/

（4）生物能利用：https://www.bioenergy.org.nz/

六、化学品安全

（1）美国毒理学学会网站：http://www.toxicology.org/index.asp

（2）化学品安全与危害：http://www.chemsafety.co.nz/

（3）有毒物质数据库：https://www.drugfuture.com/toxic/

（4）疾病控制与防治中心：https://www.cdc.gov/niosh/

七、商业应用

（1）可持续商业：http://www.greenbiz.com/

（2）商业与可持续发展：https://www.iisd.org/business/

（3）绿色设计与制造联合会：http://cgdm.berkeley.edu/

（4）可持续设计：https://www.gsa.gov/real−estate/design−construction/design−excellence/sustainability/sustainable−design

八、其他

（1）世界最大的环境科学网络资源导航系统：http://www.webdirectory.com/

（2）环境科学网络导航：http://www.envirolink.org/

（3）天地人和——中国环境与发展信息：http://www.enviroinfo.org.cn/

（4）中国环保网：http://www.chinaenvironment.com/

（5）中国轻工业清洁生产中心：http://www.ccpcli.com/

（6）地球之友：https://www.3at.org/

（7）中国绿色时报：http://www.greentimes.com/greentimepaper/html/2019−10/31/node_2.htm

思考题

问答题（贵在创新、言之成理）

1. 美国总统绿色化学挑战奖是绿色化学领域的著名奖励项目，其中包括学术奖。请通过网络检索了解自奖项设立以来，每年都有哪些人士因为哪些成果和贡献而获得这一荣誉？你认为其中谁可望荣获下届诺贝尔奖？为什么？

2. 光化学催化氧化降解有害物质，是一项重要的解决环境污染的科学技术。请通过网络检索学习 TiO_2 光催化剂（光触媒），并撰写小论文介绍其有何特别的魔力而吸引着那么多科学家和研究人员（请注意尊重知识产权）。

3. 通过中文搜索引擎检索你周边都有哪些大学、研究机构和企业从事有关绿色化学的研究工作，并取得哪些有意义的成果？

部分思考题参考答案

第一章

一、1. √　　　　2. √　　　　3. √　　　　4. √

　　5. √　　　　6. ×　　　7. ×　　　8. √

　　9. ×　　　10. √　　　11. √　　　12. ×

二、1. ABC　　　2. ABCDEFGH　　　3. AB

第二章

一、1. √　　　　2. √　　　　3. ×

二、1. ABCD　　　2. ABC　　　3. AB　　　4. D

第三章

一、1. ×　　　　2. √　　　　3. √　　　　4. √

二、1. ABCD　　　2. ABC　　　3. AC

第四章

一、1. √　　　　2. √　　　　3. √　　　　4. √

　　5. √　　　　6. √　　　7. √　　　8. √

二、1. ABCDEFGH　　　2. D　　　　3. AC　　　4. ABC

　　5. ABCD　　　6. C　　　　7. B　　　8. B

第五章

一、1. ×　　　　2. √　　　　3. ×　　　　4. √

　　5. √

二、1. A　　　　2. ABCDH　　　3. ABC　　　4. AB

259

第六章

一、1. ×　　　2. ×　　　3. √　　　4. √

二、1. ABC　　　2. D　　　3. ABCD

第七章

一、1. ×　　　2. √　　　3. √

二、1. AB　　　2. C　　　3. ABCD

第八章

一、1. √　　　2. √　　　3. √　　　4. √

　　5. √　　　6. √　　　7. √　　　8. √

二、1. ABCD　　2. ABCD　　　3. ABCDEFGHIJKLMNO

　　4. ABCDEF　　5. ABCDEFGH

第九章

一、1. √　　　2. √　　　3. ×　　　4. √

　　5. √　　　6. √　　　7. √　　　8. √

　　9. √

二、1. ABCD　　2. ABCD　　　3. ABCD

第十章

一、1. √　　　2. √　　　3. √

二、1. ABCDEF　　2. B

第十一章

一、1. √　　　2. √　　　3. √

二、1. ABCDE　　2. ABCD

第十二章

一、1. ×　　　　2. √　　　　3. √　　　　4. √
　　5. √　　　　6. √　　　　7. √
二、1. A　　　　2. ABCD

第十三章

一、1. √　　　　2. √　　　　3. √　　　　4. √
二、1. ABCD　　2. ABCD

第十四章

一、1. √　　　　2. √　　　　3. ×　　　　4. ×
　　5. √　　　　6. √　　　　7. √　　　　8. √
　　9. √　　　　10. √
二、1. CDEFG　　2. ABCD　　　　3. ABCDEFGH

第十五章

一、1. ×　　　　2. ×
二、1. ABCD　　2. ABD　　　3. D

第十六章

一、1. √　　　　2. √　　　　3. √
二、1. ABDEF

第十七章

一、1. ×　　　　2. √　　　　3. √　　　　4. √

第十九章

一、1. √　　　　2. √　　　　3. ×
二、1. C　　　　2. B　　　　3. A　　　　4. ABCD

参考文献

［1］布里斯罗. 化学的今天和明天——一门中心的、实用的和创造性的科学（Chemistry Today and Tomorrow：The Central，Useful，and Creative Science）［M］. 华彤文，等，译. 北京：科学出版社，1998.

［2］汪朝阳. 手性技术［J］. 自然杂志，2002，24（4）：219-223.

［3］肖信，汪朝阳，等. 信息技术与化学教学——演示·新课程·课件素材［M］. 北京：化学工业出版社. 2005：66-127.

［4］刘广志. 天然气水合物——未来新能源及其勘探开发难度［J］. 自然杂志. 2005，27（5）：258-263.

［5］埃姆斯利. 分子探秘——影响日常生活的奇妙物质［M］. 刘晓峰，译. 上海：上海科技教育出版社. 2001.

［6］蔡卫权. 发达国家设置绿色化学奖［J］. 中国环保产业，2003（5）：40-41.

［7］蔡卫权. 日本绿色和可持续发展化学奖［J］. 中国环保产业，2003（2）：32-33.

［8］汪朝阳. 有机合成课中"绿色化学"的教学［J］. 首都师范大学学报（自然科学版），2000，21（3）：45-50.

［9］汪朝阳，李景宁. 大学化学教学中绿色化学教育的渗透［J］. 大学化学，2001，16（2）：19-24.

［10］汪朝阳. 绿色社会·绿色化学·绿色观念［J］. 化学通报（网络版），2001，64（2）：W021.

［11］汪朝阳. 绿色化学与中学化学命题［J］. 化学教育，2001，22（12）：23-27.

［12］汪朝阳，李景宁，王辉. 绿色化学教学与创新教育［J］. 华南师范大学学报：社会科学版·教学研究专辑，2001（12）：20-24.

［13］汪朝阳. 2003年美国总统绿色化学挑战奖［J］. 当代化工，2004，33（1）：51-54.

［14］汪朝阳. 2004年美国总统绿色化学挑战奖［J］. 当代化工，2005，34（1）：45-48，52.

［15］汪朝阳，肖信，李雄武，等. 美国总统绿色化学挑战奖10周年［J］. 当代化工，2006，35（1）：1-6，21.

［16］阿纳斯塔斯，沃纳. 绿色化学理论与应用［M］. 李朝军，王东，译. 北京：科学出版社，2002.

［17］汪朝阳，李景宁，王辉，等. 微型有机化学实验"1-溴丁烷的制备"［J］. 商丘师范学院学报，2002，18（2）：136-138.

［18］KENNETH M. Doxsee，JAMES E. Hutchison. 绿色有机化学——理念和实验［M］.
任玉杰，译. 荣国斌，校. 上海：华东理工大学出版社，2005.

［19］WANG Zhaoyang，CUI Jialing，DU Baoshan，et al. Studies on new additions to
5-methoxy-2（5H）-furanone：Addition of Grignard reagents，and 1，3-dipolar
cycloaddition of silyl nitronates［J］. Chin Chem Lett. 2001，12（4）：293-296.

［20］汪朝阳，陈庆华. 7-氮杂-3,6-二氧杂-二环［3.3.0］辛-2-酮类化合物合成的
新方法［J］. 化学通报，2002，65（1）：41-43.

［21］简天英，汪朝阳，王建平，等. 1-氮杂-2,8-二氧杂-二环［3.3.0］辛烷类化合物
合成的新方法［J］. 高等学校化学学报，2002，23（4）：590-594.

［22］WANG Zhaoyang，JIAN Tianying，CHEN Qinghua. Asymmetric photocatalyzed
additions of cyclic amines to the chiral 5-（1）-menthyloxy-2（5H）furanone［J］.
Chin Chem Lett. 1999，10（11）：889-892.

［23］WANG Zhaoyang，JIAN Tianying，CHEN Qinghua. Asymmetric photo-chemical
synthesis of chiral 5-（R）-（1）-menthyloxy-4-cycloaminobutyrolactones［J］.
Chin J Chem. 2001，19（2）：177-183

［24］汪朝阳,陈庆华. 4-（S）-［2-（N-甲基）吗啉基］-5-（R）-（1-薄荷烷氧基）-
丁内酯结构分析［J］. 分析测试学报，2001，20（2）：24-27.

［25］郑绿茵，汪朝阳，杨定乔，等. 呋喃酮化学研究进展［J］. 广东化工，2004，31（3）：
33-35.

［26］郑绿茵，杨定乔，汪朝阳，等. 5-烷氧基-2（5H）-呋喃酮在有机合成中的应
用［J］. 合成化学，2005，13（5）：429-436，445.

［27］ALIBES R，MARCH P，FIGUEREDO M，et al. Photochemical［2+2］cycloaddition
of acetylene to chiral 2（5H）-furanones［J］. J Org Chem. 2003，68（4）：1283-
1289.

［28］李淑琏，汪朝阳，张丕显. 氨基甲酰咪唑的合成方法［P］. ZL 98 1 22239.0，
2001-05-09.

［29］汪朝阳，李淑琏，郑绿茵，等. 氨基甲酰咪唑的制备方法［P］. 中国发明专利公
开说明书 CN17433107A，2006-03-08.

［30］汪朝阳，郑绿茵，李淑琏，等. 咪酰胺的制备方法［P］. 中国发明专利公开说明
书 CN 1763014A，2006-04-26.

［31］郑绿茵，汪朝阳，李雄武，等. 2（5H）-呋喃酮的过氧化氢氧化法合成与表征［J］. 化学试剂. 2005，27（12）：751-752，754.

［32］汪朝阳，赵耀明，麦杭珍，等. 熔融聚合法直接合成聚乳酸的研究［J］. 合成纤维，2002，31（2）：11-13.

［33］汪朝阳，赵耀明，麦杭珍，等. 熔融—固相缩聚法中固相聚合对聚乳酸合成的影响［J］. 材料科学与工程，2002，20（3）：403-406.

［34］汪朝阳，赵耀明，王浚，等. 无毒催化剂催化合成外消旋聚乳酸及其在药物缓释微球中的应用［J］. 功能高分子学报，2002，15（4）：377-382.

［35］汪朝阳，赵耀明. 乳酸直接缩合法合成聚乳酸类生物降解材料［J］. 化学世界，2003，44（6）：323-326.

［36］汪朝阳，赵耀明. 聚乳酸类复合材料研究进展［J］. 材料导报，2003，17（6）：53-56.

［37］汪朝阳，赵耀明. 生物降解材料聚乳酸的合成［J］. 化工进展，2003，22（7）：678-682.

［38］汪朝阳，赵耀明，李维贤. 绿色合成纤维——聚乳酸纤维［J］. 合成材料老化与应用，2003，32（3）：25-30.

［39］赵耀明，汪朝阳，麦杭珍，等. 聚乳酸的直接合成及其红霉素肺靶向药物微球的应用［J］. 高分子材料科学与工程，2003，19（5）：145-148.

［40］汪朝阳，赵耀明. 生物降解材料聚乳酸合成史略［J］. 化学通报，2003，66（9）：641-644.

［41］ZHAO Yaoming，WANG Zhaoyang，WANG Jun，et al. Direct synthesis of poly（D，L-lactic acid）via melt polycondensation and its application in drug delivery［J］. J Appl Polym Sci. 2004，91（4）：2143-2150.

［42］ZHAO Yaoming，WANG Zhaoyang，YANG Fan. Characterization of poly（D，L-lactic acid《synthesized via direct melt polymerization and its application in Chinese traditional medicine compound prescription microsphere［J］. J Appl Polym Sci. 2005，97（1）：195-200.

［43］田中孝一. 无溶剂有机合成［M］. 刘群，译. 北京：化学工业出版社，2005.

［44］吴毓林，麻生明，戴立信. 现代有机合成化学进展［M］. 北京：化学工业出版社，2005.

［45］汪朝阳，赵耀明. 聚乙醇酸类生物降解高分子［J］. 广州化学，2004，29（1）：50-57.

［46］郑绿茵，汪朝阳，李雄武，等. Diels-Alder reaction of 2（5H）-furanones in water phase［J］. 广西师范大学学报：自然科学版，2006，24（2）：60-63.

［47］史鸿鑫. 氟两相体系及其在有机合成中的应用［J］. 云南化工，2005，32（5）：1-8.

［48］WANG Zhaoyang，JIANG Huanfeng，QI Chaorong，et al. PS-BQ: an efficient polymer-supported cocatalyst for Wacker reaction in supercritical carbon dioxide［J］. Green Chem. 2005，7（8）：582-585.

［49］WANG Zhaoyang，JIANG Huanfeng，OUYANG Xiaoyue，et al. Pd（Ⅱ）-catalyzed acetalization of terminal olefins with electron-withdrawing groups in supercritical carbon dioxide: Selective control and mechanism［J］. Tetrahedron，2006，62（42）：9846-9854.

［50］石峰，邓友全，彭家键，等. 离子液体清洁而温和的催化酯化反应新方法——离子液体催化剂［J］. 化学通报：网络版，2000：c00038.

［51］王华，韩金玉，常贺英，等. 绿色溶剂离子液体在化学反应中的应用［J］. 化工时刊，2002，16（10）：1-6.

［52］邹汉波，董新法，林维明. 离子液体及其在绿色有机合成中的应用［J］. 化学世界，2004，45（2）：107-109，102.

［53］李汝雄. 绿色溶剂——离子液体的合成与应用［M］. 北京：化学工业出版社，2004.

［54］罗积杏，薛建萍，沈寅初. 生物催化在精细化工产业中的应用（下）［J］. 上海化工，2006，31（4）：31-34.

［55］中山大学化学与化学工程学院. 绿色化学（光盘）［M］. 广州：中山大学音像出版社. 2001.

［56］吴翠玲，李新平，秦胜利. 纤维素溶剂研究现状及应用前景［J］. 中国造纸学报，2004，19（2）：171-175.

［57］解芳，邵自强. 天然纤维素纤维的溶解机理及纺丝技术发展［J］. 华北工学院学报，2002，23（2）：119-122.

［58］汪乐江，潘淑娟. 具有战略意义的可持续发展项目——新溶剂法纤维素［J］. 广东化纤，2000，26（3）：20-24.

［59］柳利，陈祖兴，杨桂春. 一锅法简便合成取代苯氧基苯乙酮［J］. 合成化学，2001，9（5）：459-461.

［60］崔建兰. 一锅法合成 11- 氨基十一酸的研究［J］. 合成化学，2002，10（4）：374-376.

［61］李雄武，汪朝阳，郑绿茵. 串联反应的有机合成应用新进展［J］. 有机化学，2006，26（8）：1144-1149.

［62］程鹏，王岸明. 二氧化氯、臭氧是杀菌、消毒、漂白的最佳选择［J］. 环境科学和技术，2001（11）：64-65.

［63］邹勇. 新一代绿色高效杀菌消毒剂——高铁酸钾［J］. 中国水产，2005（12）：84-85.

［64］廖戎，杨喜朋. 绿色环保涂料［J］. 西南民族大学学报：自然科学版，2003，29（6）：695-697.

［65］董发勤，朱桂平，邓跃全，等. 新型生态环保涂料［J］. 材料导报，2003，17（9）：36-38.

［66］赵君，杨小刚，王光荣，等. 海洋防腐涂料现状及市场前景［J］. 中国涂料，2006，21（6）：9-12.

［67］郑素荣，王尉安，杨仕军. 绿色环保涂料的研究发展［J］. 广州化工，2006，34（2）：63-69.

［68］罕默德·阿什里. 生态农业：第二次绿色革命［J］. 中国环保产业，2002，8（10）：48.

［69］朱业晋. 我国绿色食品产业发展存在的问题及对策［J］. 企业经济，2005，（11）：126-127.

［70］王九辉. 试论科学技术进步与我国绿色食品的发展［J］. 江西化工，2005，（4）：78-80.

［71］G. C. Pimentel. 化学中的机会——今天和明天［M］. 北京：华彤文，等，译. 北京大学出版社，1990.

［72］何良年. 碳酸二甲酯在农药与医药合成工艺绿色化中的应用［J］. 华中师范大学学报：自然科学版，2005，39（4）：495-499.

［73］汪朝阳，赵耀明，李维贤. 绿色纤维［J］. 合成纤维工业，2003，26（2）：41-44.

［74］邢声远，江锡夏，文永奋，等. 纺织新材料及其识别［M］. 北京：中国纺织出版社，

2002.

[75]周启澄，屠恒贤，程文红. 纺织科技史导论［M］. 上海：东华大学出版社，2003.

[76]沈新元. 先进高分子材料［M］. 北京：中国纺织出版社，2006.

[77]葛明桥，吕仕元. 纺织科技前沿［M］. 北京：中国纺织出版社，2004.

[78]胡伯陶. 有机棉及其发展趋势［J］. 棉纺织技术，2006，34（6）：62-64.

[79]蒋丽云，余进. 天然彩棉性能及其产品开发［J］. 南通大学学报：自然科学版，2006，5（1）：38-42.

[80]陈英，宋心远. 天然彩色棉研究现状［J］. 纺织学报，2004，25（5）：126-129.

[81]张素梅. 天然植物纤维［J］. 中国纤检，2004（11）：45-47.

[82]李梦杰，王树根. 竹纤维的理化性能及染色研究［J］. 染整技术，2006，28（5）：5-9.

[83]方太君，陈代红，孟家光. 竹原纤维的开发现状及其发展趋势［J］. 纺织科技进展，2005，（5）：4-6.

[84]邢声远，刘政，周湘祁. 竹原纤维的性能及其产品开发［J］. 纺织导报，2004，（4）：43-46.

[85]周建萍. 竹原纤维和竹浆纤维的结构与性能研究［J］. 上海纺丝科技，2006，34（5）：59-60.

[86]沈喆，唐笠，沈青. 天然藕丝的纤维特征［J］. 纤维素科学与技术，2005，13（3）：42-45.

[87]瞿彩莲. 窦明池. 王波. 几种新型植物纤维及其应用［J］. 中国纤检，2006，（5）：32-34.

[88]薛金爱，毛雪，李润植. 生物技术与植物纤维性废弃资源的综合利用［J］. 自然资源学报，2005，20（6）：938-945.

[89]唐淑娟，李然，刘桂英. 印染废水的脱色［J］. 纺织科技进展，2005（1）：18-20.

[90]叶金兴. 还原染料的电化学染色［J］. 现代纺织技术，2005（1）：48-50.

[91]董良军，李宗石，乔卫红，等. 还原染料的近期发展［J］. 染料与染色，2005，42（2）：9-12.

[92]马明明. 纤维电化学染色新工艺研究设想［J］. 染整技术，2006，28（3）：9-12.

[93]邢声远. 蚕丝中的钻石瑰宝——天蚕丝［J］. 北京纺织，2001，22（4）：59-60.

[94]陈益人. 纺织品绿色染整加工技术［J］. 武汉科技学院学报，2006，19（1）：

39-43.

［95］郝婷婷，洪枫，朱利民，等. 生物酶在化学纤维后处理中的进展［J］. 印染，2005（3）：48-51.

［96］高淑珍，赵欣. 生态染整技术［M］. 北京：化学工艺出版社，2003.

［97］宋心远，沈煜如. 新型染整技术［M］. 北京：中国纺织出版社，2001.

［98］任彦荣，李志强，霍丹群，等. 微胶囊技术在纺织工业中的应用［J］. 现代纺织技术，2005（1）：50-53.

［99］邓春雨，徐卫林. 微胶囊技术及其在纺织领域中的应用［J］. 针织工业，2005（6）：40-43.

［100］纪俊玲，汪信. 微胶囊化分散染料及其在纺织上的应用［J］. 化工进展，2006，25（7）：775-779.

［101］邢声远. 低温等离子体技术在纺织工业中的应用［J］. 毛纺科技，2004（1）：21-26.

［102］张凤涛，唐淑娟，韩连顺，等. 低温等离子体技术在纺织品功能整理中的应用［J］. 现代纺织技术，2006（3）：49-51.

［103］彭帆，黄秀宝. 超临界 CO_2 染色［J］. 印染助剂，2006，23（4）：10-13.

［104］侯爱芹，戴瑾瑾. 二氧化碳在纺织领域应用的研究进展［J］. 纺织导报，2004（2）：76-80.

［105］薛文良，程隆棣，李艳. 微波技术在现代纺织工业中的应用［J］. 纺织导报，2006（4）：24-26.

［106］陆靓燕，徐越辉. 绿色环保制冷剂的现状和展望［J］. 湖北化工，2002，19（3）：6-8.

［107］胥金辉，张天胜. 氟利昂替代品研究现状［J］. 化工新型材料，2004，24（8）：1-4.

［108］陈福明. "绿色"照明灯［J］. 今日科技，2005（3）：55-56.

［109］黄民德，张方琰. 家庭照明技术的节能及发展趋势［J］. 天津建设科技，2005（1）：17-18.

［110］郭卫东，吕科，梁青槐. 城市交通对环境的影响及其对策［J］. 北方交通大学学报，2003，27（2）：105-109.

［111］江黎明，吴瑞麟. 绿色交通思想在交通工具及道路状况方面的思考［J］. 中国市

政工程，2003（2）：10-12.

［112］洪崇恩．绿色电单车，走遍全中国——从产业生命和社会道德角度探讨电动自行车废旧电池回收问题［J］．中国自行车，2004（7）：13-14.

［113］陆光华等编著．绿色生活与未来［M］．北京：化学工业出版社，2001.

［114］汪朝阳．高分子材料合成与应用中的绿色战略［J］．化工时刊，2002，16（4）：7-10.

［115］汪朝阳，赵耀明，王方．无毒催化剂催化直接合成药物缓释载体聚乳酸－聚乙二醇［J］．化学通报，2005，68（1）：w010.

［116］赵耀明，汪朝阳，严玉蓉，等．聚乳酸生物降解高分子材料的合成方法［P］．发明专利申请公开说明书 CN 1718608A，2006-01-11.

［117］汪朝阳，赵耀明．聚磷酸酯医用材料［J］．高分子通报，2003（6）：19-27.

［118］李雄武，汪朝阳，侯晓娜，等．可降解磷酸酯聚合物的合成与应用研究进展［J］．化学研究，2006，17（1）：97-100.

［119］汪朝阳，赵耀明，王方，等．药物缓释用生物降解材料聚乳酸—乙醇酸的合成［J］．精细化工，2003，20（9）：515-518.

［120］侯晓娜，汪朝阳，赵海军，等．氨基酸改性聚乳酸［J］．高分子通报，2007（5）：48-53.

［121］汪朝阳，李雄武，李国明．聚磷酸酯的制备方法［P］．发明专利公开说明书 CN 1887938A，2007-01-03.

［122］WANG Zhaoyang，ZHAO Yaoming，WANG Fang，et al．Syntheses of poly（lactic acid-co-glycolic acid）serial biodegradable polymer materials via direct melt polycondensation and their characterization［J］．J Appl Polym Sci. 2006，99（1）：244-252.

［123］WANG Zhaoyang，ZHAO Yaoming，WANG Fang．Syntheses of poly（lactic acid）-poly（ethylene glycol）serial biodegradable polymer materials via direct melt polycondensation and their characterization［J］．J Appl Polym Sci. 2006，102（1）：577-587.

［124］黄进．ISO14001 环境管理体系实施精要［M］．北京：中国标准出版社，2003.

［125］李果仁．我国应对绿色壁垒的战略建议［J］．中国环保产业，2002（5）：46-47.

［126］马平东．塑料软包装的绿色化发展趋势［J］．中国包装报软包装周刊，2004（3）：

23-26.

[127]高丽峰,李丹. 生态工业园区的国内外比较研究［J］. 经济与管理研究,2004（5）:
31-33.

[128]夏英祝, 祖书君. 绿色壁垒和绿色壁垒效应［J］. 农业经济问题, 2004（1）:
63-65.

[129]牛文元. 新型国民经济核算体系——绿色GDP［J］. 环境经济, 2004（3）:
12-17.

[130]马中,蓝虹. 环境资源产权明晰是实行绿色GDP的关键［J］. 生态经济,2004（4）:
50-52.

[131]刘昌勇. 关于我国企业开发绿色产品的思考［J］. 经济师, 2002（9）: 51-52.

[132]韩晶, 张小燕, 于中. 我国处理剂的研究与应用现状展望［J］. 精细石油化工,
2001（3）: 38-42.

[133]张越华, 李景宁. 循环冷却水中几种杀菌剂杀菌能力实验［J］. 化工时刊, 2004,
18（4）: 44-46.

[134]王锦堂. 我国工业用水新杀菌剂的结构特点与合成方法［J］. 现代化工, 2001,
21（10）: 9-12.

[135]刘中华,朱红军,王锦堂. 绿色水处理剂的研究进展［J］. 江苏化工,2005,33（3）:
22-25.

[136]周庆, 许艳红, 颜东洲. 水处理领域中的绿色化学研究［J］. 全面腐蚀控制,
2004, 20（2）: 1-5.

[137]陆柱, 蔡三坤, 陈中兴, 等. 水处理药剂［M］. 北京: 化学工业出版社, 2002.

[138]魏刚, 熊蓉春. 热水锅炉防腐阻垢技术［M］. 北京: 化学工业出版社, 2002.

[139]荣幼澧. 发电厂零排放工艺的新成就［J］. 华东电力, 2003（6）: 84-85.

[140]魏刚, 周庆, 熊蓉春, 等. 水处理中的绿色化学与绿色技术［J］. 现代化工,
2002, 22（12）: 43-46.

[141]宗旭, 杨波. 臭氧的应用与进展［J］. 化工时刊, 2002, 16（12）: 11-14.

[142]李文俊, 薛培华. 纳滤膜及其在水处理中的应用［J］. 净水技术, 2004, 23（2）:
31-33.

[143]梁志群, 李景宁. 可生物降解的绿色水处理剂的合成进展及性能［J］. 江苏化工,
2005, 33（5）: 10-14.

[144] 顾国亮，杨文忠. 高铁酸钾的制备方法及应用 [J]. 工业水处理，2006，26（3）：59-61.

[145] 段杨萍，胡跃华. 过氧乙酸用于循环冷却水系统杀菌的试验研究 [J]. 化工进展，2005，24（6）：676-680.

[146] 李建芬. 环保型杀菌剂二溴次氮基丙酰胺的研究进展 [J]. 化学工程师，2003（5）：33~35.

[147] 杨青梅，李志强. 浅谈绿色饮用水处理剂二氧化氯的开发与利用 [J]. 青海环境，2005（6）：91-92.

[148] 郭如新. 氢氧化镁在工业废水处理中的应用 [J]. 工业水处理，2002，20（2）：1-4.

[149] 雷乐成. 水处理高级氧化技术 [M]. 北京：化学工业出版社，2001.

[150] 张弛. 绿色计算机与环境保护 [J]. 山东环境，2003（6）：53-54.

[151] 舒代宁. 生态旅游可持续发展研究 [J]. 乐山师范学院学报，2006，21（6）：82-86.

[152] 陈玲. 21 世纪绿色旅游与绿色认证体系的探讨 [J]. 生态经济，2004（11）：73-75.

[153] http://www.greenbeijing.net（"绿色北京"网站，2006-08-01）.

[154] 顾国维，何澄. 绿色技术及其应用 [M]. 上海：同济大学出版社，1999.

[155] 刘烨. 科技大反扑 [M]. 北京：民族出版社，2000.

[156] 洛德·霍夫曼. 相同与不同 [M]. 李荣生，等，译. 长春：吉林人民出版社，1998.

[157] 白林，陈明凯. 绿色化学实验 [J]. 化学教育，2002，23（7）：51-53.

[158] 钱贵晴. 在化学创新教育中重视绿色化学实验的研究和应用 [J]. 化学通报：网络版，1999，（13）：c99101.htm.

[159] 张月梅,何晓燕. 中学化学实验绿色化设计的方法论研究 [J]. 中学化学教学参考，2004（5）：31-33.

[160] 关毅，李贺，田健，等. 国际互联网上绿色化学信息检索 [J]. 过程工程学报，2002，2（1）：86-90.

[161] 汪朝阳，李景宁，肖信，等. 可持续发展、环境教育与绿色化学 [C]. 第三届"可持续发展与环境教育"国际研讨会论文集，2007.

［162］汪朝阳. 绿色化学教育的创新与实践研究［C］. 高师化学教育创新——第十二届全国高等师范院校化学课程结构与教学改革研讨会，湖南师范大学，2008.

［163］LUO Shihe, WANG Zhaoyang, MAO Chaoxu, HUO Jingpei. Synthesis of biodegradable material poly(lactic acid−co− glycerol) via direct melt polycondensation and its reaction mechanism［J］. J Polym Res, 2011, 18（6）: 2093−2102.

［164］MAO Chaoxu, LUO Shihe, WANG Qunfang, XIONG Jinfeng, WANG Zhaoyang. Synthesis and characterization of a novel functional biodegradable material，poly(lactic acid−co−borneol)［J］. Des Monom Polym, 2012, 15（6）: 575−586.

［165］LUO Shihe, WANG Qunfang, XIONG Jinfeng, WANG Zhaoyang. Synthesis of biodegradable material poly（lactic acid−co−sorbitol）via direct melt polycondensation and its reaction mechanism［J］. J Polym Res, 2012, 19（9）: 9962−9930.

［166］TAN Yuehe, LI Jianxiao, XUE Fuling, QI Ji, WANG Zhaoyang. Concise synthesis of chiral 2（5H）−furanone derivatives possessing 1,2,3−triazole moiety via one−pot approach［J］. Tetrahedron, 2012, 68（13）: 2827−2843.

［167］HUO Jingpei, LUO Jiancheng, WU Wei, XIONG Jinfeng, MO Guangzhen, WANG Zhaoyang. Synthesis and characterization of fluorescent brightening agents with chiral 2（5H）−furanone and bis−1,2,3−triazole structure［J］. Ind Eng Chem, 2013, 52（34）: 11850−11857.

［168］XIONG Jinfeng, LUO Shihe, WANG Qunfang, WANG Zhaoyang, QI Ji. Synthesis and characterization of a novel flame retardant，poly（lactic acid−co−3,3'−diaminobenzidine）［J］. Des Monomers Polym, 2013, 16（4）: 389−397.

［169］XIONG Jinfeng, WANG Qunfang, PENG Pai, SHI Jie, WANG Zhaoyang, YANG Chongling. Design, synthesis, and characterization of a potential flame retardant poly（lactic acid−co−pyrimidine−2,4,5,6−tetramine）via direct melt polycondensation［J］. J Appl Polym Sci, 2014, 131（10）: 40275.

［170］MO Guangzhen, WU Yancheng, HAO Zhifeng, et al. Synthesis and characterization of a novel drug− loaded polymer，poly（lactic acid−co−aminomethyl benzimidazole）［J］. Des Monom Polym, 2015, 18(6): 536−544.

［171］LUO Shihe, WU Yancheng, CAO Liang, WANG Qunfang, et al. One−pot preparation of polylactic acid−ibuprofen conjugates and their performance characterization［J］.

Polym Chem，2017，8(45): 7009–7016.

［172］罗时荷，景乐，王群芳，吴静柔，吴浩，郭丹曼，全丽娇，汪朝阳.布洛芬的化学改性及其高分子负载研究进展［J］.高分子通报，2018（2）：9–21.

［173］景乐，罗时荷，全丽娇，郭丹曼，吴浩，吴静柔，王群芳，汪朝阳.高分子化学键载药物体系的制备与应用研究进展［J］.高分子通报，2018（7）：101–112.

［174］LUO Shihe，WU Yancheng，CAO Liang，LIN Jianyun，GAO Jian，CHEN Shuixia，WANG Zhaoyang. Direct metal–free preparation of functionalizable polylactic acid–ethisterone conjugates in a one–pot approach［J］. Macromol Chem Phys，2019，220（5）：1800475.

［175］林建云，罗时荷，杨丽庭，王能，邬昕妍，陈雷，汪朝阳.直接熔融缩聚法改性聚乳酸研究进展［J］.高分子通报，2019（7）：1–12.

［176］WU Yancheng，LUO Shihe，MEI Wenjie，et al. Synthesis and biological evaluation of 4–biphenylamino–3–halo– 2（5H）–furanones as potential anticancer agents［J］. Eur J Med Chem，2017，139: 84–94，

［177］CAO Liang，LUO Shihe，WU Hanqing，et al. Copper（I）–catalyzed alkyl– and arylsulfenylation of 3,4–dihalo–2（5H）–furanones（X=Br，Cl）with sulfoxides under mild conditions［J］. Adv Synth Catal，2017，359: 2961–2971.

［178］CAO Liang，LI Jianxiao，WU Hanqing，et al. Metal–free sulfonylation of 3,4–dihalo–2（5H）– furanones（X= Cl，Br）with sodium sulfinates under air atmosphere in aqueous media via a radical pathway［J］. ACS Sustainable Chem Eng，2018，6（3）：4147–4153.

［179］CAO Liang，LUO Shihe，JIANG Kai，et al. Disproportionate coupling reaction of sodium sulfinates mediated by $BF_3 \cdot OEt_2$：an approach to symmetrical/ unsymmetrical thiosulfonates［J］. Org Lett，2018，20（16）：4754–4758.

［180］LUO Shihe，YANG Kai，LIN Jianyun，et al. Synthesis of amino acid–derivatives of 5–alkoxy–3,4–dihalo– 2（5H）–furanones and their preliminary bioactivity investigation as linker［J］. Org Biomol Chem，2019，17（20）：5138–5147.

［181］YANG Kai，GAO Juanjuan，LUO Shihe，WU Hanqing，et al. Quick construction of C–N bond from arylsulfonyl hydrazides and Csp2–X compounds promoted by DMAP at room temperature［J］. RSC Advances，2019，9（35）：19917– 19923.

［182］WU Hanqing，YANG Kai，CHEN Xiaoyun，MANI Arulkumar，et al. A 3,4–dihalo–2（5H）–furanone initiated ring– opening reaction of DABCO in the absence of a metal catalyst and additive and its application in a one–pot two–step reaction ［J］. Green Chem，2019，21（14）：3782–3788.

［183］张超智，蒋威，李世娟，徐洪飞，袁阳．海洋防腐涂料的最新研究进展［J］.腐蚀科学与防护技术，2016，28（3）：269–275.

［184］Punekar D . 防腐涂料市场在 2025 年前将持续增长［J］.中国涂料，2017（10）：81–82.

［185］肖英芝．2018 年我国化纤母粒行业产量排名发布［J］.合成纤维工业，2019，42（02）：65.

［186］万雷，李德利，吴文静，李增俊，张凌清，吉鹏，王华平．我国化纤母粒行业发展现状及趋势［J］.纺织导报，2019，902（01）：63–66.

［187］郭宝德，黄穗兰，冀丽霞，杨芬．天然彩色棉产量及相关性状的配合力分析［C］.中国棉花学会年会论文集．2010.

［188］何玉宏．城市绿色交通论［D］.南京：南京林业大学，2009.

［189］张毓书．贯彻生态文明发展理念，构建绿色循环低碳交通运输体系［J］.人民交通，2018，358（10）：14–17.

［190］张改景，杨建荣，方舟，蔡蔚，周希圣．绿色城市轨道交通评价方法研究综述［J］.绿色建筑，2018（6）：9–12，16.

［191］冯梓剑．绿色交通，让市民享受出行新体验［J］.中国生态文明，2018，28（S1）：78–79.

［192］谢臻．基于绿色交通理念的城市交通规划方法研究［J］.低碳世界，2019，9（2）：235–236.

［193］张德蕊．浅析中美燃料乙醇发展现状及发展趋势［J］.石油化工管理干部学院学报，2018，20（5）：66–69.

［194］凡文．我国燃料乙醇产业现状及发展趋势分析［J］.中国石油和化工经济分析，2018，249（9）：33–35.

［195］舟丹．与美国、巴西相比，我国燃料乙醇规模仍偏小［J］.中外能源，2018（11）：88.

［196］门秀杰，孙海萍，雷强，张胜军，荆延妮．我国推广乙醇汽油的进展、影响及应对

建议［J］.现代化工，2018，38（11）：14-17，19.

［197］张秀秀.燃料乙醇需求增长不及预期，后市如何仍"一头雾水"［J］.能源研究与利用，2019，185（1）：16.

［198］陈嘉丽.燃料乙醇单一原料来源或将打破［J］.广州化工，2019，47（2）：19.

［199］顿静斌，张晓昕.2007年美国总统绿色化学挑战奖获奖介绍［J］.精细化工，2007，24（12）：1145-1148.

［200］谭涛，陈超.我国转基因作物产业化发展路径与策略［J］.农业技术经济，2014（1）：22-30.

［201］石永峰.浅淡转基因农作物（粮食）20年的发展状况［J］.粮食问题研究，2016（2）：25-31.

［202］行怀勇，陈晓明，李明艳.安徽省茶叶出口现状、问题及对策［J］.林业经济，2016（10）：54-58.

［203］陈君伟，孙绍晖.工业制过氧化氢的研究进展［J］.河南化工，2017，34（12）：12-17.

［204］国际农业生物技术应用服务组织.2018年全球生物技术/转基因作物商业化发展态势［J］.中国生物工程杂志，2019，39（8）：1-6.

［205］管鹤卿，秦颖，董战峰.中国综合环境经济核算的最新进展与趋势［J］.环境保护科学，2016，42（2）：22-28.

［206］第八届生物基和分解材料技术与应用国际研讨会暨中国塑协降解料专业委员会2018年年会论文集［C］.北京，2018.

［207］LUO Shihe, CHEN Siyu, CHEN Yuan, CHEN Shuixia, MA Nianfang, WU Qinghua. Sisal fiber-based solid amine adsorbent and its kinetic adsorption behaviors for CO_2［J］. RSC Adv, 2016, 6, 72022-72029.

［208］LUO Shihe, CHEN Siyu, CHEN Shuixia, ZHUANG Linzhou, MA Nianfang, XU Teng, LI Qihan, HOU Xunan. Preparation and characterization of amine-functionalized sugarcane bagasse for CO_2 capture［J］. J Environm Manage, 2015. 168: 142-148.

［209］WU Qinghua, CHEN Shuixia, LUO Shihe, Xu Teng. Aminating modification of viscose fibers and their CO_2 adsorption properties［J］. J Appl Polym Sci, 2015, 133(1): 42840.

［210］WANG Bowen, JIANG Kai, LI Jianxiao, LUO Shihe, WANG Zhaoyang, JIANG Huanfeng. 1, 1- Diphenylvinylsulfide as a functional AIEgen derived from the aggregation-caused quenching molecule 1, 1-diphenyl- ethene by easy thioetherification ［J］. Angew Chem Int Ed, 2020. https://doi.org/10.1002/ange.201914333.